引き裂かれた青春

戦争と国家秘密

北大生・宮澤弘幸「スパイ冤罪事件」の真相を広める会［編］

花伝社

引き裂かれた青春――戦争と国家秘密◆目　次

序文　権力の暴走を阻むために

専修大学文学部教授　藤森　研

私たちは、権力という言葉をよく使う。普段の生活の中で権力を実感する機会は少ないが、たとえば戦時中や戦争へ向かうとき、権力はその本性を現し、国策（戦争）に反対する市民に対して牙を剥く。圧倒的な組織力と金、強制権限を用い、〝合法的に〟市民を牢に閉じ込め、〝合法的に〟市民を殺す。そうした権力の暴走の一手段が情報に対する統制である。

この本の主人公である北大生の宮澤弘幸さんや、その先生のレーンさん夫妻らが、アジア太平洋戦争開戦の日に検挙され、懲役十五年などの重刑を受けたのは当時の軍機保護法ゆえだった。これは当時の国家秘密法（情報統制法）であり、日中戦争が始まった一九三七年に改正・拡充されている。いったん強力な情報統制法ができてしまえば、特高警察や刑事司法という権力が、戦争遂行のため、立法時の歯止めをいかに簡単にかなぐり捨てて不条理な適用を市民の身に加えるか、最悪の実例の一つがこの事件である。

本書は第一部、第二部と資料編に分かれている。

宮澤・レーン事件（特高の描いた構図によれば「レーン・宮澤事件」と呼ぶべきかもしれないが、特高の構図自体が妄想なので、ここでは耳慣れた「宮澤・レーン事件」と呼ぶ）に、初めて接する読者には、事件の発端から始まる第一部、冤罪であることを検証・分析する第二部、そして資料編へと順に読み進まれるといいだろう。

同事件について、すでに朝日新聞の連載「スパイ防止ってなんだ」や、故・上田誠吉弁護士による『ある北大生の受難』『人間の絆を求めて』の両著書などを読まれた方は、資料編の軍機保護法全文や一審判決と上告審判決全文を読まれてから、本文に入られるのもいいと思う。なぜなら本書の最大の特長は、判決全文などの資料の掲載と、その検証・分析を詳細に提示したことだからだ。

埋もれていたこの事件を本格的に調査し、世に出した故上田弁護士の両著書は、上告審判決などに拠りつつもそれらは部分引用にとどめ、事件全体の流れをドキュメンタリーのように読みやすく記述したものだ。本書の第一部は両著書の成果を踏まえている。

一方、本書の第二部と資料編は、判決などの資料全体を、可能な限り生の形のままで公にし、それを分析していく。決して煩瑣ではない。資料原文を読むことによって、起訴の内容や有罪判決の異常さ、無理な解釈が手に取るようにわかり、さらには当時の空気の一端も知ることができる。細かいことだが、ハロルド・レーン氏の弁護人は「今ヤ帝国ハ　御稜威の下　皇軍将兵ノ奮戦ニ依リ」などと言わずもがなの恭順姿勢を示し、主張も腰が引けていること、レーン夫人には弁護人さえ付いていなかったことも、よくわかる。それに比べ、上告審判決で要約されている宮澤さんの弁護人による上告趣意書の内容は、一審判決の綿密な分析に基づく論理的な反論、被告人を何とか守ろうとする熱意も伝わって来て、読みごたえがある。

ただ、第二部で本書の筆者はこの上告趣意書について、「外形事実を認めた上で個別に部分破毀を求め、かつ全体としては強く情状酌量を求める構造となっており、全面冤罪を訴えて貫いた被告人・宮澤弘幸の意志とは必ずしも一致していない」と判断している。こうした弁護評価についても、上告審判決全文を読むことによって読者それぞれに考える材料が提供されている。

第二部は、各被告人に対する判決を横断的に比較するなどの手法で、新しい観点から有罪判決の不当性を筆者自身が分析したもので、論理性に富み、さらに読みごたえがある。

筆者は第一部において、軍機保護法改正案を審議した帝国議会で慎重な運用が軍当局から繰り返し約束され、「軍事上の秘密」を厳しく限定する付帯決議も付けられたこと、それらによって改正法が全会一致、原案通りに可決した経緯を跡付ける。だが、それらの答弁や付帯決議が、警察や司法当局による法適用の段階に至ってどれほど無視されたのかを、第二部で実証的に分析して、明快だ。

統制法規というものは、人権に配慮するかのような美しい装いをまとって成立するが、成立した途端に臆面もなく装いを脱ぎ捨てて独り歩きをし始めることが、この事件でははっきりとわかる。

二〇一三年一二月、自民党の安倍晋三・第二次政権は、防衛、外交などの国家秘密の漏えいに重罰を科す「特定秘密保護法」を、野党や多くの国民の反対を押し切って強行可決した。続いて二〇一四年七月、やはり多くの国民や野党の反対を振り切り、歴代政権の憲法解釈を放擲して、集団的自衛権の行使容認を閣議決定した。「海外で武力行使できる国」への転換である。

特定秘密保護法案の文言の微調整による成立過程や、集団的自衛権行使容認のため「限定性」が強調されて閣議決定に至った経緯を見れば、まるで同じ筋書きの芝居を見せられているようだ。

今から七三年前、真面目で行動的な学生にすぎなかった宮澤さんや、クエーカー教徒で徹底した平和主義者だったレーンさん夫妻の身にふりかかった恐ろしい出来事は、決して昔話とは言えない状況が、いままた現出しつつある。この時期に、「北大生・宮澤弘幸『スパイ冤罪事件』の真相を広める会」によって、秘密立法がいかに危険な独り歩きをするものかを、実証的に明らかにした本書が世に出ることには切実な意義がある。

それにしても思うのは、今から三十年前の一九八〇年代、中曽根政権下で国家秘密法案が浮上した時には日弁連、日本新聞協会、野党、市民たちの一致した長期の反対運動が、ついに法制定を断念させた。それなのに、国家秘密法案の再来と言うべき特定秘密保護法案が出された二〇一三年末には、反対運動はあっという間に押し切られ、法が成立してしまった。なお粘り強い廃案運動が続けられてはいるものの、この三〇年間の変化とはいったい何だったのかを、考えずにはいられない。

直接には、安倍政権に人為的な多数議席を与えることになった衆院への小選挙区制導入を、九〇年代初めに許したことが大きかった。その背景には、冷戦の終焉と戦後革新陣営の退潮、保守リベラル勢力の減退などがあった。読売、朝日など大手新聞の論調の分裂もこの三〇年間に進んできた。中国の台頭や北朝鮮の核・ミサイル実験もあり、反中・嫌韓の声の突出やネトウヨの出現など、社会の一部に意識変化も見られる。何より戦争を知る世代が次第に少なくなってきた。

しかし、日本の戦後社会の幹の部分までが変わってしまったとは到底思えない。特定秘密保護法に対しても、集団的自衛権行使容認の閣議決定に対しても、世論調査では多くの人々が反対の意思を表明している。大手紙の二極分化も、全国の地方紙にまで目を広げれば、社数で八割以上の新聞社が今も憲法擁護の論陣を張っている。世論調査で「憲法九条」の改正について聞けば、変わらず反対が人々の多数意見である。暴走気味の安倍晋三氏は、国会では多数派でも国民全体の中では少数派なのだ。多くの人々が腰を据えて平和と民主主義を大切にし続ければ、状況はまた変わっていくに違いない。

そのための、小さいけれど確かな一石が、本書だ。

はじめに

「宮澤・レーン・スパイ冤罪事件」については、その全貌解明に努めた上田誠吉・弁護士による『ある北大生の受難』（朝日新聞社刊・花伝社復刻）『人間の絆を求めて』（花伝社刊）などをはじめとする著作がありますが、本書は、これら先人の成果を底本として継承すると同時に、新たに判明した事実や理解を基に、事件の全体像を明らかにする決定版として「北大生・宮澤弘幸『スパイ冤罪事件』の真相を広める会」が編集したものです。

稿中、個別に多くの文献・資料からの引用もありますが、原文のままを旨としつつ、適宜改行し、旧漢字旧仮名遣いについては、法律条文、判決書など公文書を含めすべて現行漢字仮名遣いに置き換えました。また句読点のない長文については適宜、一字分の空間をあけ、息継ぎを入れました。ただし、巻末資料編では漢字仮名遣いとも原文のままとし、改行、および句読点代わりの空間のみ入れています。

稿中、「（注）」の必要なものは、各項の末尾に＊印を付してまとめて添付するのを原則とし、特に必要な場合は直近に同じく＊印を付して添付しています。このほか、「（注）」とは別に特に紹介したい事柄などについて踊り場ふうに囲んだものもあります。

年代表記は西暦を主体とし、適宜、元号を括弧内に付記しました。

冤罪の被害者

ハロルド・メシー・レーン（→以後ハロルド）　五十二歳（大審院判決記載）
元北海道帝国大学予科英語教師（北大当局は一九四二年三月三十一日付で解約）心の会・教師
一九四一年十二月八日検挙・四二年四月九日起訴・四三年六月十一日有罪確定（上告棄却）により懲役十五年＝軍機保護法・国防保安法違反（『外事警察概況』による）
北海道内の刑務所に収監後、一九四三年九月、「日米交換船」でアメリカへ送還

ポーリン・ローランド・システア・レーン（→以後ポーリン）　五十二歳（大審院判決記載）
元北海道帝国大学予科英語教師（北大当局は一九四二年三月三十一日付で解約）心の会・教師
一九四一年十二月八日検挙・四二年四月九日起訴・四三年五月五日有罪確定（上告棄却）により懲役十二年＝軍機保護法・国防保安法違反（『外事警察概況』による）
北海道内の刑務所に収監後、一九四三年九月、「日米交換船」でアメリカへ送還

宮澤弘幸　二十五歳（大審院判決記載）
北海道帝国大学工学部学生（北大当局は一九四二年四月一日付で退学・四五年十二月二十一日付で復学処置）心の会・創立会員
一九四一年十二月八日検挙・四二年四月九日起訴・四三年五月二十七日有罪確定（上告棄却）により懲役十五年＝軍機保護法違反（『外事警察概況』による）
北海道・網走刑務所に収監。一九四五年六月宮城刑務所に移監後、同年十月十日、敗戦に伴うＧＨＱ（連合国軍総司令部＝占領軍統治機構）の覚書に基づき釈放。四十七年二月二十二日死亡

渡邊勝平　二十六歳（一審＝札幌地裁判決記載）
北海道帝国大学工学部助手。レーン夫妻の知己
一九四一年十二月八日検挙・四二年四月九日起訴・同年十二月十九日有罪確定（上訴権放棄）により懲役二年＝軍機保護法等違反

丸山　護　二十九歳（一審＝札幌地裁判決記載）
会社員（日本ポリドール社＝『外事警察概況』による）。レーン夫妻の知己
一九四一年十二月二十七日検挙・四二年四月十日起訴・同年十二月十六日有罪判決、同確定により懲役二年＝軍機保護法等違反。上訴せず

黒岩喜久雄　二十五歳（一審＝『外事月報』記載）
無職（検挙の日に北海道帝国大学農学部を戦時繰上卒業）レーン夫妻の知己
一九四一年十二月二十七日検挙・四二年四月十日起訴・同年十二月二十四日有罪判決、同確定により懲役二年執行猶予五年＝軍機保護法等違反（『外事警察概況』による）。上訴せず

石上茂子（シゲ）
元レーン方女中（『外事警察概況』記載）
一九四一年十二月八日検挙・百日を超える勾留取調べの後、四二年三月十日「嫌疑なし」で釈放

◇

他にダニエル・ブルック・マッキンノン（公訴取消）、イーチエンヌ・ラポルド（容疑薄弱）、大槻ユキ（嫌疑不十分）の三人が同じ時期、北海道の特高に検挙されている。ダニエルは、宮澤・レーン事件とは別件と分かっているが、あとの二人については不明。

第一部　冤罪の真相

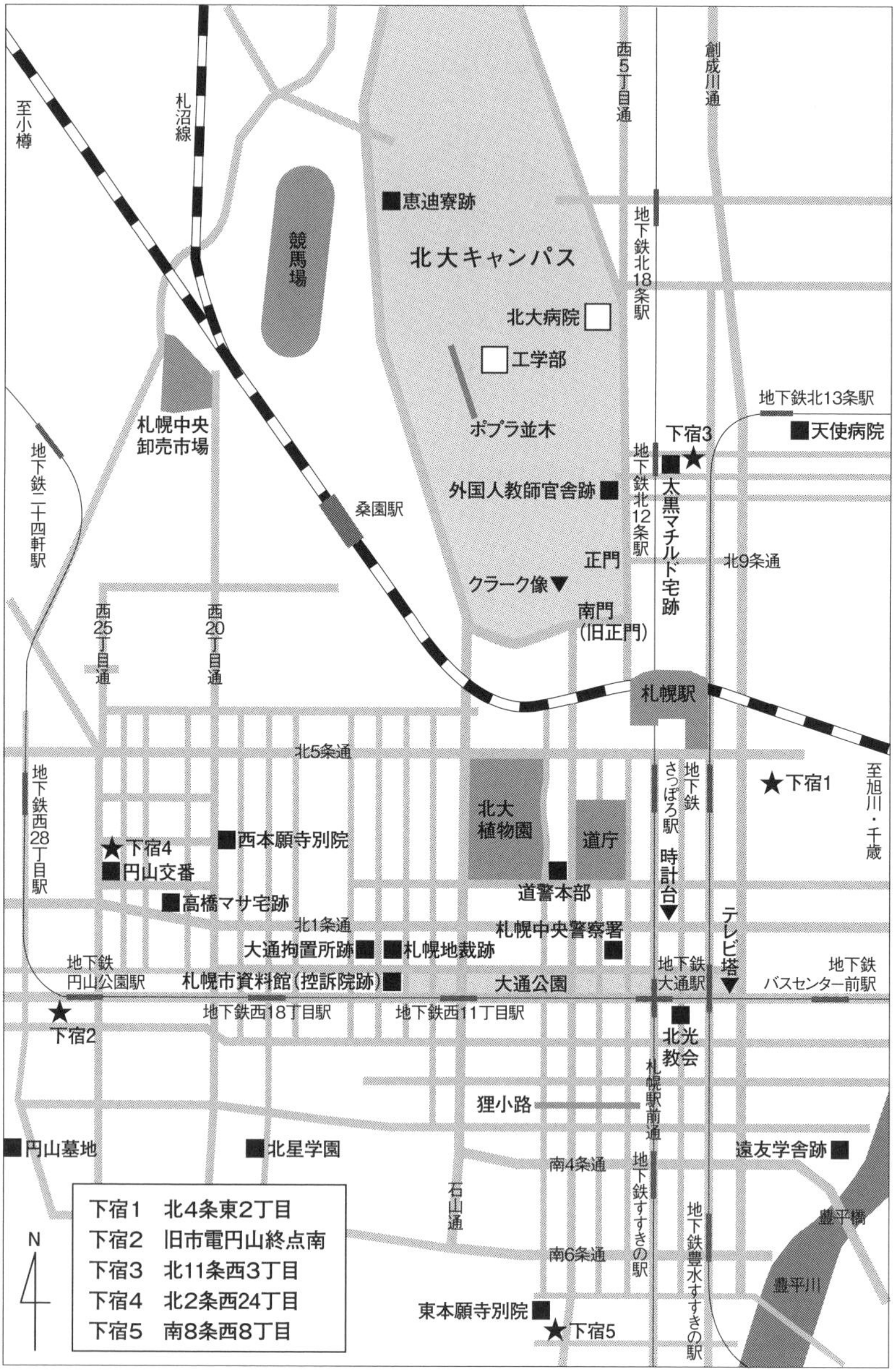

至小樽
札沼線
競馬場
恵迪寮跡
北大キャンパス
北大病院
工学部
ポプラ並木
西5丁目通
創成川通
地下鉄北18条駅
地下鉄北13条駅
天使病院
下宿3
地下鉄北12条駅
大黒マチルド宅跡
外国人教師官舎跡
札幌中央卸売市場
地下鉄二十四軒駅
桑園駅
正門
北9条通
クラーク像
南門（旧正門）
西25丁目通
西20丁目通
札幌駅
北5条通
さっぽろ駅
地下鉄
下宿1
至旭川・千歳
地下鉄西28丁目駅
北大植物園
道庁
時計台
下宿4
西本願寺別院
円山交番
道警本部
高橋マサ宅跡
北1条通
札幌中央警察署
テレビ塔
大通拘置所跡
札幌地裁跡
地下鉄円山公園駅
札幌市資料館（控訴院跡）
大通公園
地下鉄大通駅
地下鉄バスセンター前駅
下宿2
地下鉄西18丁目駅
地下鉄西11丁目駅
北光教会
札幌駅前通
狸小路
円山墓地
北星学園
遠友学舎跡
南4条通
地下鉄すすきの駅
石山通
豊平橋
地下鉄豊水すすきの駅
南6条通
豊平川
東本願寺別院
下宿5
N
下宿1　北4条東2丁目
下宿2　旧市電円山終点南
下宿3　北11条西3丁目
下宿4　北2条西24丁目
下宿5　南8条西8丁目

札幌市内地図

第一章　仕組まれたスパイ冤罪

事件の発端——十二月八日の一斉検挙

一九四一年十二月八日の朝、多くの日本人は極度に緊迫したラジオの臨時ニュースを聞いた。
「大本営陸海軍部午前六時発表　帝国陸海軍は今八日未明西太平洋において米英軍と戦闘状態に入れり」
——と、告げている。

いったい何が起きたのか。やがて真珠湾奇襲を軸とする日本海軍の大勝利と知らされ、日本中が沸いていくことになるが、それと時を同じくして過酷で徹底した国家による人権侵害が始まったことは、ほとんどの国民に知らされていない。「事件」は、ここから始まった。

戦前、治安権力の総元締めだった内務省は、全国の特高警察（特別高等警察）を総動員し、「開戦時に於ける外諜容疑一斉検挙」の名の下に、かねて内偵の対象者たちを八日早朝から急襲した。外諜とはスパイのこと、この日だけで百十一人、その後の十五人を加えて計百二十六人に上る。ほかに密接な連携の下、軍の憲兵隊が同様嫌疑で五十二人を捕らえている。逮捕状すら示さない有無を言わさない乱暴な検挙だった。

実兄が軍機保護法違反で検挙された秋間美江子さん（当時十四歳）は言う。
「目つきの鋭い男たちでした。足が震えすくみました。いきなり家の中に上がってくると、無言で机の引き出しを開け、押し入れからも中の物を引っ張り出しました。所構わず畳の上に引き出した物を投げつけます。本もレコードも、アルバムも、とりわけ外国語の本は叩きつけて壊しました。そのうち長い棒を持ってきて天井を突つき始めます。純日本家屋ですから、天井は薄い板で、屋根裏に何かを隠してると思ったのでしょう。天井も壊されましたが、埃しか出ません。家中を荒らし回り、最後にはアルバムから剥がしたたくさんの写真と、外国語の本を何冊か持っていきました」

家宅捜索の恐怖だ。秋間さんの兄は北海道帝国大学の学生で、これは東京の自宅での捜索ぶりだった。札幌の本人の下宿ではもっと徹底して乱暴なものだったろう。二〇一四年一月に八十七歳の秋間さんは昨日のことのように身震いして声をつまらせる。

内務省警保局外事課の内部文書『外事警察概況』（31ページ参照）は、

「予て非常事態に備えて外諜容疑者名簿を整備し、綿密なる内偵を遂げつ、ありたるが、十二月八日午前七時以降　司法及憲兵当局と緊密な連絡の下に　左の如く全国的に一斉検挙を実施せり」

――と記録している。

「非常事態」とは、戦争、「日米開戦」のことだ。同じ『外事警察概況』は開戦に先立つ四か月も前（七月三十一日）に「戦時特別措置」の大綱（要綱）を通達し、内偵に努めていたことを記録している。

レーン夫妻、宮澤弘幸ら七人が検挙されたのも、この一斉検挙の中だった。先の秋間美江子さんはこの中の宮澤弘幸の実妹で、本書刊行の時点で「そのとき」を語れるただ一人の証言者ということになる。戦後に釈放されながら二十七歳の若さで病死した宮澤弘幸は、死期の迫る病床にあって

「数か月のうちには必ず回復して、北海道で何があったのかをあらいざらい書いて、出版する」

――と、声振り絞っていたが果たすこと叶わず、戦後、北大に再招聘されて教壇に戻ったレーン夫妻も「悪

夢でした。みんな忘れてしまいました」と言って語らぬまま札幌の土と化している。
これがまた真相の解明を困難にしている側面となっているのだが、いまとなっては致し方ない。翌九日付の『北海タイムス』（現・『北海道新聞』の前身の一つ）は三面で

「スパイ網一挙に覆滅　きのう払暁一斉検挙」

――と、四段見出しで報じているが、本文は内閣情報局の発表文をそのまま載せているだけで、真相に迫る具体的な事実については一切触れられていない。

新聞が真実から遠く、身近な伝聞さえ乏しい中で、何がどうなっていたのか。

スパイ網一擧に覆滅
きのふ拂曉一齊檢擧
内閣情報局発表

12月9日付『北海タイムス』の紙面。当時は、4ページ建てで、その第3ページ左中央部に組まれている。記事の大半は「内閣情報局発表」をそのまま載せている。

レーン夫妻については、少なくも、この朝いつものように北大構内の外国人教師官舎（現・情報基盤センター南館東側の林＝北十二条西五丁目）である自宅に居て、普段通りの一日が始まろうとした矢先、土足の特高が押し入ってきた。隣のドイツ語教師ヘルマン・ヘッカー宅に同居していた北大助手（後に北大農学部教授）の瀧澤義郎が歯医者へ行こうと家を出たとき、夫妻が連れ去られる影を認め、後になって検挙されたと知り、心痛めている。

宮澤弘幸については、宮澤の住ん

でいたアパートの家主が異様な気配に気づいて、弘幸の遠縁にあたる近くの高橋マサ宅（アパートから歩五分）へ知らせている。マサによると、昼に少し前のことで、

「今朝、警察（特高）が宮澤さんの部屋に踏み込んで、めちゃめちゃにしていった。宮澤さんは北大で捕まった（検挙）らしい」

――という趣旨の一報だった。とりあえずアパートへ行って部屋の中が実際に乱暴に荒らされていることを確かめ、それから、娘のあや子が入院している北大の付属病院へと向かっている。

後で触れることになるが、あや子は、宮澤弘幸の恋人でもあり、このときはたまたま腎盂炎を病み、四日前から入院していた。

もう一つ、当日の消息を伝えるものに北大工学部事務室の書記（会計係）だった村田豊雄が定年後に著した随想録『白堊館の人たち』（１９６９年刊）がある。これには

「当日の事務室は、異様な雰囲気を持った見知らぬ人々のちん入に驚ろかされた。それは、電気科M君のたい捕状を携えた私服憲兵の一団であった。　…略…　その時M君は学部にいなかったらしい。多分その日の午後、M君は蒼白な顔をして学部に現われ、又去って行ったが、その下宿でたい捕されたという事を聞いた」

――とある。M君が宮澤弘幸であること言うまでもない。

こちらは記憶を頼りに記した伝聞が主であり、事実関係に正確を欠く部分もあるが、当事者周辺が感じた空気の異様さは十分伝わってくる。

いずれにしても十二月八日を境に、居るべき人たちが居るべきところに居なくなった。まるで神隠しか拉致のように。通常、事件なら、まず犯罪事実があり、それが発覚して容疑者が割り出され、逮捕状が執行さ

れて取調べが始まる。だが、この事件は人が突然、理不尽に居なくなるところから始まった。その上、多くの人が居なくなったにもかかわらず、その直後から周りのほとんどの人たちが口を閉ざし、居なくなった人に対し殊更の無関心を装うようになった。

スパイ、国賊、裏切者。原因はこの影にある。よく引き合いに出される逸話に、戦後、占領軍の超法規措置によって反国家政治囚らが一斉釈放されたとき、治安維持法関連の政治・思想囚が胸を張って出獄し、万歳をもって迎えられたのに対し、スパイ関連は密かに出て密かに潜まざるを得なかった、とある。

出獄してもスパイはスパイで、国賊、裏切者は許されることがない、との世評だ。しかも、いったんスパイとされたら、たとえ冤罪であっても世間に無実を証明すること難しく、後ろ指がなくなることはない。生涯、その世評、風評の中で沈むほかはない。

「わたしには青春なんてなかった。特高が家中を荒らしまくって二、三日して、同じ黒いコートを着た男が後ろからついてくる。道を曲がってもついてくる。どこへ行っても黒い影がついてくるようで怖かった――。それを友達や近所に気づかれてはいけないと息を殺しながら暮らしました。母は町会や大日本婦人会の活動に人一倍熱心に尽くしました。それでも噂は忍び込み広まるんです。いたたまれず何度も引っ越しました。それは戦後も変わりません。わたしの縁談も次々壊れました。激しい拷問で兄は苦しかった。でも一番苦しかったのは、スパイの母にされた母だったと思います」

秋間美江子さんの、絞り出すような述懐だ。家族はもとより、友人、知人、親類縁者にしても、仮にもスパイとスパイの家族にされた苦境に心痛め、心配し、関心を寄せるならば、そのことが、そのままスパイとスパイの家族と同類だと疑われる引き金になる、と思い込まされていた。

それが実は、一斉検挙の本当の狙いだったのかもしれない。一斉検挙の実相については先にいって章を改

《戦争と絆》

宮澤弘幸が検挙される前の動静に、こんな逸話がある。戦後、宮澤弘幸が釈放されたあと、妹・秋間美江子さんが聞いた追憶で、検挙される前にレーン夫妻を訪ね

「(戦争は) 国と国との間の出来事で、私とレーン先生の間のことではありません。でも、もしかしたらアメリカ籍の先生には大変なことがあるかもしれません。その時は私に何でも言ってください。私は信義を固く守ります」

――と伝えたというのである。

戦争になれば自分の身に起こるであろうことよりも、敵国人となる師の身を気遣ったのだ。この言葉には、人間普遍の真実が込められ、いま、「失われた人間愛」の回復が熱く語られるとき、永遠の真理が伝わってくる。

日米開戦は軍・国家の最高機密ではあったが、その切迫感は日常生活にも潜んでいた。まして尾行付きだった宮澤弘幸にとっては、身に迫る異様な気配に平気でいられるわけもない。検挙の前日に入院中の恋人・高橋あや子へ多額の見舞金を置くなど、その振る舞いに、周りの人たちは宮澤弘幸の身にまとわりついた危険な影を感じていた。

尾行といっても、当時の特高による尾行は、時には当人の自宅に上がり込んで直に身辺事情を聞きだすなどということさえ珍しくなく、尾行そのものが威圧だった。そんな中で師に伝えた「言葉」は、人種、国籍を越えて人間らしく生きようとする者にとり、忘れてはならない言葉となっている。

《特高 (特別高等警察)》

大逆事件 (冤罪) 後の一九一一年 (明治44) 八月に警視庁総監官房に「特別高等警察課」として設置されたのが最初。その後全道府県に拡張され、主として治安 (反国家言動) と防諜 (スパイ防止) を名分とした取締り抑圧機構として存在した。後に「経済保安課」も設け、日常生活に及んでいる。

道府県警察部をはじめ一線の各警察署にも「特高係」(「特高」「外事」係) として配置されたが、指揮執行の実態は内務省警保局に直結する強い中央集権体制がとられた。

北海道での体制は、「一九四一年五月の時点で、外事課と各警察署の外事警察専従者は、警視一人、警部四人、警部補九人、巡査四四人の合計五七人を数えた」(荻野富士夫『北の特高警察』) とある。

戦後、GHQ (連合国軍総司令部) の「政治的市民的及び宗教的自由制限の除去に関する覚書」(119ページ参照) に基づき解体されたが、主要機能は現警察機構の警備公安部門の一部に引き継がれている。

めて検証することにするが、戦争推進にあたって、敢えて反対する存在を捏造して国賊とし、もって戦争推進の世評を強くする。この効果を知り抜いた権力の詐術だったのかもしれない。

実際、全国津々浦々に「防諜委員会」なるものが設けられ、年間三一四七回もの「防諜講演会」が開かれ八十一万人を動員したと『外事警察概況』（昭和十五年版＝１９４０）にある。他にも映画会や展示会が同様頻繁に開かれ、国民相互の監視と猜疑心が煽られている。

年々減ってはいるが、戦争世代ならみな知っている。小学校でも「壁に耳あり障子に目あり」と教え込まれ街なかに「外国人はみなスパイ」の標語が貼られていた。すべてが敵と味方に分断され、公正な判断力を奪われていた。人間関係、ずたずただった。

レーン夫妻が突然居なくなった後で、夫妻の世話になっていた北大生の一人が旅先から戻り、夫妻の消息を求めあぐねて、夫妻と一番親しくしていた本屋さんならと思い訪ね尋ねたら、いかにも迷惑そうに「わたしは、そんなに親しくしてませんよ」と突き放され、愕然とした。

高橋あや子もまた、退院後に宮澤弘幸の消息を求め、工学部前に立ち尽くして出入りする学生たちに尋ねたが、みな冷たく無視されている。宮澤弘幸と親しかった北大生・松本照男は戦後になって

「正直な話、次に逮捕（検挙）されるのは自分かもしれないと思うと恐怖でいっぱいになって、友の身を案じる余裕もなかった」

と、苦渋の思いを語り、当の北大工学部は当日のことを

「この日、札幌は薄ら寒く雪のある日であったが、工学部では普段と少しもかかわらず授業が行われた」

――と、記録（『北大百年史・部局史』）している。

街も大学も、暗黙の伝播で、レーン夫妻がスパイで、その周りの宮澤弘幸らが協力者だった、とじわり伝

わっていくと同時に、口をつぐんで真相は深く塗り込められていった。

本屋を訪ねた北大生は黒岩喜久雄といい、十二月二十七日に同類として検挙されている。

事件の外形――権力の描いた構図

いったい、なぜ捕らわれたのか。通常、それは逮捕状・起訴状によって概要が示され、裁判（公判）での事実審理によって起訴事実の一つ一つに黒白がつけられ、判決で決着つけられる。したがって事件の実相を知り裁判の公正さを跡づけるには、起訴状と公判記録と判決文を突き合わせてみればよい。

ところが、宮澤・レーン事件の場合は、検証しようにも最初から逮捕状がなく、起訴状を含む捜査・公判記録の一切が失われ、判決文までが完全な形では残っていない。敗戦のどさくさに乗じ、それを保存すべき国家権力自身が自らの保身のために破棄隠滅していたからだ。

国家権力は八月十五日の敗戦を前に、占領軍に見られてはまずい公文書等の廃棄処分を決め、これは各省庁から末端の市町村にまで及んでいる。「外務省の裏庭では三日三晩煙が絶えなかった」と報じた記事もあり、多くの命を奪った冤罪の記録は真夏の太陽をも覆って事実も消し去った。

それが、この事件の解明を妨げている大本でもあるのだが、半面、隠滅自体が国家権力にとって都合の悪い、権力冤罪だったことを語っているようなものだ。

ただ、国家権力といえども、ほんとに全てを消し去ることは出来ないようだ。解明の先達・上田誠吉弁護士が執念で見つけ出した大審院（現・最高裁判所に相当）の原本簿冊には判決本体の全文が綴じ込まれており、上田後においても、思わぬところで廃棄を免れた資料が見つかっている。

内務省警保局外事課の内部資料『厳秘　外事月報　昭和十八年二月分』がその一つで、この中に一審判決

の主要部分の書写が収録されていた。（以下、「一審判決（書写）」と表記する）

　これは特高警察の研究で知られた小樽商科大学の荻野富士夫教授が一九九四年（平成６）になって所載を見つけ出したもので、事件の構図を掘り起こすうえで貴重な文献となっており、権力の仕組んだ意図をあぶりだすことも十分に可能となる。

　そこで、判決自体への条条検証・批判は先の「第二部」へ譲るとして、まず一審判決（書写）の大筋から「事件の外形」を引き出しておくことにしよう。判決としては一方的な断罪となっているが、それだけにかえって捜査当局の描いた事件の見立てが映し出されてもいる。

　冤罪の構成、構造といってもいい。

　以下、捜査当局が事件の中心、主犯格に据えているハロルドの一審判決（書写）から要約すれば――

・一九三八年（昭和13）四月七日に東京のアメリカ領事館を訪ねた際に副領事リチャードソンから「北海道に関する軍事並びに経済上の情報」の探知を依頼され、
・また同月二十日ころ、同アメリカ大使館で、同大使館付陸軍武官ペープ大尉から「北海道方面に於ける要塞、飛行場、海軍基地、軍需工場及び軍動員等に関する我国の軍事上の秘密」の探知を依頼されて、いずれも承諾し、
・妻ポーリンの協力も得て、
・一九三八年五月五日ころから一九四一年（昭和16）六月上旬ころにかけ、北海道大学外国人教師の官舎である自宅に出入りする学生らを「懐柔利用し」て旅行中の見聞談などを断続して引き出し、この中から探知した軍事上の秘密の一部を、

・一九三九年六月十日ころ、札幌市内の北星女学校で、フィリピン駐在のアメリカ陸軍武官ヘンリー・マックリアン少佐に漏泄、

・また一九四〇年四月二十四、五日ころ、同じ北星女学校で、駐日アメリカ大使館付トーマス・マッキー海軍中尉と外交官補ディクソン・エドワードに漏泄した、

――となる。

このほか、漏泄（当時の法律用語＝漏洩）の場所となった北星女学校では、同校教師である、モンク、ヘレフォード、シュミットらが中心となって札幌市在住の欧米人が毎週金曜日に寄り合う社交会が催されていたことから、

・ハロルドもこの会に一九三八年五月ころから四一年九月上旬ころまで数十回にわたって参加し、この席で話した内容がモンクらを通じてアメリカ大使館及び領事館の館員らに「通報せらるるものなることを予想し」ながら学生らから探知した軍事上の秘密を、それぞれ探知した直後に漏泄していた

――と、決めつけている。

これがハロルドを主犯に見立てた「スパイ事件」を成立させる骨格であり、人脈図ともなる。

だが、ここで直ちに気づかせられるのは、懲役十五年の重刑を科した事件にしては随分と間延びした展開であり、緊迫感に欠けるのんびりしたスパイ作戦だということだ。

探知先は、全て気楽に「自宅に出入りする学生ら」であって、改めて「懐柔」する必要もない。「旅行中の見聞談」は、最初から旅の土産として、それを話したくて来るわけで、殊更に探知するまでもない。しかもこれが探知の全てであって、他には、レーン夫妻が独自に軍事機密に肉薄した事実は全くない。

その上、せっかく探知した「秘密」を明確に依頼先に漏泄したとされるのは唯の二回だけで、それも内容

の多くは探知から一～二年も経った古情報になってからの「漏泄」となっている。北星女学校での社交会の一件に至っては、「通報せらるるものなることを予想し」ていう頼りないものであり、「秘密」の価値を自ずから認めていないことを暴露しているようなものだ。

また、漏泄の場が北星女学校というのも、おそらく、レーン夫妻の娘たちが同校生徒だったことから、渡りに船と関連づけたのだろうが、ここにも事件の構造を組み立てるにあたっての在り合わせ感が透けてみえる。判決としては合理性、論理性に乏しい、ほとんど起訴状をそのまま引き写したと思えるすかすかだ。ただ、徹底した尾行によって狙いをつけた対象者の日常生活を洗いあげた特高特有の手口もまた裏付けられるわけで、これは背筋に戦慄を覚える。ハロルドらの行動範囲を隈なくつかむことによって容疑の外形を作り上げていったに違いない。

次に、主たる探知先とされる宮澤弘幸の判決（書写）から「秘密」とされる中身を列挙すると――、

① 大学学生課の斡旋による夏季労働実習で行った旧樺太（現ロシア領サハリン）大泊町の港湾工事現場で聴取目撃したこと
② 右現場の係員から紹介された上敷香の海軍飛行場の工事現場で聴取したこと
③ 札幌逓信局長の斡旋で便乗した灯台船で巡航した樺太、千島列島および帰路の列車中で聴取、あるいは目撃したこと
④ 樺太の海軍大湊要港部で催された海軍軍事思想普及講習会に参加した折に見学知得したこと
⑤ 陸軍の千葉戦車学校での機械化訓練講習会に参加した折に聴講知得したこと
⑥ 満支方面（現・中国の東北部および中国中央部）を旅行した折に目撃知得したこと

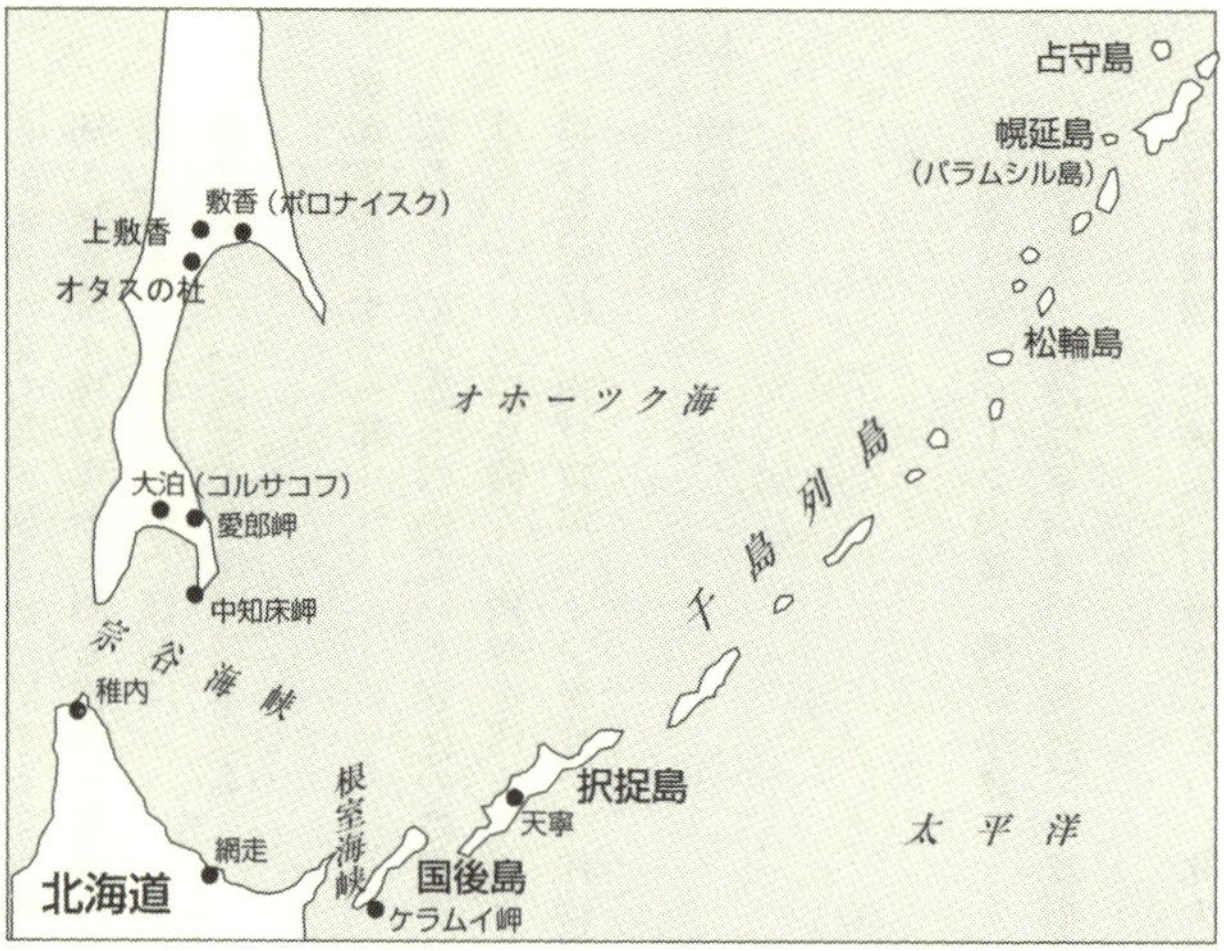

――になる。

さらに、聴取・目撃・知得したとされる対象の中身もことこまかに列挙されているが、肝心な聴取・目撃・知得・漏泄したとされる証拠は何ら示されておらず、対象事項の何が何ゆえ軍機＝軍事機密なのかの判示さえなされていない。

これらを大審院判決の中に引用されている被告・弁護人の「上告趣意書」（以下「上告趣意書（院写）」と表記）との照合、および上田弁護士の解明をもとに検証すると――、

①は、文部省が行った「学生勤労奉仕隊」の一環であり、学友数名と共に行ったもので、全員が同じ見聞をしているのに、宮澤弘幸以外は検挙されていない。

②は、かねて関心のあった先住少数民族を国策によって強制的に一か所に集めた殖民集落「オタスの杜」（190ページ参照）を見学するために行ったのが一番の目的。

③は、札幌逓信局長が宮澤弘幸の父とかねて知り合いだったことから実現し、北大からの推薦も受けて便乗したもの。

④は、おそらく国を守る気概から申し込んだもので、当然に、厳しく身元調査がなされたに違いない。

⑤は、同じく陸軍が催し陸軍が参加を認めたもの。

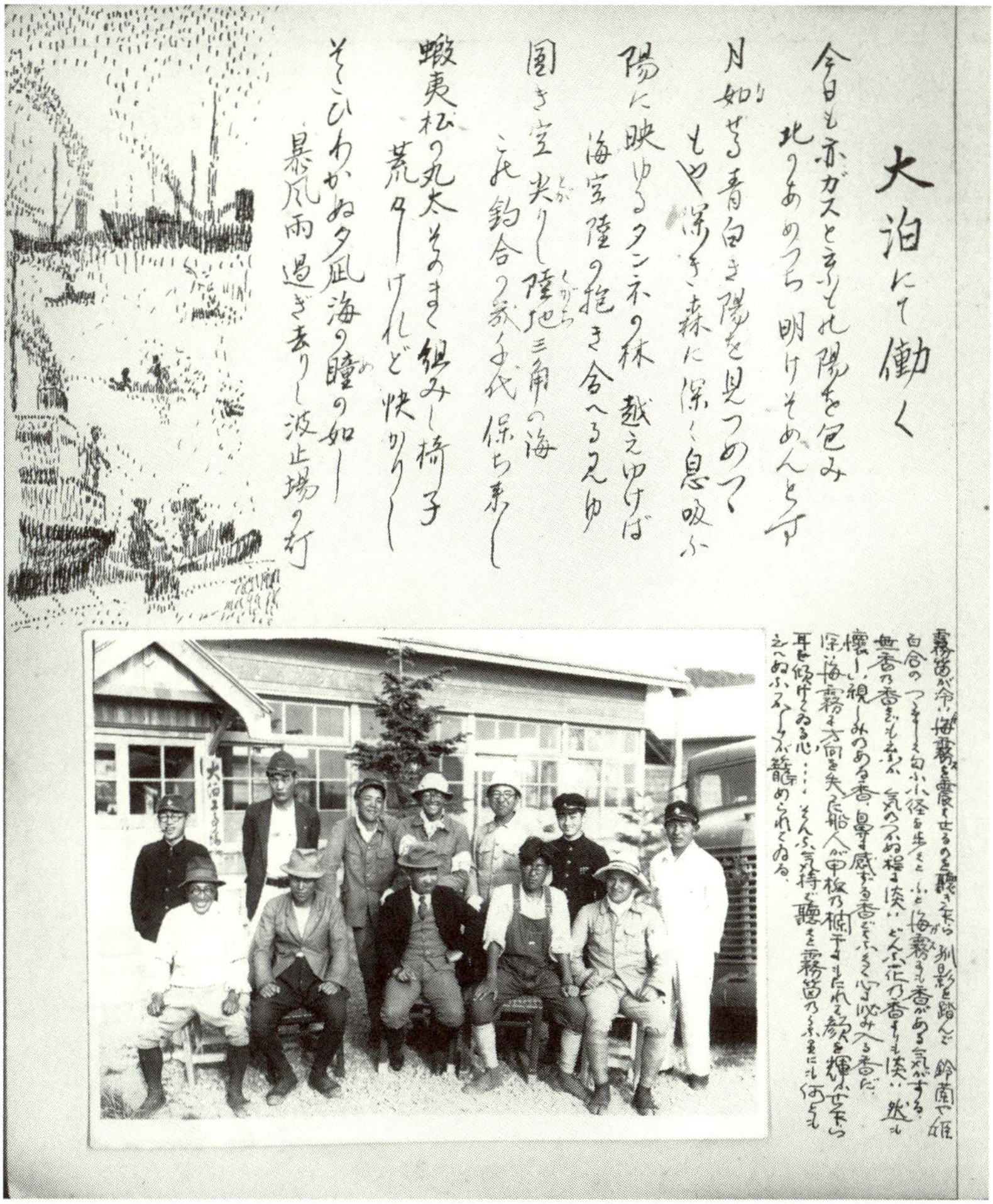

夏期労働実習で行った旧樺太大泊工場の港湾工事現場での思い出。写真前列右端が宮澤弘幸。短歌を詠み、イラストを入れ、感慨を記している。
この大らかで光に満ちた労働万歳、青春賛歌のどこにスパイ心が潜んでいると言うのだろう。この１ページだけで冤罪が証明される＝北大に寄贈したアルバムから

（ちなみに宮澤弘幸はこのあと海軍委託学生の試験を受けて合格し、月四十五円の手当を得ているから、陸海軍の両体験を経て海軍に親近感をもったのだろう。卒業後は海軍の技術将校を目指していた）
⑥は、国策会社「南満州鉄道」が公募した学生論文に入選し、その褒賞として招かれた「満鉄招聘学生満州調査団」の一員としてのもの。また海軍委託学生として便乗を許されて軍艦に乗って上海まで航海したおりの中国旅行等だった――。

このように宮澤弘幸の行動はすべて正々堂々のものであり、スパイの影など微塵もない。判決自体も、その動機を「夫妻の歓心を購わんが為」という、重罪を科すには軽すぎる次元に止めざるを得ない判示になっている。

中で誰の目にもスパイとは見えない一番明らかな事例は、③の中の一例にされた「北海道根室にある海軍飛行場」の存在だ。

この海軍飛行場は、世界航空史で名高いリンドバーグが一九三一年（昭和６）に水上機で北太平洋を横断し、根室港に飛来した翌年に造られたもので、それだけに注目度が高く、一九三三年に根室町（当時）発行の『根室要覧』に載ったのをはじめ、同三四年『根室日報』社発行の絵葉書「根室千島鳥瞰図」にも載って市販されている。（202ページ参照）

下って一斉検挙の二年前、一九三九年（昭和14）八月二十七日には、同飛行場が『東京日日新聞』社の興業「ニッポン号世界一周」の北太平洋横断・起点空港にされたことから殊の外大きく報道され、全国的に公然周知の存在となった。

さらに戦後もごく最近のことになるが、驚く資料が見つかった。地元の郷土史家・近藤敬幸さんが複写して保持している一九三四年（昭和９）八月四日付「公文書」で、海軍大湊要港部が北海道庁根室支庁らに対し、米国海軍武官の「根室飛行場見学」に適切な便宜をはかるよう求める通知を出していた。詳しくは「第二部」で触れるが、これは否定のしようがない極め付けの公然周知の証拠となる。

このほか、渡邊勝平、丸山護については、丸山自身が徴兵を受け入隊した経緯を含め、軍の編成と移動等にかかる「秘密」をレーン夫妻らに「漏泄」したという断罪が細かに列挙されている。これらはレーン夫妻への漏泄ということで一括されているが、内容においては宮澤弘幸の件とは相互に全く関係がない。

黒岩喜久雄については、北大農学部の見学旅行で行った南太平洋・サイパン島等で見聞した海軍飛行場の存在をレーン夫妻に漏泄したというもの。だが、黒岩喜久雄には、その認識は全くなく、取調べ段階の記憶では、もっぱらレーン夫妻の日頃の動向を根ほり葉ほり繰り返し聞かれただけだったと言っている。

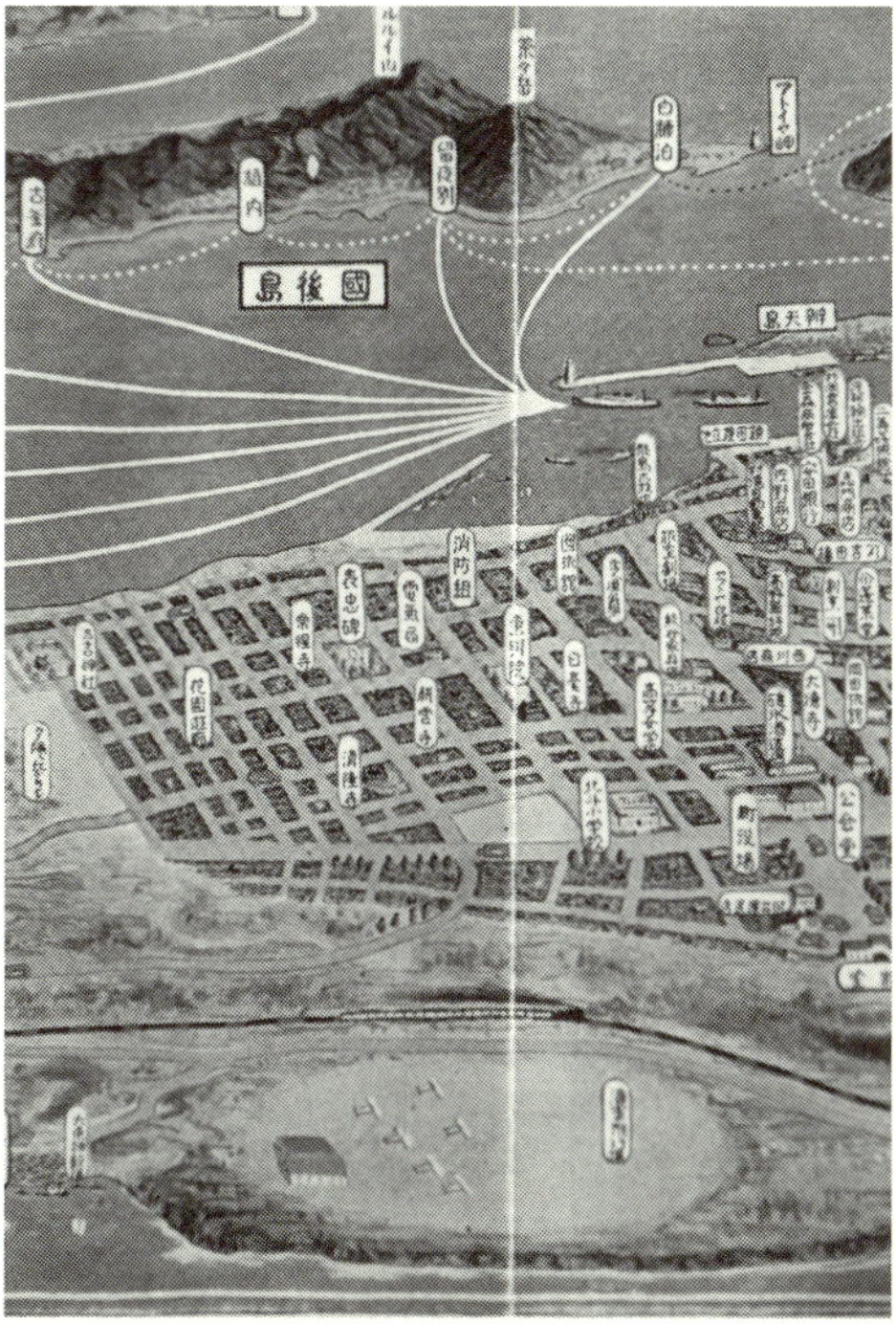

根室千島鳥瞰図。手前（下部）に飛行場。飛行機が並んでいる。市街地を挟んで奥（上部）に国後島が描かれている。

七人中ただ一人「嫌疑なし」で釈放となった石上茂子については、嫌疑にかかる記録も伝聞も全く残っていない。おそらく黒岩喜久雄の場合に似て、石上茂子本人にかかる探知・漏泄の嫌疑よりはレーン夫妻を罪に陥れるための供述をしつこく強要されたものに違いない。「嫌疑なし」としながら、三か月に及んだ勾留の事実が、それを物語っている。

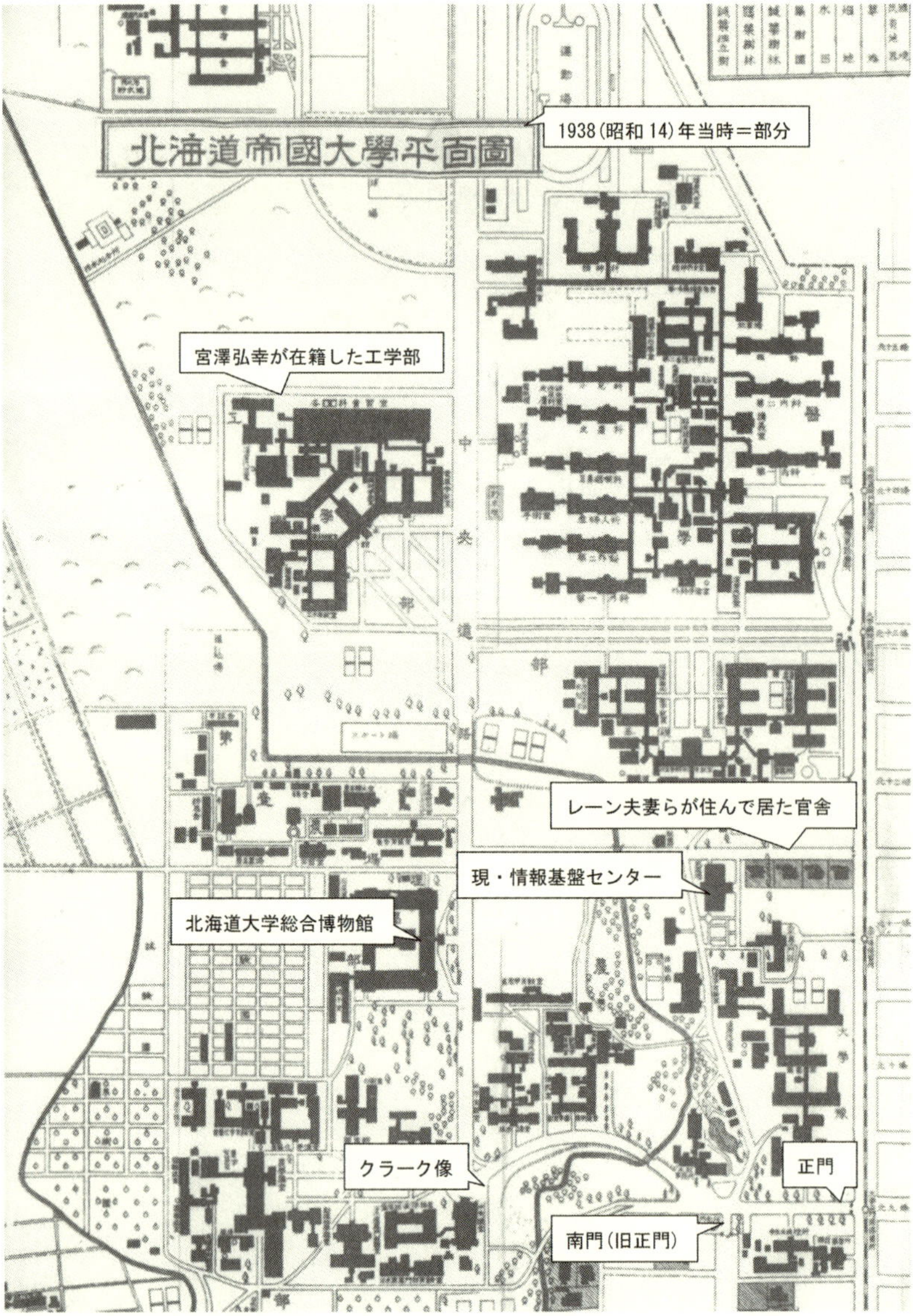

1938 年当時の北大構内図。官舎跡は地球環境科学研究院の敷地内の林になっている。ここから 1 ブロック東の北 11 条西 3 丁目あたりに太黒マチルド宅があった。

最後に、犯行の動機については、宮澤弘幸について「夫妻の歓心を購わんが為」とあるだけで、主犯格とされたハロルドをはじめ、動機らしきものさえ判示されていない。まるで動機（犯意）なき犯罪だ。あるいはスパイに動機は不要ということなのか。大使館付武官との請託・受託の証拠もなく、個々の探知・漏泄の証拠もなく、「秘密」に相違ないとの証明もない。検挙して自白させれば、それでいいとでもいうのだろうか。そんないびつな「外形」が浮かんでくる。

＊『外事月報』＝旧・内務省警保局外事課が内部資料として冊子化した文書。B5判印字印刷で、表紙の右肩に「厳秘」とある。外事警察の月間活動実績が記載され、その存在は一部知られていたが、この「昭和十八年二月分」に宮澤・レーン関係の一審判決が書写掲載されているのを荻野富士夫・小樽商科大学教授が発見した。一九三八年八月から四四年九月までの復刻合本（1994年6月・不二出版・全11巻）が国会図書館に蔵書されている。

＊『外事警察概況』＝同じく、旧・内務省警保局外事課が右『月報』等を基に年間の外事警察活動を編集・収録したもので、個々には正確さを欠く部分もあるが、活動の全貌を跡付けられる貴重な文献。復刻合本（1980年7月・龍渓書舎・全8巻）が国会図書館に蔵書されている。

＊「ニッポン号」公認出発記録地点＝根室海軍飛行場が北海道東端の飛行場であることから、世界一周飛行興業の主催者は起点空港としたかったが、地盤軟弱の上、数日来の豪雨で一層弱っていたため、急遽、札幌飛行場から飛び立ち根室飛行場では高度二百メートルまで下げ、滑走路上に引いた白線を超えた瞬間を公認出発時刻とした。

狙われた異端——心の会

当時、北大キャンパスには外国人教師のための官舎が四軒あった。木造洋風の二階建て、いま「情報基盤センター南館」がある東側の雑木林の一画で、キャンパス内の「新渡戸通り」に面して西からビリー・クレムプ、レーン夫妻、そしてヘルマン・ヘッカー、マライーニ夫妻が住んでいた。

ヘッカーはドイツ南部エルザス地方ワイセンブルクの出身で、レーン夫妻と同じ予科の語学教師。ドイツ語を教えていたが、フランス語も母国語同然だったから、求められれば両国語を同時に教えられる。授業ではただ単に言葉を教えるのではなく、ドイツ語古典の精神、文化を説く熱意にあふれ、慕われた。

週末には「ベズーヘンターク」と称し自宅を開放して来る者を拒まず、小さな国際文化サロンとなる。ただナチス政権を激しく憎むナチス難民でもあり、仮にもナチスに寄った言説に接すると厳しく糾弾する激しさもあった。独身で、家族はなかったが、北大入学前から傾倒していた瀧澤義郎（前出）が入学後に住み込み、そのまま結婚後も同居して、家族同然に暮らしている。

フォスコ・マライーニはイタリア人留学生（日伊交換留学）で文化人類学者。国際学友会（本部・東京）の奨学金を得て妻トパーチアと共に一九三八年（昭和13）十二月に来日、北大ではアイヌ民族の人種的起源の研究に身を入れた。身分は医学部解剖学教室（児玉作左衛門教授）の無給助手。当時、北大はアイヌ人の骨格標本などの学術資産を多数所蔵していて研究の中心とされていた。（ただし、その収集、収蔵過程で民族の尊厳、人権にかかる過ちが厳しく告発され、いまも解決をみていない）

一九一二年（大正1）の生まれで、来日時二十六歳と若く、学生たちとあまり年齢差がなかったこともあり、たちまち兄貴格となって輪ができた。とりわけ宮澤弘幸とは山登りなどを通して気心が合い、研究旅行や本格的な山登りにも同行して終生の友人関係を培っている。

レーン夫妻も英語を教えるだけの英語教師ではなかった。ヘッカーと同じく自宅を開放し、生活の中での全人教育を試みている。そこへは予科の生徒だけでなく、誰もが寄ってきた。

たとえば丸山護は札幌市内の夜学校から私立中学校（旧制）への編入を目指し、その受験勉強の手助けをポーリンから受けたのが始まりであり、渡邊勝平は家庭の事情から単身、北海道に渡ってきてレーン宅に寄寓し就職の面倒をみてもらったのが機縁であり、黒岩喜久雄はキャンパスの草むらで夫妻の幼き末娘たちと出会い無邪気に遊んだのが家族同然の一歩だった。窮鳥懐に羽ばたかせるのである。

外国人教師たちは互いに心広く、共通して学生や後進への面倒見もよかった。実質・研究生のマライーニを空きのあった教師官舎に入れるよう骨折ったのもハロルドだった。

ただ、学ぶのはあくまで、学生、若者であって過分の手も口も出さない。戦後にハロルドから英語を学んだ北大生・刈谷純一には、こんな逸話もある。

ハロルド先生が教室内外で日本語を話すのを聞いたことがなく、通じないものと思い込んでいた。それでたまたまあるとき学外活動のために休講にしてもらいたく、その代表となって交渉を試みた。

しどろもどろに汗みどろ。思いつく単語を繰り出した英語ならざる英語に、ハロルド先生は首かしげながらも、何度も何度も聞き直し、聞き正し、我慢強く聞いてくれ、最後にOKをくれた。ところが、ずっと後になって、家の中では日本語で生活していたと知り仰天した。京都生まれのポーリンほどではないが、日常会話なら日本語で堪能だったのである。

自分が日本語を学ぶように生徒・学生にも英語を学ばせたということであろう。宮澤弘幸ら出入りする日本人学生たちも、レーン宅に入ったとたん日本語に封印するのが仕来りだった。相席次第で、ときにフランス語、イタリア語、ドイツ語を工面して、それぞれ見たこと聞いたこと自分の頭で考えたことを自由に話題に掲げ、言葉に苦吟しながらも互いに質問し合い、意見や感想を交わして歓談するのである。

自ずとキャンパスの中だけに止まらず、北大外との交流もあって、教室を超える師弟の輪は広がった。官舎の直ぐ近くに住む小樽高等商業学校（現・小樽商科大学）教授の太黒マチルド夫人（フランス人・夫は日本人医師）はその一人で、やがて、太黒宅に寄った十六人の教師と学生たちが「La Societe du Coeur ソシ

1939年6月8日「心の会」発足の記念写真。前列右端に宮澤弘幸、左へレーン夫妻、マライーニ夫人トパーチア、太黒マチルド、松本照男、ヘルマン・ヘッカー、左端にヴォルフガング・クロル。後列ネクタイがフォスコ・マライーニ。ほかに瀧澤義郎、大條正義、武田弘道ら、中国人留学生も。太黒宅にて。

エテ・ドゥ・クール」（心の会）と名づけた懇親・勉強の会を生みだすに至る。

時に一九三九年（昭和14）六月八日のことで、創立会員の一人となった松本照男の記憶では、発案して名付け親となったのは北大工学部で宮澤弘幸の二年先輩になる大條正義。日仏交換学生を目指して工学部を休学にして東京のアテネ・フランセでフランス語を磨いてきたが、交換学生の制度そのものがなくなって逆境にあったころだという。

いや、大條は逆境にめげない前向きで、前後して北一条西六丁目にあった「日本植民学校」の中に五か月カリキュラムのフランス語教室「アテネ・サッポロ」を開き、宮澤弘幸も助教（無報酬）に引き込んでいる。

当時、北大生には自ら学びつつ、学んだものを求める者に還元するという気概があった。大條も自らの留学のために磨いたフランス語を、已に果たせないと知って還元を図ったのだろう。

「心の会」はそんな気概も土壌にして発足した。マライーニの回想では会員宅を持ち回りで会場にして月に何回か開いた。学生にとっては語学の実践勉強になるだけでなく、さまざまな文化や考え方感じ方を複眼で知る得がたい機会であり、まさに「心の会」となった。発会記念の写真には中国人留学生を含む八人の外国人と八人の日本人学生・生徒が写っている。（写真参照）

この顔ぶれ多彩から、ハロルドはそれぞれの母国語の頭文字を並べ FIDNAC とも呼んだ。そして文字通り、この FIDNAC のすべてをがむしゃらに会得し、言葉に込められた心を体現したのが宮澤弘幸だったといえる。この時期、宮澤弘幸は一歩先を行く大條正義と、八畳二間続きの下宿で共同生活している。

こんな風景を、特高はとても理解できなかったのだろう。「外国人を見たらスパイと思え」「欧米崇拝思想の是正こそが防諜の完璧を期する近道」と叩き込まれ、さらには「日本人も、すべてスパイの潜在的可能性がある」と、そう思い込んでいる。まるで異端、異端狩りと同じで自分たちの理解を超えるものはそれだけで悪と決めつけ、根絶やしに血道をあげた。

いつのころか、レーン宅はじめ外国人官舎が見渡せる西五丁目通りの商家の二階に特高のアジトが出来ていた。当時、市電が通る西五丁目通りは、北大キャンパス東側の境界線にもなっていて、キャンパスの「新渡戸通り」とも接続していたから、その交差点越しに官舎が見渡せる格好の場所があった。

特高は、そこからレーン宅やヘッカー宅に出入りする者を昼夜にわたって監視し、かねて要注意の対象や見慣れぬ顔が出入りすると尾行をつけ所在、動向を確かめていた。

当時の様子を戦後に、夫妻の四女バージニアの夫アール・マイナー（アメリカ占領軍日本語要員を経てプリンストン大学教授）が書いている。

「一九三〇年代の後半から一九四〇年代の前半にかけての日本は、外国人にとって決して住みいい所ではなかった。憲兵と特高警察が私の妻の家族を非常に注意深く監視していて、それでも妻の家族は何も隠すことがないのであるから、少しも恐れる必要はないと考えていた」（『ア・リトル・ミラー・オブ・ジャパン（日本を映す小さな鏡）』＝吉田健一訳１９６２年刊）

――と。

同様、しばしば出入りしていた宮澤弘幸にも尾行がついている。

開戦に三か月ほど前の九月のある日、宮澤弘幸の遠縁・高橋マサは札幌警察署長の山浦隆次郎から
「お宅の親戚の宮澤弘幸が特高に目をつけられている。言動に注意するよう言っときなさい」

と耳打ちされている。

地域の警察署と特高は同じ署内にあっても実質・別組織であり、署長といえども特高に口出しすることはほとんどできない。山浦はマサの夫が小樽水上警察署の署長（現職で病死）だったときの部下で、その好意からただならぬ状況にあることを伝えてくれたのだった。

だが宮澤弘幸もまた
「何も悪いことはしていない。何も隠さねばならないことはしていない。だからとやかく言われることは何もなく、話せばわかることだ」

と、取り合わなかった。それがレーンやヘッカー宅に出入りする人たちの共通認識だった。

同じ警告は、大学からも伝えられていたと思われる。のち、大審院への「上告趣意書（院写）」の中にも
「学生主事或は憲兵より諜報者たるに疑ありと告げられたることありと雖　到底信ずること能わず　寧ろ之を疑う者の余りにも色眼鏡にして神経過敏なるを笑い居りたる」

――との記述がみられる。

学生主事は各学部に学部長とは別に置かれた職掌で、実質、学生の思想面を管理し、連係して特高や憲兵も学内に出入りしていた。右記述の中の「諜報者」がレーン夫妻を指し、「笑い居たる」のが宮澤弘幸であること、いうまでもない。ほかに北大には陸軍大佐の配属将校が常駐していた。

おそらく世間はもっと濃い色眼鏡で外国人と、外国人と付き合う日本人を遠巻きして敵視していたとみて

間違いない。

「あいつはスパイだ！」

「裏切り者だ！　国賊だ！」

「追い出せ！」

「スパイの子と遊ぶな！」

一度烙印を押されると、世間には弁明も反論も通らない。聞いてさえもらえない。それまで和やかだった人間関係に亀裂が入る。謂われなき侮蔑と猜疑と保身をゆすり起こし、集団いじめを強要する。

その中で己を信じ、真実を信じて生きようとした者たちの心の強じんさには改めて感じ入るほかない。もちろん心の奥で何の葛藤もなく動揺もなかったと言えるのか否か。いや、かえって葛藤、動揺があったからこそ、表では筋を通した言動に徹したのかもしれない。

宮澤弘幸と共同下宿した大條正義は、戦後の述懐ながら

「当時、外国人とつきあっていくことが警察などに警戒されることだとの考え方は全くなかった。わたしたちの下宿で心の会を開いたとき特高が来たが、わたしが応対し、怪しいものではないと説明した。日米が開戦するとも考えていなかった。戦争が起こるとすればソ連かと。宮澤が軍事秘密をアメリカに売るなど到底考えられない」（札幌弁護士会・郷路征記弁護士による聞き取りから）

——と回想している。

対して特高たちは、その感性にも知性にも、「心の会」の実相を洞察する力量も素養もなかった。異なる文化を持つ人たちと共に胸襟を開きながら、かえって己の独自性、自修心、独立を磨いていく人間性など、とても理解の及ばない風景であり、国を危うくする存在だった。

時間を少し戻して、「心の会」が発足して三か月後の一九三九年九月三日、ヨーロッパではイギリスとフランスがドイツに宣戦布告している。アメリカもぴたり付いている。ナチス・ドイツのポーランド侵攻から始まる第二次世界大戦。マチルドはフランス人、ヘッカーはドイツ人、マライーニはイタリア人、レーン夫妻はアメリカ人、事実上、盧溝橋に始まる日中戦争は既に二年余の泥沼に入っている。

しかし「心の会」には何のわだかまりも変化もない。いかなる考え方も感じ方も許容し合っていた「会」だが、おそらく戦争を憎む信念では共通していた。反ナチスを公言して憚らないヘッカーをはじめ、ハロルドは第一次世界大戦で兵役を忌避、ポーリンは同じ大戦で初婚の夫を戦死で奪われている。

このような人たちが戦争推進行為の先端にあるスパイになるなどあり得ないのだが、それを全く理解できない特高との落差は、戦雲の荒れと共に一層深くなっていった。外国人であることがスパイであり、外国人に迎合する日本人は国賊、反戦は犯罪、極めて分かりいい風潮が横溢していくようになった。

先に明かした「戦時特別措置」（『外事警察概況』所載）によれば

（一）事前準備
（イ）外国人名簿を各国毎に　左の三種に分類整備し置くこと
（A）非常事態発生の際　検挙取調べを行うべき者
（B）非常事態発生の際　退去せしむべき者
（C）その他の外国人
（ロ）外諜容疑邦人名簿を左の二種に分類整備し置くこと
（A）非常事態発生の際に　検挙取調べを行うべき者

（B）外諜活動に利用せらる、虞あるを以て　非常事態発生の際　警告をなし又は行動監視すべき者
（ハ）――略――
（ニ）非常措置
（イ）事前準備中（イ）の（A）（B）及（ロ）の（A）は、本省の指揮に依り一斉検挙を行うこと
――となっている。

「非常事態」とは「対米英開戦」であり、「非常措置」とは一斉検挙である。既に、「開戦」あるものとして準備を整え、あとは本省（＝内務省）の指令を待つ問答無用の体制がとられていた。

右の名簿は、廃棄隠滅された文書の中にあったに違いない。その片鱗が、廃棄を免れた『外事月報』の中に残っている。「心の会」発足間もない一九三九年（昭和十四年九月分　第十四号）の分で

防諜関係
四、学校教師の容疑行動
（1）住所　札幌市北十一条西五丁目北大官舎
北大予科英語教師
米国人　ハロルド・エム・レーン（四八）
右者大正十年九月渡来　肩書教師となりたるものにして、平常米国武官と来往連絡する等の容疑行動ありたるが　本年八月其の長女マジオリ・レーンを社交術習得の為と称し、札幌市グランドホテルの給仕に就職せしめたり。其の真意　避暑観光季節に於て来往外国人との連絡に利用せんとするやに被認たるにより　北海道庁に於ては業者をして解雇せしめたり。

――とある。（「エム」とあるのは「メシー」の頭文字、マジオリはマジョリー、であろう）

まさに「外国人を見たらスパイと思え」そのものだ。

十一月の半ば過ぎ、山浦署長から高橋マサに再度のより強い忠告があった。気配を察したマサはより強い口調で「時世が悪い。学問の尊敬といっても特高には通用しないから、もうレーン先生のとこには出入りしないように」と説得した。

十月十八日には陸軍現役の東條英機が内閣を組織し、十一月五日の御前会議（天皇臨席）では対アメリカ戦を内定し、十一月二十六日には千島列島択捉島から海軍機動部隊がハワイに向けて密かに出航している。

宮澤弘幸は、なおも「怪しまれるようなことはしていない」と反発しながらも、ただならぬ気配が、理は理として、脅しではないことも感受していたのであろう。

十二月に入ってすぐの日、宮澤弘幸は高橋宅を訪ねると、二階に居たあや子と向き合い
「僕はどこにいてもあやちゃんの幸福を願っているからね」

とだけ言って、あっけにとられるあや子を置いてそのまま帰っていった。

十二月一日、東條内閣の内相（兼務）・東條英機は御前会議で
「非常措置実施の準備は完了」

と奏上している。日米開戦と一斉検挙の予告だ。

宮澤弘幸と高橋あや子の二人が、このあと顔を合わせたのは十二月七日、あや子が入院したと知って見舞いに来たときで、これが今生の最後となる。弘幸は「これは翻訳でかせいだ奇麗なお金だから」といって封筒に入った七十円を、まだ発熱でもうろうとするあや子の水枕の下に押し込んでいった。

レーン夫妻はもっと監視の目を感じていたのだろうが、最後まで腰を浮かすことはなかった。再三にわた

るアメリカ大使館による在日アメリカ人の本国引き揚げ勧告をも無視している。

断罪は冤罪――拷問と自白

レーン夫妻ら十二月八日・開戦の日に検挙された五人のうち四人は、百日を超える取調べを経て翌一九四二年（昭和17）三月二十五日に札幌地方裁判所検事局に送致、四月九日に起訴された。二十七日検挙の二人もほぼ同様で、「嫌疑なし」で釈放された石上茂子にしても百日を超える勾留・取調べを受けている。

起訴された六人はすべて有罪、一審（札幌地裁）判決の宣告順で、

ハロルド　懲役十五年（上告）　一九四二年十二月十四日　言渡
宮澤弘幸　懲役十五年（上告）　一九四二年十二月十六日　言渡
丸山　護　懲役　二年（未決勾留三百日算入）　一九四二年十二月十六日　宣告
渡邊勝平　懲役　二年（未決勾留三百日算入）　一九四二年十二月十八日　宣告（同十九日確定）
ポーリン　懲役十二年（上告）　一九四二年十二月二十一日　言渡
黒岩喜久雄　懲役　二年（執行猶予五年）　一九四二年十二月二十四日　言渡

――と断罪されている。（丸山、渡邊は判決原本によるが、他は『外事警察概況』による）

一見して気づかされるのは最高・懲役十五年の重刑に加え、刑罰の落差だ。それが嫌疑の差なのか、他の要素があるのか、それはこの先の検証課題になるが、まず留意しておかねばならない。

本来、嫌疑は起訴状によって明確にされ、裁判によって白黒が決せられるが、本件では肝心の起訴状が隠蔽廃棄によって失われている。そこで、捜査・裁判記録中、唯一残された判決の中から起訴状に込められた特高（国家権力）の意図をも含めて検証していくことになる。

判決原本のある丸山護、渡邊勝平の場合でみると、判決文は、「（主文）」「（事実）」「（証拠）」「（適条）」の順で構成されている。これは旧刑事訴訟法（第三百六十条）の「有罪の言渡を為すには　罪と為るべき事実及証拠に依り之を認めたる理由を説明し　法令の適用を示すべし」に基づいており、形は通常の裁判書の書式通りの構成になっている。

だが、実際の判決文に「理由」はまったく示されていない。

たとえば、丸山護の例でみると

「応召中　軍動員並軍編制実施の状況及出征軍隊に関する事項等を見聞し　其の軍事上の秘密たることを諒知し乍ら　渡邊勝平に対し　昭和十六年十月十五日頃　北海道札幌郡月寒歩兵第二十五連隊面会所に於て　一個中隊に約百三十名宛配属せられたる旨　申告げ」

――などとあるだけで、「見聞」した証拠も、「諒解」した証拠も示されず、何が秘密で、何がなぜ違法行為なのかの判示もない。

判決とは言いながら、知らずに読むと、まるで起訴状を読むかのようで、捜査（特高）側が並べたであろう「嫌疑」が、そのまま判決に置き換えられた形だ。

実はこの「理由」欠如には根拠があって、一九四二年三月二十一日施行の「戦時刑事特別法」（第二十六条）には

「有罪の言渡を為すに当り　証拠に依りて罪と為るべき事実を認めたる理由を説明し　法令の適用を示すには　証拠の標目及法令を掲ぐるを以て足る」

――とあり、理由欠如が許されている。

もちろん法律は「以て足る」とあって、原則はあくまで「理由を説明すべし」なのだが、権力組織の常識

では、そうは読まない。「標目を掲げるだけで済ませ」が正しい読み方とされ、それが強要される。狙いは裁判そのものの簡略化だ。それも、単に戦時下にあって裁判の手間暇を簡略に、ということではない。それもあるにはあるが、もっと強い本当の目的は裁判の形骸化だ。せっかく一斉検挙によって「スパイ網一挙に覆滅」（『北海タイムス』）の成果を誇示したのに、裁判によって検挙の是非まで蒸し返され、黒白を巡って裁判が長引くことになれば戦争推進の国策に反する。

そのうえ「理由」を明示することによって「軍機」（軍事機密）が法廷外に漏れれば、戦争推進の妨げとなる。これでは裁判が国策推進・戦争遂行の妨げとなるとあって、この他にも弁護権の制限など、特別法には多くの形骸化規定が押し込まれている。

その「掲ぐるを以て足る」とされた「証拠の標目」についても、渡邊勝平の場合でみると

一　被告人の当公廷に於ける供述

一　被告人に対する予審第二回訊問調書中第十八問答

――等々と、自供、自白にかかる標目があるだけだ。

つまり、客観的な物証、証言にかかるものは何も「掲げ」られていない。自供、自白だけで有罪にしたということであり、自白があれば判決できる、自供さえあれば十分という自供万能主義の露骨な現われというほかない。半面、対象が「軍機」であることから事実調べを回避した実相を映し出しており、裏返せば、自白をもって裁判簡略化、形骸化の担保としているといってもよいだろう。

実際に、相被告であった黒岩喜久雄は

「(公判では) 何一つ聞かれなかった。検事が何か言っていたが、弁護人は何もしゃべらず、その後直ぐに判決になった。何が罪になったのかは今も分らず、瞬く間に終わった。傍聴席には取調べの特高が一

人いただけで、あとは誰も居なかった」

——との趣旨の酷い回想を、後に冤罪解明の上田誠吉弁護士に明かしている。

黒岩喜久雄の場合、公判はこの一回だけで、即結審、判決ということだ。おそらく、法廷には捜査段階で作られた「自白」調書が証拠として出され、これら書面について裁判官、検事、弁護士の間で示し合うやりとりがあって、それで一切が終わったと推察される。判決文さえ、黒岩喜久雄の手には渡っていない。

これも戦時刑事特別法（第二十二条）の中に

「交付することを相当ならずと認むるときは　之を交付せざることを得」

——とあって、許される。

だから黒岩喜久雄も、戦後四十年余、上田弁護士によって一連の記憶を掘り起こされた時点では、（まだ『外事月報』所載が見つかっていなかったので）自分の裁判の判決内容さえ何一つ答えられなかった。

もちろん、このような「証拠」の扱い、公判の実態が、本件事例に限ったものなのか、それとも当時の裁判一般の実態を反映したものなのか、これを直ちに見極めることはできない。だが、少なくとも札幌地裁に起訴された一連の事件では共通しているとみて間違いない。

たしかに、判決原本の残る丸山護、渡邊勝平以外の四人については『外事月報』所載の書写判決文があるだけで、これには最初から「（証拠）」「（適条）」部分が欠けている。

従って、どのような「証拠の標目」が掲げられていたかは分からない。だが先へいって検証する「上告趣意書（院写）」をみても「自白」調書以外に証拠が明示された痕跡はなく、起訴状を読むが如き「（事実）」部分の流れも丸山、渡部両判決と異ならない。

当時、札幌地裁刑事部に所属した裁判官は、菅原二郎（裁判長）、松本重美、宮崎梧一、高橋勝好の四人であり、三人合議の組み合わせで、同じ姿勢で臨んだと推察できる。

では、一審判決の決め手とされる「自白」は、どのようなものだったのか――。

本件を判決が断ずるように軍機保護法違反の「スパイ事件」だとするなら、事件の骨格は、ハロルドがアメリカの副領事リチャードソンと陸軍武官ペープ大尉からスパイ行為の請託を受けて承諾し、（学生らから探知した）日本の軍事機密を陸軍武官ヘンリー・マックリアン少佐とトーマス・マッキー海軍中尉及び外交官補ディクソン・エドワードへ漏泄した――ということになる。（250ページ参照）

従って、請託、受託、漏泄にかかるリチャードソン、ペープ、マックリアン、マッキー、エドワードの自供はあったのか。通常の裁判なら欠かせない供述となるが、一審判決（書写）および『外事警察概況』記載の記録上からは、検挙はもとより任意調べを行った痕跡も窺われない。

おそらく一審判決（書写）で決めつけられた犯罪事実は、特高捜査の常態である尾行と身辺視察によって得られたハロルドの領事館訪問日程などの外形事実だけを繋ぎ合わせて仕立てた虚構であり、判決で示されたであろう「（証拠）」の内容も、請託・受託を含め一切がハロルドの「自白」の中に書き込まれ、署名させたものと推測される。

主犯とされたハロルドが、この一審判決を全否定した上で、控訴（上告）した際の「上告趣意書（院写）」から引き出してみると――

「自分は軍事秘密と称せらるる事項に付ては　全く興味なかりしのみならず　斯る事柄を収集聴取せんと努力したることもなし　自分は宮澤弘幸が千九百三十九年樺太へ　千九百四十一年千島へ旅行したることに付ても殆ど想起すること能わざる位にて　同人より宗谷灯台に於ける特殊なる或る種の装置　幌

莚に於ける軍港、兵隊、砲台、松輪島に於ける海軍飛行場、千島以外の場所に於ける軍隊等に付　如何なることも聞きたることとなし

自分は警察にては特殊の食物、休養の不足、留置場の不潔等にて極端に疲労し居り　係官の訊問の趣旨すら十分之を理解する能わず　只早く訊問を終り家庭に帰り度さに出鱈目の供述を為したり　検事の取調は急速にして公正を欠きしも　当時自分は疲労し切って居りし為　気休めに聴取書に署名したる迄なり　右の如く司法警察官及検事に対し虚偽の陳述を為したることに付ては御寛恕を乞う　自分は原判決の如く軍事上の機密を探知し　之を外国に漏泄したる覚なきに　懲役十五年の刑を科するは公正ならずと云うに在り」

——と、ある。

ただし右の「趣意書」は、被告人・ハロルドが書いた原文そのものではない。それは同判決文の前書き相当部分に「刑事訴訟法第四百五十三条の法意に則り其趣旨を要約すれば」とあるように、裁判官によって要約された文意であり、「原文」に何が、どう書かれていたかは分からない。

従って、裁判所あるいは国家権力にとって不都合な事実は無視されたと推察することも十分可能だが、その中にあっても捜査段階での「供述」が心身不正常の中で強要され、諦めて行ったものであることを引用せざるを得なかったことを示している。

これが、日本人・宮澤弘幸になると、拷問の事実に疑いようもなくなる。一切は取調室という密室の中にあって、一切の捜査資料は敗戦時に始末され闇に葬られたのだが、心身に刻み込まれた拷問の跡は終生消えることがない。

戦後、釈放されて両親の許に戻ってのある日、少し体力の回復した様子を喜び、家族みんなで「蟹を食べ

に行こうか」となった。蟹が好物だった弘幸に力をつけてもらおうとの心づくしだ。だが、弘幸は聞くなり

「蟹は嫌だ」

といって、塞ぎこんだ。

蟹は、両手両足を締め上げて体を折る刑務所内制裁の一つで形が蟹に似ていることから「蟹刑」と呼ばれ受刑者に怖がられた。それを知らない家族は弘幸の拒絶に戸惑うばかりだったが、後年に、妹・美江子は網走刑務所の博物館にその実物展示を見つけ、背筋を凍らせて兄の恐怖を知った。釈放後の療養中、タオルで背中を拭ったとき、骨と皮ばかりになった兄の背中の皮膚に、縄の筋目と思われる痕がいく筋も刻み込まれていたのが、まぶたに焼き付いている。

誇り高く、正義を信じる宮澤弘幸は独房にあっても頑強に己を主張し、何度となく「蟹」にされたのだろう。いや、蟹だけではない。妹・美江子の耳には

「両足首を麻縄で縛られ、逆さに吊るされて殴られた、両手を後ろに縛られて、それに棒を差し込んでいたみつけられた」

という兄の呻きが残っている。

おそらく取調べなんてものはなかった。実は蟹刑は受刑者への制裁で、容疑者への拷問とは法の上で区別される。拷問は不当に自供を迫る不法行為であり、制裁以上に執拗で残虐になる。妹の耳に残る兄の呻きは多く拷問によると察せられるが、警察たらいまわしなど、あくどいものだった。

「このままでは殺される」

「外形だけ認めたことにしてまず命を守り、予審、公判で本当のことを言えばいい」

接見を許された弁護士はこういって勧め宥めたに違いない。弁護士にできる役割は限られ、宮澤弘幸を担

当した弁護士・斎藤忠雄は、戦後、冤罪解明の上田誠吉・弁護士に、そのように話している。

一般に、自白、あるいは自白調書については、予め留意しておかなければならない点がいくつかある。中でも法手続き上の自白と真実の自白の峻別だ。自白には他から強要されてのもの、逆に自らの意志で虚偽を述べたものがあり得、仮にそうであっても、法の外形上の手続きを経ていれば裁判上の証拠となりうる「自白調書」となる。

この場合の自白調書の作られ方は、一般に取調べの警察官、あるいは検察官らが取調べメモを基に文章化した上で被疑者の同意を得、署名・押印させて出来上がる。ここに強要、拷問の生じる過程が構造的に存在するわけで、冤罪の多くはここでつくられる。

本件、起訴された六人には、いずれも捜査段階での「自白」調書があり、少なくもレーン夫妻と宮澤弘幸の三人は予審、公判で否定したけれども聞き入れられず、判決の決め手にされた。それが実相に近い。

＊武官＝軍務に当たる官吏。というより行政に関与する下士官以上の職業軍人。大使館付の場合は外国にあって外国の軍事状況を調べるのが実態であり、実質諜報機関の公然部門といっていい。語学武官と称し、表向き語学勉強のためにと配置し情報収集にあたらせる要員もいた。陸海軍それぞれに大使館外に独自の武官事務所を構えていた。

＊戦時刑事特別法＝一九四二年（昭和17）二月二十四日、法律第十四号で制定。その一か月後の三月二十一日に施行。宮澤弘幸らの起訴が四月九日だから、まるでこれに合わせたかのよう。第一章で「罪」を定め、第二章で「刑事手続」を規定、容疑者、被告の権利を奪う条文が列挙されている。

暗黒の裁判

裁判はすべて非公開だった。仮に公開して、

「被告は軍事機密の石油備蓄基地を探知し、外国に漏泄した」

——などと起訴状を読み上げ、これを聞いた新聞記者が記事にすれば、石油備蓄基地の存在が明るみに出て、機密が機密でなくなる、という理屈だ。

これは公判廷だけでなく、弁護人の廷外活動にも及ぶ。本件でも手続き通り弁護人は就いたが、反論、反証を挙げようにも、対象となる事柄が全て軍機（軍事機密）に阻まれ調べようもない。無理に調べると、その行為自体が軍機保護法違反の「探知」、口にすれば「漏泄」になりかねない。起訴状までが裁判長あるいは予審判事の許可がなければ閲覧・謄写できない規定（戦時刑事特別法第21条）になっている。

そういう何もかもが秘密の網をかぶせられた暗闇の中の裁判。これは裁判官、検事にとっても同じで、仮に公判で知り得た「軍機」を口にし、これが他に漏れたら原理の上では裁判官も漏泄罪に問われることになる。初めから「軍機」あるいは「秘密」という魔物がいて、裁判官も検事も弁護士も振り回されている。

極言すれば「軍機」については秘密故に事実調べをしないというのが暗黙の法廷了解だった。裁判といえば、公開の法廷で検事と弁護士が証拠と言い分を交わし、公正な判断を基に裁判官が黒白をつけると信頼している向きにはとんでもない異様な実態であり、これをまず頭に入れておく必要がある。

次に、軍機保護法で問われる罪は二つ。探知罪と漏泄罪。「軍事機密」を探知すればそれだけで探知罪、漏泄すればそれだけで漏泄罪、探知して漏泄すれば加重して罰せられる。何が「軍事機密」かを決めるのは陸軍・海軍大臣で、法原理の上では、その妥当性を含め裁判官が独自に判断できるが、軍には天皇直轄の統帥権があり、魔物の世界に引き込まれる。これもまた頭に入れておく必要がある。

起訴があって公判となるが、戦前の制度では、その前に予審がある。捜査当局から送られてきた事件を公判にかけるか否かなどを予審判事が判別する事前手続きだ。ここでは被疑者の言い分も聞かれ、訊問調書となって記録もされる。

しかしこれも、実際には「弁明の機会がある」という程度で、最後に重んじられ採用されるのは「自白調書」であり、捜査当局の調べだった。一度「調書」にされると尋常一様なことでは覆しえないのが実相であり、多くは検察見立て通りの嫌疑で公判に付されたものと思われる。

また戦前の制度では、検事局は裁判所に属し、公判廷では一段高い壇上に裁判官と並んで座を占め、壇下の弁護席を見下している。この法廷配置は、かつて札幌控訴院だった現・札幌市資料館に「刑事法廷展示室」として、原風景通りに復元されており、裁判官、検察官、弁護士の力関係が実感される。

裁判官同列の検事の作った調書を壇下の弁護士の反証、反論によって覆し、これを法廷壇上の検察官、裁判官に認めさせるのは容易ではない。

非公開で、事実調べが制限され、結果、自白だけが「証拠」とされる。それも強制され、型にはめられた「自供」だ。この下で、どんな法廷がありうるのか。先の黒岩喜久雄による暗澹たる回想風景は、おそらく特異、例外なものではなく、軍機保護法違反裁判では共通したものだったとみて間違いない。多くは、金縛りの状態で裁かれ、断罪されたと思われる。

その中で、レーン夫妻と宮澤弘幸の場合は、捜査段階で作られた「自白調書」を予審、公判を通じて否認している。訴追し、裁く側にとっては唯一の「証拠」である「自白」を否認され、逆挑戦される厄介、面倒なことであり、それ自体が暗闇裁判にあっては大変な展開だった。

実際に、一審の公判がどのように展開したのかは全ての記録が廃棄・隠滅されていて知れないが、たとえば、宮澤弘幸の「上告趣意書（院写）」の中に、その片鱗を知ることができる。

「被告人は　警察検事廷に於ては　ある程度迄これらの事実をレーン夫妻に語りたることを認めたるも

公判廷に於てはしかく詳細に語りたることなしと否認せる所なり」

「被告人は　警察検事廷に於ては　軍事上の秘密たることを認識して探知し伝説したる如く述べたる所あるも　公判に於て弁解する如く　そは強制に堪えかねて」

――と。

おそらく生命の極限まで踏み込まれ、心身混乱のさ中で特高に作文された「外形」をいったんは認めたものの、その屈辱は我慢の限界を超え、特高・検事の手を離れて予審・公判となったとき、人としての尊厳と誇りが爆発したのだろう。そんな思いのほとばしる告発文だ。

その自白否認の根拠は「強制に堪えかねて」であり、それが拷問を意味することは弁護士はもちろん、検察官、裁判官も、それぞれに分かっている。したがって、この黒白は、訴追し裁く側それぞれの責任と権威に及ぶことであり、暗闇の中で厳しく対決したものと思われる。

同じ宮澤弘幸の「上告趣意書（院写）」の中では、法廷に証人を呼んだ痕跡もある。これも裁判官、検察官ともども黒白つけるにはやむを得ないと判断したのだろうが、一連のスパイ裁判では異例といっていい。それは軍機保護法下における証人の立場は極めて微妙で際どいからだ。

たとえば、被告が「軍事機密の存在を探知した」と断罪され
「それは探知ではなく、隣客が話すの聞いて知っただけだ」

と反論し、反証のために「隣客」を証人に呼んだとしよう。

その「隣客」はいったい何と証言するだろうか？

もし
「その通り、わたしが話した」

と証言すれば、その証人が直ちに漏泄罪に問われることになる。

つまりスパイ裁判というのは、そういう構造の下にある、極めて陰険で、罪が罪を呼ぶ人間不信と猜疑心の坩堝（るつぼ）なのである。この件は「第二部」で詳しく検証することになる。

自白調書の否定、証人をめぐる攻防。暗黒の制約の中でも必死の公判展開を試みたことだろう。だが、その一切ことごとくが聞き届けられることなく、証拠、証言の吟味も為されなかったに違いない。先に見た起訴状と紛う一方的な判決文が、それを物語っている。

結局、このような法廷環境のもと、公判に付された六人は、六人ともに有罪とされた。一審判決に先立つ求刑については推察しうる資料もない。宮澤弘幸についてのみ、札幌警察署長が先に紹介の高橋マサの知人だったことから、おそらくはそのつながりで、ある暗い日の夕方、「無期懲役だった」と両親のもとに風によって伝えられた。あとの五人は伝聞も残っていない。

一審判決を受け、丸山護、渡邊勝平、黒岩喜久雄の三人は刑に服し、ハロルド、ポーリン、宮澤弘幸の三人は上訴した。病身の黒岩喜久雄は軍・国家との争いに疲れ果て、渡邊勝平は宣告の翌日には上訴権を放棄し（これは判決書に付記されている）、丸山護についても上訴の痕跡がないことから一審で刑が確定したと思われる。これは、それぞれにそれぞれの事情があり、第三者にとやかく言えることはない。

上告三人の刑は、丸山ら三人に比べても桁はずれに重い。仮に予審・公判での「自白調書」否定が「悔悛の情なし」の心証に跳ね返ったとしたら裁判の底意も見えてくる。

この重さは、一斉検挙された「開戦時」百二十六人の中でも桁違いで、レーン夫妻と宮澤弘幸の三人を除くと、実は丸山護らの実刑・懲役二年が最高刑であり、戦争中の軍機保護法違反スパイ事件全てを通しても死刑判決で断罪された「ゾルゲ事件」に次ぐものとなっている。（58ページ参照）

だが上告を受けた大審院判決は、この異常といえる重刑にも全くそっけない。

「犯情等諸般の事情を調査考按するに　原審の科刑は甚しく不当なりと思料すべき顕著なる事由あるを認めず　論旨理由なし」

「各般の事情を斟酌するも原判決の量刑甚しく不当なりと認むるを得ざるを以て論旨は孰れも理由なし」

――と、ばっさりだ。

言葉大仰にして中身のない切り捨てようで、前者は宮澤弘幸、後者はハロルドに対する判決である。「調査考按」も「事情斟酌」も、その中身は全く示されていない。

この上訴にしても、控訴審を経ての上告ではない。当時の上訴には控訴院、大審院とあって、現・高等裁判所に相当する控訴院が二審となる。

ところがレーン夫妻ら三人の場合は、先にも引用した「戦時刑事特別法」によって、控訴院を飛ばし、いきなり最終審である大審院で審理されることになった。

同法第二十七条第二項に

「外国と通謀し　又は外国に利益を与える目的を以て犯されたるものなることを　疑うに足るべき顕著なる事由あるものと認むるときは　控訴院は決定を以て　事件を大審院に移送すべし」

――とあるからだ。

スパイ罪関連は早急に処断してしまいたい国策による特例なのだが、被告人にとっては一回きりの最後の恃みの上告となる。

だが大審院の対応は、被告人にとって恃みどころか、木で鼻をくくる以上にそっけなかった。公判を開くこともなく門前払い同然で上告棄却となっている。

主文は

本件上告は之を棄却す――。

これに付された「理由」は、被告側の上告趣意書を型通りに引用したうえで、

「――と云うに在れども」

という判決文固有の慣用句で十束ひとからげにして繋ぎ、以下

「原判決挙示の証拠を綜合すれば、被告人が判示の如く軍事上の機密を探知し　之を外国に漏泄したる事実を認むるに足り

記録を精査するも　所論聴取書中の被告人の供述が所論の如き事情に基因する虚偽の自白なりとの証跡なく　原判決には事実の誤認あることを疑うに足るべき顕著なる事由なし、

又記録に現われたる各般の事情を斟酌するも　原判決の量刑甚しく不当なりと認むるを得ざるを以て論旨は孰れも理由なし　右の如く本件上告は其の理由なきこと明白なりと認むるを以て　戦時刑事特別法第二十九条に則り　主文の通り判決したり」（ハロルドに対する判決）

――と切って捨てている。全文二百四十字足らず、これが「上告趣意書」からの引用部分を除いた正味部分の判決となる。

この門前払いの拠りどころ「戦時刑事特別法」第二十九条は

「上告裁判所　上告趣意書其の他の書類に依り　上告の理由なきこと明白なりと認むるときは　検事の意見を聴き　弁論を経ずして判決を以て　上告を棄却することを得」

――と規定している。

これも「得」ということは、実際には「せよ」であり、その前提となる判断は全て「上告の理由なきこと明白」でなければならない。なぜなら「理由なきこと明白」でなければ「棄却」できないからだ。どんな「明白」な理由があっても、戦時下の掟にあっては、結論は先にあって「上告の理由なきこと明白」と決まっている。そんな圧迫をひしひし感じさせる異様な「戦時刑事特別法」ではある。

既にたびたび引用しているが、

まず同法二十条以下で弁護権を制限し（44、49ページ）、

同二十六条で判決文を形骸化（実質、証拠審理の形骸化＝42ページ）し、

さらに同法二十七条によって実質、控訴審を奪って二審化したうえで（53ページ）、

同二十九条によって最終審の公判審理をも奪う、

そういう裁判の骨抜きを合法化する法律なのだ。

それも、形の上では訴訟手続きという舞台裏に潜んでいる法律だから、普段、表に現れることはなく、ことあれば舞台を引き回すというまさに暗黒裁判の影の主役といっていい存在に納まっている。

ポーリン、宮澤弘幸に対しても同じ掟に拠って、いずれも「上告は之を棄却す」と切り捨てている。棄却の日付は順に、ポーリン＝一九四三年（昭和18）五月五日、宮澤弘幸＝同年五月二十七日、ハロルド＝同年六月十一日となっている。

なお三人の量刑は大審院の上告棄却判決によって一審の科刑通りに確定したが、先に明かしたように、一審判決（書写）には「（適条＝罰条）」の項が欠けており、大審院判決も罰条には触れていない。したがって科刑の根拠を定かにすることが出来ないが、これも先に引用した『外事警察概況』の検挙者一覧表の中に

「犯罪適用法条」の項があり、参考にはなる。

これを引用すれば

ハロルド　　国保八　　軍保二、五

ポーリン　　国保八　　軍保二、五

渡邊勝平　　軍保二、四、五　軍保施

宮澤弘幸　　軍保二、四、五　軍保施

黒岩喜久雄　軍保五　軍保施

丸川護　　　軍保五　軍保施　陸刑九九

——となっている。

「国保」とは国防保安法であり、「軍保」とは軍機保護法、「軍保施」とは軍機保護法施行規則、「陸刑」とは陸軍刑法と読め、数字は各条項を指していると読める。

これを判決原本がある渡邊勝平、丸山護（一覧表には「丸川」とあるが転記の際の誤記か誤植）の「（適条）」部分と照合すると、

渡邊勝平＝軍機保護法第五条第一項第一条昭和十四年陸軍省令第五十九号に依る改正前の昭和十二年陸軍省令第四十三号軍機保護法施行規則第一条第一項刑法第五十五条に該当……

丸山護＝軍機保護法第五条第一項第一条昭和十二年陸軍省令第四十三号同法施行規則第一条第一項刑法第五十五条昭和十七年法律第三十五号に依る改正前の陸軍刑法第九十九条刑法第四十五条前段第四十七条第十条第二十一条

——とある。

一部随分とややこしいが、渡邊勝平の場合の「第一条昭和十四年陸軍省令第五十九号に依る改正前の昭和十二年陸軍省令第四十三号軍機保護法施行規則第一条第一項」の部分は「軍機保護法第一条に基づく同法施行規則第一条第一項」ということだ。

これを『外事警察概況』一覧表の略し方に従えば、

渡邊勝平については

軍保五　軍保施　刑法五五

――となる。

同様に丸山護については

軍保五　軍保施　刑法五五　陸刑九九　刑法四五　四七　十　二一

――となる。

明らかに重なるところと重ならないところがあるが、重ならない部分は明らかに『外事警察概況』の方の誤りだ。原本が二件しかない中では極めて貴重な記録ではあるが、このように残念ながら真正度には疑念が残り、参考程度に留め置かざるを得ない。

この状況を踏まえて、レーン夫妻、宮澤弘幸の吟味になるが、これは軍機保護法の検証とのかかわりで、次の項に譲るとする。

もう一つ、量刑、罰条の項で留意されるのは、ハロルドを軍機保護法上の「外国の為に行動する者」とは認定していないことだ。

これは、宮澤弘幸の「上告趣意書（院写）」の中で、

「原判決が被告人に擬するに　軍機保護法第四条第一項　第五条第一項等を以てし」

《検挙と逮捕》

現行法での逮捕は「逮捕状」をもって執行される。逮捕状は検察官または司法警察員（警部以上の警察官）が裁判所に請求し、裁判官の判断によって発せられる。

宮澤弘幸らが適用された旧刑事訴訟法でも、当時の裁判所予審判事に請求する規定になっていたが、一九四一年五月十日施行の「国防保安法」によって、軍機保護法などスパイ罪嫌疑については、裁判所を通すことなく、検察官が自らの権限で召喚・勾引・勾留できるように改定された。

逮捕状執行を常識とする現行法感覚での「逮捕」とは、ここが大きく異なっている。一般に、「逮捕」の表記が流布しているが、軍機保護法下では最低限の人権すら奪った非道な強権拘束であったことを再認識し、この歴史的事実を「真相」として正しく伝える上でも「検挙」を使うべきと考える。

《ゾルゲ事件》

一九四一年（昭16）十月十五日、軍機保護法違反など国際スパイの嫌疑で尾崎秀実（元朝日新聞記者・満鉄調査部嘱託）が検挙され、事件に発展。同月十八日、ドイツ人のリヒアルト・ゾルゲ（ドイツ大使館私設情報員）が検挙され、さらにフランコ・ド・ヴーケリッチ、マックス・クラウゼン、宮城与徳も同容疑で検挙された。

司法省発表では、ゾルゲはソ連共産党員で共産主義政党国際組織コミンテルンから派遣され、在日ドイツ大使館から日本の機密情報を盗みソ連に送っていたなどとされた。尾崎もコミンテルンの謀略のもとに働いたとされている。

尾崎秀実は、満鉄嘱託の前は近衛内閣の嘱託もしており、拘置後に近衛内閣の総辞職を知り、担当検事に「つぎの内閣は戦争内閣ですね」などと話したと伝えられる。（毎日新聞社『昭和史全記録』から）

一九四三年（昭18）五月三十一日、尾崎、ゾルゲの二人に死刑判決、翌年十一月七日に執行された。

《開戦時検挙百二十六の刑事処分》

一九四一年十二月八日の「開戦時に於ける外諜容疑一斉検挙」百二十六人（うち一人死亡）の刑事処分（一九四二年末・一審時点）＝懲役18（実刑7執行猶予6執行停止4仮出獄1）禁錮5　罰金14　起訴猶予40　責付釈放1　容疑薄弱2　公訴棄却5　公訴取消1　不起訴22　嫌疑不十分1　嫌疑なし10　公判中1　公判請求中2　予審終結1　予審中2。

懲役実刑七人のうち、五人がレーン夫妻関連ということになる。（『外事警察概況』から集計）

——と、一審判決での罰条を示唆し、すぐ続けて

「伝説したる相手方が　外国人たるにも拘わらず　敢て第四条第二項　第五条第二項等を以てせざりしは　遮般の消息を認定せられたる為めに外ならずと信ず」

——と言及していることで知れる。

つまり、第四条は二項からなっていて、

（第一項）「軍事上の秘密を探知し又は収集したる者　之を他人に漏泄したるときは　無期又は二年以上の懲役に処す」

（第二項）「軍事上の秘密を探知し又は収集したる者　之を公にし　又は外国若は外国の為に行動する者に漏泄したるときは　死刑又は無期若は三年以上の懲役に処す」

——とあって、「漏泄」の相手が「他人」か「外国の為に行動する者」であるかによって、大きく量刑に影響してくる。平たくいうと、「外国の為に行動する者」が確信犯のスパイで、「他人」は確信犯以外の全ての者を指し、そのいずれをも罰するが、科刑では差をつけていると考えればいい。

判決は、第一項の「他人」を適用した根拠については何ら判示していないが、いかに強引でも刑罰法規上の「外国の為に行動する者」と決めつけるにはためらいがあったのだろうか。「上告趣意書（院写）」は、そのへんを「遮般の消息」と、それなりに評価しているが、案外、当たっているのかもしれない。

以上の事実を踏まえ、改めて全体像を見渡すと、事件は取調べ段階の「自白」のみによって構成され、しかし自白の裏付けを含め客観証拠といえるものは何ら提示されず、最終審（大審院）はもとより、一審に於いても事実調べが公正に行われた痕跡はなく、今日でいう起訴状あるいは冒頭陳述をそのままなぞっただけ

の判決が為されたと推測せざるをえない。

極めつけは最終審である大審院判決であり、先に提示のハロルド判決の正味部分にみるように、検証しようにも、その実体がないというのが実態だ。

体裁だけは、「綜合すれば」「精査するも」「斟酌するも」等と事大に言葉を整えているが「綜合」「精査」「斟酌」した痕跡は一行もなく、いえば「上告趣意書」の引用で被告人に言わせるだけ言わせておいて、あとは何ら吟味することなく切って捨てている。

その上で、懲役十五年という重く残酷な刑を科すことが可能となる裁判とは、いかなるものなのか。

戦後、マライーニが「ちゃんとした裁判はあったのかい?」と宮澤弘幸に尋ねたのに対し、宮澤弘幸は
「たしかに裁判はあったけど、全部お膳立てができてるんだ。見たこともない証人がでてきて、ぼくの言葉を否定する。大東亜戦争に破壊工作をした罪で二十年（マライーニの聞き違いで正しくは十五年）の刑を言いわたされたんだ」

と答えている。（マライーニ著『オレ・ジャポネジ』の日本語訳『随筆日本』から引用＝後述）

まさしく宮澤弘幸自身が喝破したとおり、「戦争への破壊工作の罪」——報復裁判だったのだ。上田誠吉弁護士は、これを同著の英語版から「茶番」と訳出している。茶番——。そんな暗黒裁判を引き起こした軍機保護法とはいかなる法律なのか、そのものの検証が不可欠となる。

軍機保護法

軍機保護法は一八九九年（明治32）七月十五日公布の古い法律で、元々は法三章に近い全八か条からなる

簡単なものだったが、盧溝橋に象徴される日本軍による大陸侵攻さ中の一九三七年（昭和12）八月の改定で、ほとんど新法といってよいほどに構成、条文を新たにしている。実際に立法実務者の間では「旧法」「新法」という言い方もされている。（巻末・資料編に全条文収録）

改定の柱は

①　軍機（軍事機密）の決定権者を陸海軍大臣と明示し、（第一条）

②　刑罰を死刑にまで広げて各罪ごとの適用範囲を示し、（第三条ほか）

③　刑罰の対象を「故意」「偶然」から「過失」にまで広げ、（第七条）

④　さらに漏泄の対象を区分けして「外国若は外国の為に行動する者」を特記することでスパイ法としての性格を強めた（第二条ほか）

——などになるが、

このときの議会審議を通し最も厳しく問われたのが柱の①であり、「刑罰をもって保護されるべき秘密とは何か」であった。

つまり論点は、軍機保護法がいう「軍事上の秘密」の定義であり、その決定権を軍の専権に委ねてしまうことへの可否である。当時の時勢の中で、議会側は国家を危うくするスパイ防止の趣旨目的には賛成しながらも、もう一面で、犯意なく偶然に、あるいは「軍事上の秘密」とは意識せずに知ってしまう国民を如何に罰条（冤罪）から除くかに懸命の追及を重ねている。

「憲法の精神から　委任命令は成るべく少くすると云うことでなくてはならぬし　殊に臣民の権利義務に重要な関係あるものは　成るべく法律を以て規定すると云うことが、是が立憲精神でなくちゃなら

ぬ」（帝国議会貴族院・軍機保護法改正法律案特別委員会・織田萬議員）

——との発言は中々のものだ。

これには軍当局も原則理解を示さざるを得ず、貴族院、衆議院の審議を通じ、臣民を冤罪の危機に遭わすことがないよう厳正、限定して運用すると繰り返し約束している。ここでは、その経過を詳述しないが、その集約された言質が次の答弁になる。

「本案（軍機保護法）第一条に謂う所の軍事上の秘密は　軍に於ける秘密中

統帥事項又は統帥と密接なる関係を有する事項に関する高度の秘密

をいうのであります

即ち尋常一様の手段では探知収集することは出来ませぬ、不正手段を以て是等の秘密を探知収集する者を処罰するの意味であります、

而して省令で示す事項でも　軍より公表したるものは秘密に属しませぬ」

（衆議院軍機保護法改正法律案委員会＝昭和十二年八月四日＝での陸軍政務次官・加藤久米四郎の答弁）

——であり、

「軍事上の秘密たることを知って故意に之を探知し又は収集した者だけを罰する、

故意犯だけを罰すると云う趣旨を第二条で規定した」（右同＝司法書記官・佐藤藤佐）

——である。

いずれも当該大臣の意を受けた実務者による統一答弁であり、「探知」に関しては、その根拠として刑法総則第三十八条［故意・過失］条項の

「罪を犯す意なき行為は之を罰せず」

をも明示して、刑法関連法である「軍機保護法」自体が丸ごと刑法第三十八条の適用を受けていると答弁している。

現代語にすれば、

①　軍機保護法が対象とする「軍事上の秘密」とは、統帥事項または統帥と密接な関係のある事項に関する高度の秘密で、尋常一様の手段では探知収集できない秘密であり、

②　軍機保護法で罰する「探知罪」とは、「軍事上の秘密」であると知っていて、故意に不正な手段を以って探知または収集した故意犯だけを対象とする

──であり、それがそのまま、それぞれの定義の真意になる。

軍、国家の明暗を分けるような秘密中の秘密を利敵行為から保護するところに「軍機保護法」制定の目的があるのだから、何でも彼でも秘密にして、何でも彼でも刑罰を科して秘匿するものではないとの意だ。

もっと平たくいうと

「秘密でないものを秘密に指定する恐れを、いかに取り除くか」

「犯罪にあたらないものを犯罪におとしめる恐れを、いかに取り除くか」

──の議論であり、

法案は、こうした論議を踏まえ、恒久の歯止めとなるよう

「本法に於て保護する軍事上の秘密とは

不法の手段に依るに非ざれば之を探知収集することを得ざる高度の秘密なるを以て

政府は本法の運用に当りては須く

軍事上の秘密なることを知りて之を侵害する者のみに適用すべし」

——との付帯決議を付けることで、全会一致、原案通り可決とした。

これには海軍大臣・米内光政が
「三大臣を代表致しまして私から申上げます　法の運用に当たりましては　只今の付帯決議の御趣旨を尊重致しまして　慎重考慮致しまして　誤のないようにやりたいと存じます」

——と答えている。

これは衆議院でも踏襲され、衆議院本会議において、これを読みあげて確認し、可決している。また、これを受けて陸軍大臣・杉山元が発言を求めて立ち
「軍機保護法案に対しまして付帯条件がありまするが、之に対しましては政府は十分に注意を致しまして、此の法の適用に当りまして誤なきことを期して居ります」

——と、言明している。

なお、秘密決定を軍の専権とする件では、戦争・事変という緊急時における臨機対応等を理由に軍が押し切っている。貴族院に於いては決定権者を陸海軍大臣から勅令事項に替えることで、軍専権に歯止めをかける修正案が出されたが、「賛成少数」で否決され原案通り可決となった。

ただし、この件についても「軍事上の秘密」についての定義は法の第一条第一項で示されているのであって、同第二項によって陸海軍大臣が決める対象は、あくまでもこの第一項の定義に基づく原則の範囲内に限られると明言している。

以上、議会審議の場で明らかとなった立法の原理原則を踏まえ、これを具体的な事実に戻すならば——

師弟関係にある学生が旅行から帰ってきて教師に会い、旅先での見聞を屈託なく話し、教師も屈託なく聞いて、その中に「海軍飛行場」の話が出てきたとしても、そんなものは刑罰をもって保護するような「高度の秘密」ではないし、話す方も聞く方もそれが「軍事上の秘密」だとはつゆ思ってもいないのだから犯意はなく「侵害する者」にはならない

――ということになる。

ところがしかし、既に明らかにしたように、軍機保護法違反適用の典型例で重刑を科した「宮澤・レーン事件」では、一審判決（書写）、大審院判決とも、右の法理、歯止めを全く無視している。法の運用にあたって犯意を客観的に証明したくだりは全くなく、立法府である国の議会での付帯決議も刑法総則も何ら顧みることすらなく、犯意を証明しないまま重刑をもって罰している。

成立した法は、成立に至る前提条件を一切葬り去り、条文の字面だけを独り歩きさせている。そこで、その目線で改めて主な点を検証すると、

第一条　本法に於て軍事上の秘密と称するは　作戦、用兵、動員、出師其の他軍事上秘密を要する事項又は図書物件を謂う

＝これ、改めて読めば、日本語なのかと思えてくる。「秘密は秘密だ」といっているに過ぎない。いろいろ例示しているかにみせて、実は巧妙に「其の他」をはめ込むことで一切の枠も歯止めも外し、秘密の範囲を無限定無制限に広げている。実際、本件ではそのように適用している。

同条第2項　前項の事項又は図書物件の種類範囲は陸軍大臣又は海軍大臣命令を以て之を定む

＝つまり軍が秘密だといったら秘密であり、しかも何の理由も根拠も示す必要のない絶対秘密になるよう保証している。

本件冤罪では、軍機対象の一つである「根室飛行場」について、大審院判決は「海軍に於て公表せられざる限り、（公知の事実であっても軍機＝軍事機密として）依然保持せられざるべからざる趣旨なること、同条第二項の規定により、是亦明白」と強弁している。

世間公知であっても、海軍が秘密だと言っている限り秘密だというもので、法理にあるまじき詭弁の典型というほかない。

第二条　軍事上の秘密を探知し又は収集したる者は六月以上十年以下の懲役に処す

＝探知とは何か。日本語では「探り知ること」（広辞苑）とあり、特定目的（犯意）を持って「探る」ところに意味があるが、本件では漠然とした「聴取」「目撃」「知得」をもって探知とし、大審院でもそのまま判示している。

つまり、軍が秘密とした事象事項をたまたま見たり、聞いたり、知ったりすると、その見聞、知得自体がそのまま軍機法違反の犯罪になるという構図だ。犯意の有無等にかかわりなく犯罪とされるわけで、ここに冤罪をつくり出す基本構造が仕込まれている。

しかも、何がどう秘密なのかは全く国民に知らされない。仮に公開すれば秘密漏泄になり、秘密にもしておけなくなるから、故に一切知らせられないという理屈だ。

だが、ここで大きな矛盾が生じる。本件における④と⑤は軍が募集・開催した講習会での見聞知得であるから、これは軍が自ら秘密を漏泄して学生に見せ、聞かせ、知らせ、よって探知犯とする構図になる。

逆に、これを否定して、もし講習会で見聞知得させたものが秘密ではないとなれば、判決は探知犯ではない者を罰したことになるわけで、本件はこの矛盾に頬かむりして、むりやり冤罪を仕組んだことになる。

第四条　軍事上の秘密を探知し又は収集したる者　之を他人に漏泄したるときは　無期又は二年以上の懲役に処す

軍事上の秘密を探知し又は収集したる者　之を公にし　又は外国　若は外国の為に行動する者に漏泄したるときは　死刑又は無期　若は三年以上の懲役に処す

＝この「他人に漏泄」とは、相手が（犯意の有無等にかかわらず）誰であっても　見聞、知得したことをしゃべると軍機保護法違反の漏泄犯になるという意味だ。

見ざる聞かざる話さざる、あの日光東照宮の三猿にほかならない。見たり聞いたり話したりしたことがひとたび特高（国家権力）によって軍機（軍事機密）と断じられたら、それでもうスパイ（国賊）にされてしまう、そういう乱暴な構造を露骨に法文化したのが軍機保護法だった。

さらにこの法律では、たとえ偶然に知得してしまった場合でも、「他人」に漏泄すれば同罪（第五条）となり、業務上で知得した者が漏泄した場合はもっと重罪（無期又は三年以上の懲役）となり、仮に過失であった場合でも有罪（三年以下の禁固）とされる。

また、「他人」という用語自体にも独自の意味を持たされている。立法の趣旨から言えば、軍の機密を敵国に売るスパイを取り締まるのが本来の目的であり、この法律でも本来の対象を「外国若は外国の為に行動する者」＝スパイと規定している。

だが、この規定では取締りの対象がそれなりに限定され、また個々の事件では対象となるか否かをめぐって裁判の中で争いとなる恐れが生じてくる。そこで「外国若は外国の為に行動する者」とならべて普通名詞である「他人」をも取締まりの対象に加えた。

この「他人」の範囲は「外国若は外国の為に行動する者」以外の全員と読み替えられるから、ここに取締り対象を無限定、無制限に広げる根拠が仕込み込まれた。秘密の例示にあたって「其の他」を押し込んだのと同じ仕込みである。

スパイ取締りという、当時の国情では誰もが否定し難い正義を表看板にして、実際には戦争遂行を至上命令とする国家権力にとって気に入らない国民および外国人を一網打尽にする冤罪法というのが軍機保護法の役割だったと言える。

これこそが「宮澤・レーン事件」の本質であり、冤罪の根源だといえる。具体的には、第二部「条条検証」で一件ごとに実体を明かしていくことになる。

＊軍機保護法の改定審議については、『帝國議会衆議院委員会議録　昭和編82』『帝國議会衆議院議事速記録69』『帝國議会貴族院委員会速記録　昭和編61』、同『64』、『帝國議会貴族院議事速記録63』（いずれも「東京大学出版会」刊）など参照。

＊軍機保護法の逐条解説では『軍機保護法』『改訂　軍機保護法』がある。いずれも陸軍現役将校の日高巳雄著・羽田書店刊。日高巳雄は同法改定にかかわった陸軍の実務者で、議会審議でも「陸軍書記官」の資格で陪席し政府説明員となっている。

＊勅令＝旧憲法下の法制で、天皇が議会の協賛（議決）を経ずに、天皇大権によって発令した一般国家事務に関する法規。本件では陸・海軍省の省令に比し、軍を制御し得る余地ありと判断したことから、対抗策として持ち出された。

北大キャンパス・クラーク像にならんでの宮澤弘幸。

宮澤弘幸（中央）とその家族。右から母・とく、弟・晃、父・雄也、妹・美江子＝1938年（昭和13）1月。

北大キャンパス。南東から西北を望む。（2013年1月撮影）

第二章　引き裂かれたエルムの師弟

宮澤弘幸の生まれと育ち

宮澤弘幸は一九一九年（大正八年）八月八日、東京府豊多摩郡代々幡（現・東京都渋谷区代々木あたり）で生まれた。

父は宮城県旧伊達藩士の末裔で、電気工学を学び、藤倉電線入社後ドイツへの企業留学もしている先進熟達の技術者。敗戦前後には藤倉電線の主力工場の工場長を務めている。

母は、横浜で生糸を商って成功した近江商人出の有力商家の娘で、横浜女子商業学校を卒業している。弘幸は、当時として中流の上の暮らしをしながらも日々は質素に躾けられて育った。戸籍では次男ながら、長兄は一歳に満たず夭折しているので長男同様に育てられ、五歳下の弟・晃と、八歳下の妹・美江子がいる。のち戦後になって美江子は秋間浩と結婚して秋間美江子となる。

地元の小学校から中学校（旧制・東京府立第六中学校＝現・新宿高校）を経て北海道帝国大学予科工類に進む。はじめ地元の第一高等学校理科を受けるも不合格となり、受験日がその後にあって間に合った北大予科を受け合格した。工類の定数百二十人、倍率十二倍だった。

中学の学籍簿には「思想堅固」（志操？）とあり、二年生から五年生まで級長を務め、学業皆勤だった。器械体操、水泳が得意で柔道は初段、文武両道、体格もよく、快活で読書好きの生徒だった。

予科で工類、大学に進んで工学部電気工学科を選んでいる。特に語ってはいないが、父の背を見て育った現われかもしれない。

ただ人間の器量は広く、専攻に籠もる気質はまるでない。予科では入学するなり同好の学友と「古典研究会」「哲学研究会」を組織し、また教職員を含む全学の学友会である「文武会」では理事に就き、文芸部講演班に所属するなど、専攻外の活動に身を置き広く目を見開いていた。とりわけ予科一年次には履修科目も文科系に傾斜し、国語、漢文、外国語でいい成績を収めている。

中でも、「古典研究会」で講師に迎えた予科長でもある藤原正教授から「古典は原語で読め」と教えられたのが利いた。もともと子供のときから英語の個人学習を受けていたこともあって、猛烈な勢いで英語をはじめドイツ語、フランス語、イタリア語、中国語をものにしていくことになる。

とりわけ予科英語教師のレーン夫妻とは教室を超える師弟となった。夫妻は「心の会」発足前から週末などに自宅を開放して学生たちを自由に迎え入れていたが、宮澤弘幸はたちまち常連となり、そこでは一歩屋内に入ると会話はすべて日本語以外で行うのが約束事だった。

宮澤弘幸は、こうして北のエルムの地で、水を得た。好奇の目は人一倍で、かつ足腰の軽い行動の若者だった。とりわけ年齢の近いマライーニとは兄弟のような付き合いとなり、自転車で道内を旅してアイヌ集落を巡るなど実地に文化人類学を学んだり、北アルプスの槍・穂高に本格的な登山を試み、またマライーニが仮住まいの官舎を出て太黒宅近くの借家に引っ越してからは居候して日々に異文化に親しんでいる。

これと見ると、何にでも首を突っ込み、何でも体験してみる。それが生涯の裏目に出て特高につけ入られる一因となったことは「事件の外形」でも明らかにしたが、夏休み、冬休みだけでなく講義以外の時間は講義以外の関心事に費やし没頭している。まるで、この後の人生の短さを予感していたかと思えるほどの濃密多岐にわたる行動力であり、それを思うと胸が詰まる。

身長一六一・三センチ、体重六九・五キロ、胸囲九四・二センチ（予科三年次）。短躯強靭、我慢強さが数字からも連想される。講義の方も、一年次一〇一人中三〇位、二年次一七位、三年次二五位という席次だから悪くない。がり勉ではない育ちからの文武両道ぶりが浮かんでくる。

気位も高かったようだ。これも育ちのよさからくる己の矜持への自信だったのだろう。

「東京の中流以上の家庭の出という事で、北工会の委員などもしたことがあったので私も知っていた。よく事務室に現れる方で、実習依頼や推薦状発出の事などに強引な頼み方をするということで、教務では良く言ってないようだったが、とにかく立派な学生であった」

――という評がある。

工学部書記・村田豊雄の随想録『白堊館の人たち』（前出）の中の一文だ。これ、生意気と映るか屈託なき自己主張とかばうかであろう。

あるとき、ある論文を書くために訪れたある陸軍中将の言を引用するときも遠慮隔意なく「中将と対談した時に」と表現している。青年期には珍しくない物怖じのなさがこぼれたのかもしれないが、並を超える気性の強さがほの見える。

半面、いわれなく踏みしだかれた人たちや不利な立場に置かれた人たちへの肩入れも強い。「事件の外形」の項で触れた「オタスの杜」（190ページ参照）にしても、狩りと移動を日々の暮らしとしていた先住少数民族を日本の国策によって強引に定住化させた集落であり、その実際を自分の五感で確かめずにはおけない気持ちから訪れたものだった。

同じく、旧満州への旅の中ではもっと大胆な記述をしている。「事件の外形」で触れた「満鉄招聘学生満州調査団」での旅の模様は『北海道帝国大学新聞』に「満州を巡つて」と題して連載（1940年11月12日付ほか）しているが、この中で、「満州でも日人満人をとわず天照大神が祖神に祭られてある」と記し、これをもって「満州帝国は独立国に非ず」と断じている。極めて鋭い目線であり、感性というほかない。

また身近には、働きながら学んでいる同世代のための私設夜学校での講師にも名を連ねている。そこはおそらく新渡戸稲造が開設した「遠友夜学校」のことで、授業料を取らず、北大生が代々、講師となって奉仕している。宮澤弘幸は自ら学び取ったフランス語をそこで教えていた。

だが半面の半面で、宮澤弘幸は時代の子でもあり、大東亜共栄圏に共感し、日本人優秀論や日本人指導者論に与していた。先の陸軍中将との「対談」の中身を論じるくだりでも「私は日本民族の優秀な素質に充分期待して、その成功を信じて疑はない」と、言い切っている。

実はその先の論文そのものが、「事件の外形」の項で明かした国策会社「南満州鉄道」の公募になる「大陸一貫鉄道論」であり、これに加筆増補したと思われる『満鉄グラフ』に連載された同題の論考である。頭山満や石原莞爾を読み、一世を風靡した八紘一宇の精神に素直に同じ、何の疑問も持ってはいない。

さらに、先出の陸軍中将は柳川平助といい、南京虐殺にかかわった第十軍司令官だった。日本にとっては南京陥落の武勲であり、のちマライーニから虐殺批判の外電を見せられたときも、「それはデマだ。日本軍がするわけがない」と信じて疑わないのが宮澤弘幸だった。

軍を信じ、親近感も持っている。それは「事件の外形」の項でも触れている。

「整備員によると戦車は極端に無理した車だからすぐ故障ばかり惹き起こすとて、『スパーナーと兵隊』とでもいう漫談じみた苦心談を何回となく聴いたが、中隊長によると、戦車はよく出来たもので　対戦

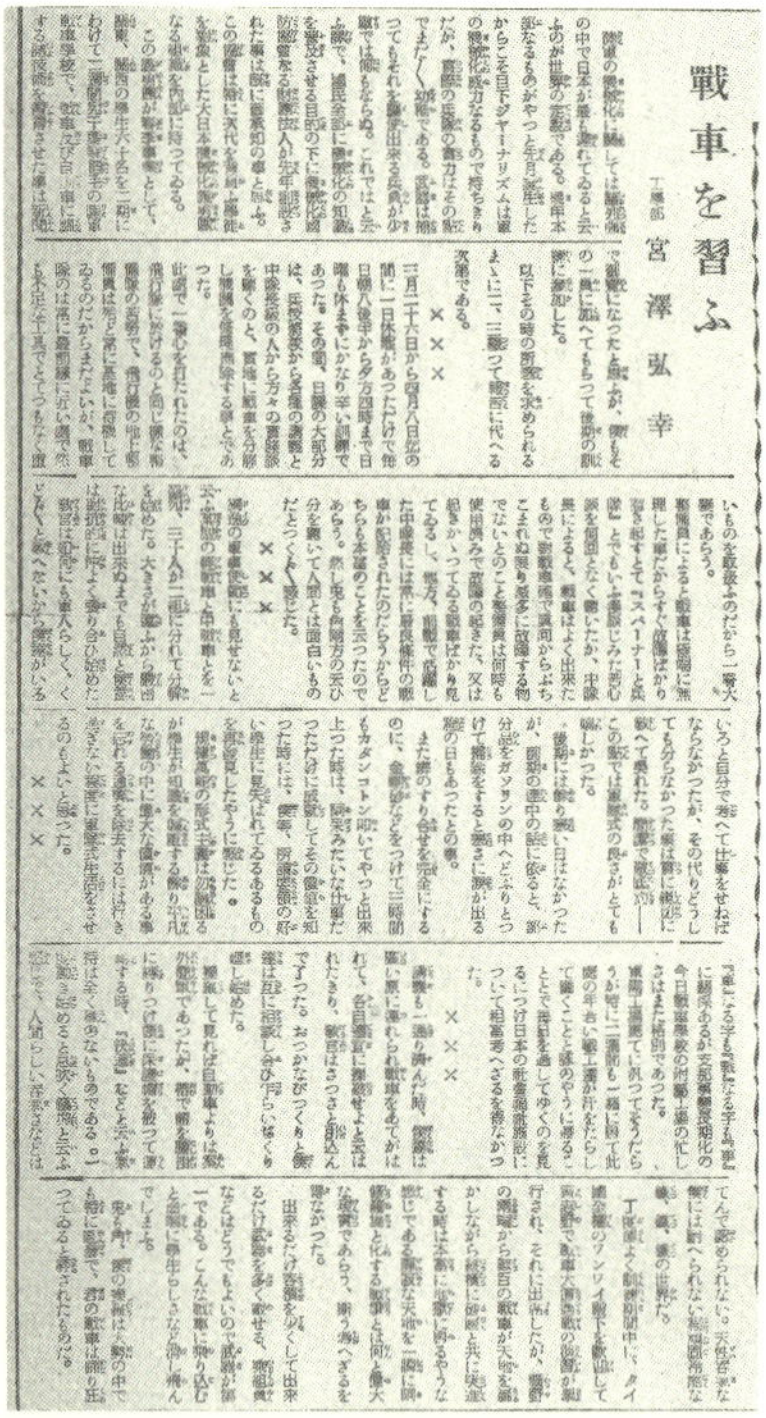

戦車を習ふ

工學部　宮澤弘幸

1941年6月10日付『北海道帝國大學新聞』に載った宮澤弘幸の寄稿文。

車砲で真向からぶちこまれぬ限り滅多に故障する物でないとのこと　整備員は何時も使用済みで故障の起きた、又は起きかゝっている戦車ばかり見ているし、他方、前線で活躍した中隊長には常に最良条件の戦車が配給されたのだらうから　どちらも本当のことを云ったのであろう。然し兎も角両方の云い分を聴いて人間とは面白いものだとつく〴〵感じた」

「教官は如何にも軍人らしく、くど〴〵と教えないから僕達がいろいろと自分で考えて仕事をせねばならなかったが、その代りどうしても分らなかった事は　実に親切に教えて呉れた。簡潔で徹底的——この点では軍隊式の良さがとても嬉しかった。…略…規律万能の形式主義は勿論困るが　学生が知識を偏重する余り　平凡な労働の中に偉大な価値がある事を忘れる通弊を除去するには　行き過ぎない程度に軍隊式生活をさせるのもよいと思った」

以上は、戦車学校・機械化訓練講習会（前出）での体験を『北海道帝国大学新聞』（１９４１年６月10日付）に寄稿した「戦車を習う」の中の一節である。真っ直ぐな好奇心と洞察力にあふれた一文であり、この一文だけでもスパイの下心を秘めた者の文章ではないこと瞭然だ。

文は人。この時期の宮澤弘幸を右とか左、あるいはなんとか主義といった型枠でなぞってみるべきではあるまい。やがて期する踏み出しに向け、貪欲に知識と体験を求め、何より人間を信じて蓄積していた好奇の若者だった。

予科、学部を通して一緒の小澤保知（のち北大名誉教授）は「物事をグローバルに考える、スケールの大きいことを考える人、よい意味で西欧的、そして北海道の開拓期に見られた良い面に共感を覚えていた人」といい、先出の松本照男は「宮澤はとにかく心臓だったから」といい、「心の会」の名付親・大條正義は「大げさな身振りとごちゃまぜの各国語で大奮闘、会を愉快に盛り上げていた」と——それぞれに忌憚なく、その人柄を語っている。

そしてもちろん、恋もした。相手は、父方同郷の遠縁の少女、高橋あや子。五人姉弟の長女で弘幸より五歳若い。はじめ、北大予科に入学のおり、母・とくに連れられて訪れ、以来、兄妹のような仲からやがてという、まあまあ、よくある流れではあるが、将来を約束し合うまでに進み、双方の母親もまた認め合っていたようだ。

レーン夫妻の人となり

ハロルド・メシー・レーンは一八九二年（明治25）十月七日、アメリカ中央部の肥沃な農業州・アイオワで生まれた。クエーカー教団の建てた二つのカレッジを卒業してマスターの学位を得、敬虔なクエーカー教徒として成人している。卒業論文は「チャールズ・ディケンズと社会悪の改革」だった。

最初の試練は一九一七年四月にやってくる。アメリカ合衆国が第一次世界大戦に参戦し、選抜徴兵法が施行されたからだ。神を信じるクエーカー教徒として、いかなる理由、事情があれども人が人を殺すことはできないし加担もできない。

合衆国はそういう国民のために「良心に基づく兵役拒否」の制度を設けていたので、ハロルドはこの制度を利用し、所定の社会奉仕を勤めることで兵役を忌避した。

戦後、新天地を求め、日本政府が広く大学教師を公募していることを知り、応募する。その赴任した先が北大予科だったのだが、もとより初めから出稼ぎ気分はなく、追って父親ヘンリーも呼び寄せる。そして当座の住まいとして居候したのが、宣教師ジョージ・ミラー・ローランドの居る宣教師館だった。やがて妻となるポーリンの父親である。

ポーリン・ローランド・システア・レーンは一八九二年十二月七日、京都で生まれた。父ジョージはイギリス国教制度に対立する組合教会派（congregational church）の宣教師で、日本へは妻ヘレン・グッドリッジと共に一八八六年に来て各地を巡り、札幌には一八九六年から住み、伝道に努めている。

ポーリンは京都・同志社大学で学び、一度アメリカで父と同じカレッジを卒業し、ウイリアム・モリス・システアとめぐりあって結婚し、一女に恵まれたが、ほどなくウイリアムは第一次世界大戦で兵役に就き、戦死した。このため傷心の身を札幌の両親の元に移し、伝道を手伝っていた。

ポーリンは日本語が堪能だった。生まれが京都だっただけでなく、日本語での伝道を心がけた両親の方針で日常生活も日本語で暮らしてきた。この習慣は、やがてハロルドと結婚（一九二二年）したあとも引き継がれ、その子供たち（ウイリアムとの子をはじめ六姉妹）も日本語で育てている。

ポーリンもハロルドも、温和で信仰心に篤く、隣人の困るのを放っておけない性格だった。一軒おいて隣に住んだマライーニは

「レーン家を訪問する人々は、『文化』を求めてというよりは、夫妻の素晴らしく温かい歓待と、あらゆる年齢、性別、階級、国籍、宗教、職業の人々に対する思いやりのある態度、そして総じて人間性に対する二人の深い理解に惹かれて訪れたのであった」

――と、回想している。（共通の友人＝「心の会」創立会員の一人・武田弘道＝への追悼集『会議は踊る――ただひとたびの――』＝1985年ミネルヴァ書房刊＝に寄せた一文から引用）

一言でいえば、聞き上手だったのだろう。信仰や信条をはじめ己は強く持ちながら、他人に押しつけることは全くなかった。

だから「心の会」においても、会員たちは、「政治、戦争、軍国主義、平和などのホットな問題には触れられなかった」（右、同回想）ようだ。それは「注意深いに越したことはない」（同）という時勢への共通意識が働いていたこともあったのだろうが、もっと深いところでの陶冶を意識していたからだと思える。

刑が確定した後のレーン夫妻は、北海道内の刑務所に収監されたあと、一九四三年（昭和18）九月、二度目で最後の「日米交換船」でアメリカへ送還された。先に帰国してニューヨーク港で出迎えた娘たちは、白髪で衰弱した両親の余りに変わり果てた姿を見て気を失ったという。（前出『日本を映す小さな鏡』）

官舎の窓辺でくつろぐレーン夫妻。

ポーリンが勾留されていた札幌・大通拘置所で一時一緒だったホーリネス教会系牧師の内田ヒデ（キリスト教聖職者に対する一斉検挙で勾留される）は、後に看守たちから

「あの方（ポーリン）はとても立派な人でした。ただスパイということで警戒しただけで、人間としてなら、私らは及びもつきません」

と聞いたという。（内田ヒデの手記「バビロン女囚の記」＝『ホーリネス・バンドの軌跡』所載＝から）

レーン夫妻の収監された刑務所がどこなのかは定かでないが、

内田ヒデの手記では、ポーリンが大通拘置所を出て、札幌近郊・苗穂の札幌刑務所へ「車で送られるのを見送った」との記述がある。

　戦後、ハロルドは再び北大から招かれ、札幌に戻る。そういう招聘の声が起ったということ自体、レーン夫妻が英語を教えるだけの教師ではなかったことの証明だといえよう。

　再来日した夫妻は「スパイ冤罪事件」については、終生ほとんど語ることなかったが、妻のポーリンがぽつり家族らにもらしたエピソードに、こんなのがある。「（拘置所で洗濯係を命じられていた時、）囚人の衣類の洗濯をしていると、その中に夫のが一枚まじっているのを発見した。それで自分の赤い髪の毛を何本か抜いてその衣類に結びつけ、こうして二人は始めてお互いにまだ生きていて、同じ刑務所に収容されていることを知った」と（『日本を映す小さな鏡』＝前出）。

その生きた時代

　宮澤弘幸が中学校（旧制）に入った一九三二年（昭和7）三月一日、弘幸が後に「独立国に非ず」と喝破した満州国が建国を宣言した。続いて海軍青年将校らが首相官邸などを襲って犬養毅首相を殺害した五・一五事件、さらには陸軍青年将校らの二・二六事件（１９３６年）とあって、北大予科に入学した一九三七年の七月七日、盧溝橋事件が起き、日中戦争の開始となる。

　父・雄也の時代と比べれば、坂の上に見えていた輝ける雲が、そうそう手の届くものではないと分り、それだけ前途の焦りが募ってきた時代といっていい。逆に見る位置を変えれば、先行する列強側にとって後続勢力の肉薄を断たねば自らの存続が危うくなるという余裕のない時代に突入していたといえる。

　帝国主義の後続組にとって、この対外無理筋を通すには、まず国論を統一しなければならない。それは強制をかけてもやらなければならない。盧溝橋事件の一週間後、文部省は教学局を新設し、思想取締りの強化にのりだしている。秋、北大でもそれまで学部学生には緩かった軍事教練を必須にしている。先に宮澤弘幸が参加した陸海軍の講習会もこの流れの中で行われたものにほかならない。

翌一九三八年四月一日には国家総動員法が公布され、一か月後、北大では予科生徒四人を含む十人が左翼的文化運動を理由に治安維持法違反で検挙され、北大当局も無期停学一人を含む処分を下している。「ボーイズ　ビー　アンビシャス」で知られるクラーク博士の羽ばたき精神を淵源とする北大エルムの杜も日ごと締め付けがきつくなっていた。

同時にアメリカを対決軸とする外国敵視、スパイ監視の強制が異常に加えられる。一九四一年四月に内務省警保局外事課が編集した冊子『防諜参考資料　防諜講演資料』によると

「スパイは主として合法組織のなかにおり、外国系の銀行、会社、商店、学校、教会のなかにいる。防諜の主体は国民であり、…略…外国崇拝、外国依存をやめて『自主独立の日本』をつくることがその前提である」（上田誠吉弁護士による要約＝『ある北大生の受難』）

――とある。

北大はその標的であり、中でも外国人教師の官舎は常時監視の対象とされ、通りを挟んだ商家の二階は特高警察のアジトになっていたことは既に明かした。ここに出入りする「心の会」の面々は早くから国の敵として狙われていたことになる。

一方、アメリカ大使館などからは在日アメリカ人宛に本国への「引き揚げ勧告」が繰り返し出され、レーン夫妻らのもとへも届いていていた。

最初は一九四〇年十月。同年九月二七日に日独伊三国同盟が調印され、十月一二日には大政翼賛会が結成

される中だった。次いで翌四一年二月、さらにナチス・ドイツ軍がソビエト連邦に侵入して戦域が拡大（六月二二日）されたあとの七月には、個々人宛に、帰国意思を確認する個別照会状が届いている。実際、これに応じ、四一年一月一日現在で一三〇二人いた白人系アメリカ人は同年七月一日現在で六五一人と半減している。（アメリカ東京総領事館調査報告書）

時世は日々に、人をみたらスパイと思えの陰惨な影が北の大地にも色濃く広がっていっていた。

北大の対応

それではこの間、自らが招いた教官と、自ら教えた学生らが検挙・勾留された北大当局はどう対応したのだろうか。

宮澤弘幸が小雪舞う北海道・札幌で消され、何らの手がかりも得られなかった両親は、思いつめて北大総長の今裕を自宅に訪ねた。教え子である学生の身命にかかわること、なんとか警察当局に事情照会の手順くらいはつけてくれるのではないか、一縷の切ない思いだった。

だが、今裕・総長は何も応えてくれなかった。医師ならば（今総長は医学部出身）、子供が窮地に陥ったときの親の気持ちを理解してくれると思ったのが甘かった。両親は深く落胆した。深い不信感さえ持ち、あとあとまで引いていくことになる。

レーン夫妻らが特高によって北大構内の自宅官舎から連行されるところは隣のヘッカー宅に居候していた学生によって目撃され、またその日に工学部事務室等が家宅捜索された事実も学部書記の著作等に残されている。したがって異変が生じたことは北大当局も把握していたに違いないが、どう対応したのかの記録は残っていない。

おそらくは、捜査当局からは何の通告さえもなく、仮に北大から照会がなされたとしても、検挙にいたる嫌疑さえ全く知らされなかったと思われる。それはのちに明らかになった宮澤弘幸の学籍簿の備考欄に鉛筆書きで

「昭和十六年十二月八日　国家総動員法に依る諜報問題にて勾引せられ後起訴せらる」

とあることでも知れる。

つまり、この書入れは「起訴せらる」とあるから起訴後の記入と読めるが、適用法令が「国家総動員法」とあるのは事件の核心にかかわる間違いであり、検挙から四か月を経た起訴後においてもなお適用法令さえ正しく伝わっていなかったことを明かしている。鉛筆書きであること自体が不確実を意識しての仮書きだったのかもしれない。

当時、学生の思想対策等を担当する「学生主事」という職掌が各学部にあり、配属将校もいて、治安当局や憲兵隊とも連絡を密にしていた。したがって学内の治安にかかる部門では相応の情報を持っていたに違いないが、軍事秘が絡むとなると固く隠ぺいされ、一般部局へはまるで伝えられなかったと思われる。

だが一方で、文部省からは逐次、指示が届いている。検挙十日後の十二月十八日付大臣官房秘書課長名による「通牒」では、アメリカ人・イギリス人教師による講義の差し止めを命じられ、既に身柄収容等の事実のある場合はその旨を報告するよう命じられている。これには「当地警察署に拘引取調べ中」と文書で報告しているから、この時点では勾引の事実を認識していたと知れる。

次いで、同月二十九日付同課長名の至急電報では、敵国人教師らについて現状を調査し報告するよう求められている。北大当局は、これにも即刻電報で報告すると同時に、さらに進んで総長名による同日付別便を

もって、レーン夫妻の身分取扱いについての指示を求める伺い書を送っている。

この起案文では、「未だ事件の内容は判明する迄に至らず」としながらも、身分取扱いについては「教師の身分を存続せしむるも如何かと思料致され候」と踏み込み、文部省の顔色を先取りして窺うものとなっている。事の真偽如何に関わらず、北大の不祥事となることを極力避けようとする露骨な現れと言っていい。

これへの文部省からの回答は、翌年二月二十八日付の同課長名の「通牒」で届いている。少し間が空いているが、その事情は知れない。

その内容は、傭契約を昭和十七年（一九四二年）三月末日で廃棄し、同月までの俸給は全額支払うとともに、契約の解約金に見合う額を手当として支給せよというもの。「通牒」に示された標記には「敵国人たる傭外国人教師」とあることから、刑事処分の如何に関わりなく、敵国人であることを理由にしての契約廃棄と読むことができる。

北大当局は、この文部省通牒に基づいて直ちに処置し、同月十四日付で「解約書」を捜査当局に身柄拘束されているレーン夫妻のもとに送り付け、同月三十一日付の札幌警察署外事部警部補名による「受領書」を受け取っている。これでレーン夫妻の刑事処分での肩書も「元北大予科英語教師」となった。


前後して、宮澤弘幸への学内取扱いもほぼ同じ時期に処置されている。

昭和十七年（一九四二年）四月一日付、工学部長名の「指令書」が残っており、これには、

電気工学科三年目　宮澤弘幸
四月一日　願　退学ノ件　許可ス

——とある。

当時、学生の自己退学にかかる処置は、当該学部長による専決事項であり、「指令書」を保存する簿冊には宮澤弘幸名の手書き押印の「退学願」も添付されている。「願」を提出させ、大学にとって不都合なければ「許可」する仕組みだ。ちなみに「指令書」の起案決裁欄には学生主事の検印も押されている。

これに基づいて、決裁は総長へ報告され、教育主任、会計課長、学生課長、配属将校にも通知され、学籍簿においても同日付で退学処置が執られている。退学の理由は同「指令書」の備考欄に「家事上の都合」とあり、学籍簿にも同様に記載されている。

添付された「退学願」には

退学願
工学部電気工学科三年目
宮澤弘幸
右者今般家事上の都合に依り
退学致度候間御許可相成
度此の段及御届候也
昭和十七年四月一日　右（押印）
宮澤弘幸
北海道帝国大学
工学部長殿

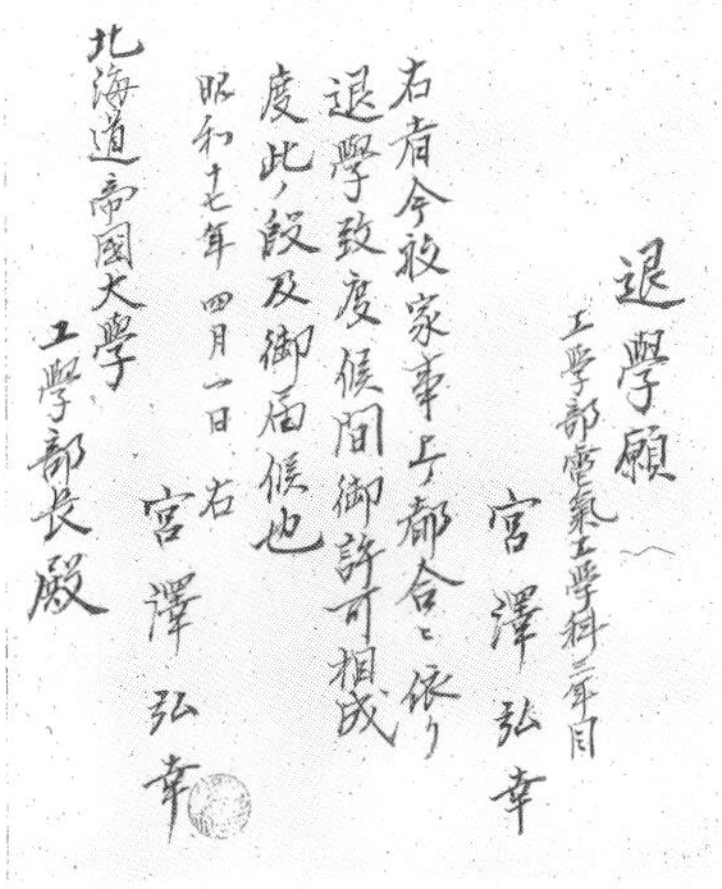

2013 年 3 月に見つかり歴史的資料として大学文書館に保存されている。

――とある。

これを以て、北海道帝国大学は、特高検挙にかかる所定の学内処置をすべて確定させ、件の教師、学生とは無関係となり、事件とも一切かかわりがないとの立場を得た、と考えたのであろう。以来、敗戦後、アメリカ占領軍（GHQ＝連合国軍総司令部）による超法規処置で、服役中の宮澤弘幸が他の治安囚と共に釈放されるまで、一切口を閉ざし切っている。

本稿記載の解約関係文書をはじめ、関係する指令書、学籍簿、退学願に至るまで日の目を見せることなく仕舞い込み、その存在を明らかにしたのは退学処置から七十余年を経た二〇一〇年代のことだった。問題も多々ある。何よりも、これら一連の学内処置を通して、北大が、学問の府、教育の府、そして何よりも北大建学の精神に照らして責任ある処置をとっていないことだ。

見えてくるのは、特高検挙におののき、矛先が北大執行部に向かってくるのを懸命に防ごうとして、窮地に陥った自らの教官と学生を切り捨てている姿に他ならない。

もとよりこの責任回避は、「戦時」を理由にして逃れられるものではない。

全く同じ時期、敵国アメリカにおいても同様の事態にあり、当時ハーバード大学の学生だった鶴見俊輔は不穏なる敵国学生とされて収容所に拘束されていた。しかし、おりから卒業年後期の試験中だったことから同大学では試験担当の教師を収容所に派遣して所定の試験を行い、さらに不足する単位分を拘束下で仕上げた論文を以て認定し、卒業に導いている。

片や、北大では、いかにも「退学願」を待ちかねたかの如く同日付で指令書を仕立て、同日付で学籍簿からの除去までも済ませている。慰留どころか、事情聴取、意思確認の痕跡すら認められない。これは「願」を受けて「許可」する形通りの手順を取りながら、実質、退学処分に等しい処置だと言わざるを得ない。

そのうえ、この「退学願」には、その真偽にもかかわる疑惑、疑念がまとい付いている。

公文書中の公文書である判決文の被告人肩書には、一審から最終審判決に至るまで

北海道帝国大学工学部学生

——と明記されているからだ。

これは、判決時点で被告を特定する重要な証拠の一部をなしている記載であり、現に相被告であるレーン夫妻の判決では「元北大予科語教師」とあり、同じく黒岩喜久雄の場合は検挙の直前に戦時特例によって北大を繰上げ卒業させられていたことから「無職」と記されている。

つまり宮澤弘幸は、北大の学内処置で「退学」となった後も、公には「北海道帝国大学工学部学生」として裁判を受け、判決を受けていたことになる。一審では判決本文の中でも「現在同大学工学部電気工学科に在学中の者」と明記され、大審院判決では現に北大生であることを基にしての情状論が展開されている。

仮に北大の「退学処置」が司法の場で知られていたならば、当然、公判入りの人定訊問で確認され、情状論での欠かせない重要な論点とされるが、その痕跡は全くみられない。少なくとも、被告・宮澤弘幸が北大生の誇りを掲げて裁判に臨んでいた事実には紛れもない。

だが、北大の退学処置と公判での「北大生」明示と、この二つは決して両立しえない事実であり、どちらかに「偽」あるいは「作為」があるということになる。

では、北大に残されている「退学願」はいつ、どこで、どのようにして書かれ、北大当局の手元に入ったのか。

いくつもの疑念、矛盾があって、すべてに納得がいく合理的説明を見出し得ないが、一つ、はっきりしているのは、宮澤弘幸の身柄は終始一貫、検事の指揮下で拘束されていたことだ。

したがって、仮に退学願が本人自筆だとすれば、拘置所か検察局か警察署の中で、しかも監視下で書かれたことになる。

また、墨書押印の書式からみて、ある日急に思い立ち、一気に書きあげたという仕上がりではなく、検事の了解のもとに筆硯をはじめ料紙や印鑑の一式を整え、書式を確かめて書いたとみるのが自然だ。

加えて外部との接触は全て遮断されていて、弁護士による接見さえ制限されている。現に、先のレーン夫妻への解約書の受渡しも、間に警察官によって介されており、郵送を含め直接北大当局に届けることは叶わない。

宮澤弘幸の行為はすべてが官憲監視下にあり、こっそり書いて知らぬ間に届け、公判関係者が何も知らずに推移するなどあり得ないことだ。

だが半面、自筆を疑わせる明確な指摘もまたない。公式の筆跡鑑定は行われていないが、現・北大当局では宮澤弘幸の遺族から贈られたアルバムの中の本人筆跡との照合で一致するとし、遺族からも筆跡を疑う異論は出ていない。

また後で触れるが、「退学願」と一緒に「復学願」も残されており、この両「願」の筆跡は素人目にも紛うことない同一に見える。

そこで、もう一つ確認されるべき疑念は、仮に自筆で間違いないとしても、そこに本人の自由意思が保障されているか否かの問題だ。これは多分に心の内にかかる問題だから、保障されていないとの証明も難しいが、言えることは、長期拘束と拷問を受けながら、なお北大生としての向学心衰えず、無実が必ず認められると信じて上告していることだ。これが宮澤弘幸の生涯をかけた厳然たる意志といってよいだろう。

したがって、この解けない矛盾の中で視点を変え、もう一つ気になるのは、いったい「退学願」なるものを欲しがっていたのは誰だったのか、という逆の究明だ。

注目されるのは「退学致度候間　御許可相成度」の文面であり、これは「指令書」の文面「願　退学の件許可す」とぴたり符合している。全くの自由意思であるならば率直簡明に「退学致度　御届候也」で十分に意は伝わるわけであり、殊更に学生の方から許可を求める必要はない。

この一点から「願」は許可する側からの書式であり、少なくとも書くべき雛型を示されて書かされた痕跡が明らかに窺われる。

この件に関し、北大は二〇一四年三月になって極めて重要な事実を明らかにした。先の四月一日付「退学願」を工学部が実際に受け取ったのは「四月三十日から五月七日までの間」だったというのである。これは一件文書等が綴じ込まれた簿冊の検証から、各綴じ込み順に振られた連番号を基に割り出したもので、信憑性は高いとみて間違いない。

だとすると、一方で、宮澤弘幸が起訴されたのは四月九日だから、「退学願」が実際に書かれたのは「四月九日以後三十日までの間」という仮説が成り立つ。起訴後であれば大学として面会の機会を得ることも全く不可能ではなく、当座の学内処理であることを強調して、無罪放免になれば復学することを条件に「願」を強要することも十分にあり得る。

北大当局にとって学内に「起訴された教官や学生」がいることは好ましいことではない。大学として不祥事であり、大学としての処分が迫られる。ぎりぎり、教師・レーン夫妻については年度末解約で縁切りにできたが、学生・宮澤弘幸についてはどうするか。おそらく起訴が近いことは学内治安部門から示唆され対応を迫られたに違いない。

北大がこの見解を明らかにしたのは『北海道大学大学文書館年報・第９号』（２０１４年３月刊）所載の

「研究ノート・工学部学生宮澤弘幸の在学について」（同大学大学文書館員・井上高聡）の中で、「4月30日以後に宮澤の退学願を受領し、5月7日までに事務手続きを終え、1ケ月以上を遡った4月1日付けで退学許可を実施した」と結論づけている。

下限を五月七日としたのは、この日に教授会への報告がなされているからであり、日付を四月一日としたのは、大学の年度切り替えの都合に他ならない。「退学願」の右肩には鉛筆書きで「四月一日付にて許可すること」の書き留めが読み取れ、その下方に学生主事の認印が押されている。

右の見解は、あくまで学内学究の一論考という形をとっている。だが「真相を広める会」が求めた話し合いの席では、北大総長の意をうけた副学長の言として「大学見解に準じる」ことを確認し、次期編纂の北大正史にも「同趣旨で記載する」ことを明言している。

半面、学問教育の府にあるまじき処置、何ら救援の手を伸べず、長年放置してきた責任への謝罪の言葉は依然拒んでいるが、七十余年にわたる長い沈黙からは一歩といえる。

復学については、「退学願」と一緒に見つかった「復学願」（左ページ）がある。これは、仮に自筆として、書いた環境は「退学願」と大きく異なる。強制される事情はなく、根拠もない。自由意思とみて間違いないと思われ、「軍機保護法違反嫌疑の為め退学中」と明記されているところに、改めて底深い怒りが感じとれる。

「家事上の都合」などとんでもない押し付けであった無念がほとばしり、かつ、「退学中」の「中」とあるところに、「退学願」を書かされた事情の一端が込められているようにも思われる。「退学した」という過去形ではなく、心ならずも「退学している」という現在進行形の思い、といってよいだろう。

さらに日付が「十二月八日」とあるのは、これも偶々の日付ではなく、ただならぬ思いが込められているに違いない。検挙された怒りの日であり、同時に北大の無責任を強く思い起こさせる日だ。

対応する北大は、これを同年十二月二十一日付の指令書で「許可」している。これも日付に作為はないのだろう。「願」の日付から二週間弱、手続き時間として通常の内とみて支障はない。ちなみに学生主事の検印は「願」には押されているが「指令書」にはない。

おそらく戦時弾圧の被害者が復権し、また学徒動員兵が次々復員してくるにあたり、各校での復学の手続きが始まり、個々への意思確認も進んで、宮澤弘幸もこれに応じたのだろう。

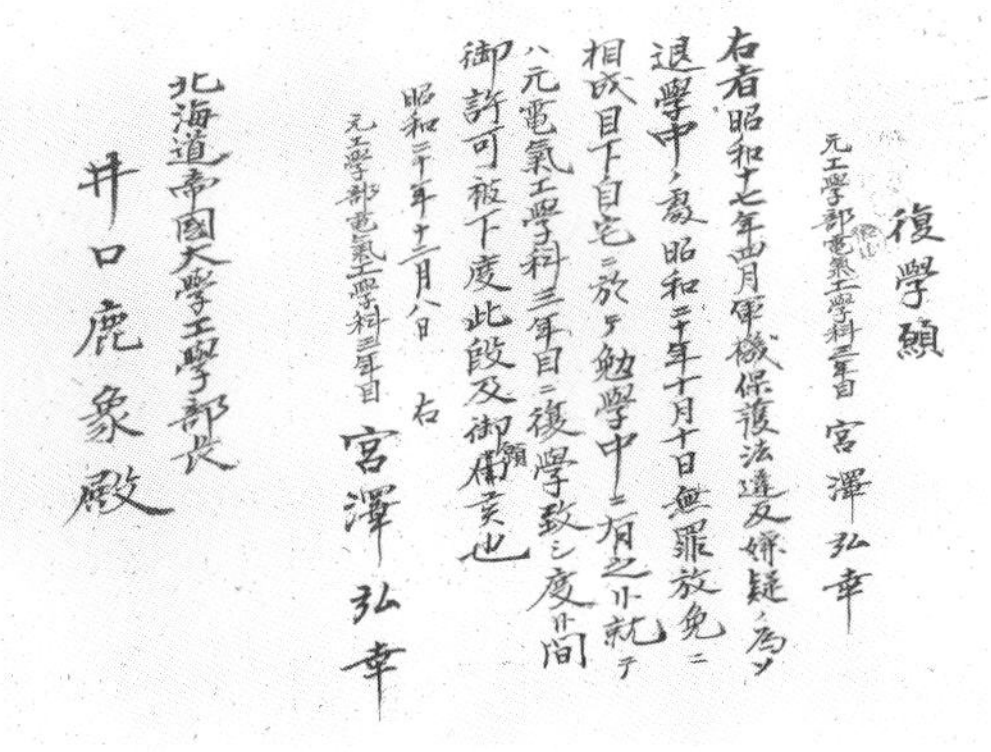

2013年3月に見つかり歴史的資料として大学文書館に保存されている。

復学願

元工学部電気工学科三年目　宮澤弘幸

右者昭和十七年四月軍機保護法違反嫌疑の為め

退学中の処昭和二十年十月十日無罪放免に

相成目下自宅に於て勉学中に有之　就て

は元電気工学科三年目に復学致し度　間

御許可被下度此段及御願候也

昭和二十年十二月八日　右

元工学部電気工学科三年目　宮澤弘幸　印

北海道帝国大学工学部長

井口鹿象殿

ただ、実際に復学した形跡は確認できない。学籍簿には「昭和20年12月21日復学許可す」とあるが、履修の手続きも学費納入の痕跡も見当らない。むしろ家族には復学願を出した事実も知られてなく、札幌の土を踏んだ事実も存在していない。本人自筆だとすれば書いて出しはしたけれども、実際に復学するには至らなかったものと思われる。

北大当局は、先の仮説の可能性を含めて、一切の事実関係を明らかにして矛盾を解き、一連の不当な判断に基づく処置を撤回し、謝罪し、宮澤弘幸らの身分と名誉の回復を図ること、これを果たすのが北大に課された責任ということになる。

相被告の消息——渡邊、丸山、黒岩、石上

相被告となった渡邊勝平、丸山護、黒岩喜久雄、そして百日を超える勾留に堪えた石上茂子の消息については、戦後、上田誠吉の聞き取りに間に合った黒岩を除いて、まったく知られない。わずかに一審判決文の中に記述されたものだけが残っている。いずれも、どこの刑務所に収監されたかも明らかでない。

渡邊勝平
本籍　山口県防府市東佐波令百番地
住居　札幌郡白石村字上野幌　宇都宮勤方
北海道帝国大学工学部　助手
当二十六年

渡邊勝平は判決文によると「富裕なる家庭に生れたるも」とあり、その後、逆境に至り、一九三五年（昭和10）三月、東京の旧制・暁星中学を卒業した後、同年六月頃、兄を頼って札幌へ来た。その兄の世話を受け、予て母親とも行き来のあったポーリンを紹介され、レーン宅に寄寓することになった。

さらにポーリンの力添えで三七年（昭和12）十月に北海道農事試験場の雇となり、次いで同人の斡旋に依り翌三八年十月には北大工学部臨時雇となり、翌三九年五月には同学部助手となった。

こうして「レーン夫妻と親交を重ねるに及び、漸次、同夫妻の感化を受け、欧米崇拝の思想乃至反戦的思想を抱懐するに至りたる」と断じられている。

判決時の「住居」に記されてある宇都宮勤は札幌郊外に「宇都宮ファクトリー」を経営する酪農家で、父親・仙太郎は北海道酪農の草分けの一人。キリスト教・組合教会の会員でもあり、同宣教師であるポーリンの父親、そしてレーン夫妻らと交流があり、その縁で、検挙によって下宿を引き払った後の寄留先を引き受けていたと思われる。宮澤弘幸らも自転車旅行で訪れていた。

丸山　護

本籍　札幌市北十八条西四丁目二十一番地

住居　同市北十二条西四丁目五番地　佐瀬介治方

会社員（日本ポリドール）

当二十九年

丸山護は、判決文によると、一九三三年（昭和8）頃、札幌市立商工夜学校に通学しながら、旧制・北海中学の編入試験を受けようと準備を始め、ここで、ポーリンと出会い、英語の手ほどきを受けた。以来「同夫妻に傾倒し、其の歓待に応じて屢同夫妻方に出入して親交を結び来りたるが、昭和十一年頃、渡辺勝平が同夫妻方に出入りするに及んで、渡辺と相識り、漸次、同人とも親交を重ぬるに至り」とある。

その後、一九三九年八月二十一日、徴兵されて札幌・月寒歩兵第二十五連隊に入隊。同年十一月には北支（現・中国北部）戦線に動員され、四一年年五月二十三日に召集解除となった。

黒岩喜久雄

本籍　長野県長野市大字南長野北堂町一、四五四

住所　北海道札幌市南大通西十一丁目林方

無職（北大卒）

当二十五年

黒岩喜久雄は、判決文によると、長野県立旧制・長野中学を卒業後、一九三六年（昭和11）四月に北大予科農類に入学し、四一年十二月二十七日に同大学農学部農学科を繰り上げ卒業した。この間、三七年頃からレーン夫妻の「歓待に応じて屡々同夫妻方に出入りし　漸次同夫妻と親交を重ぬるに至り居りたる」間柄となった。

黒岩喜久雄については、以上の判決文記載の経歴の他に、戦後、上田誠吉弁護士の聞き取りに応じた際の回想が残っており、『人間の絆を求めて』に詳しく記述されている。

同著によると、黒岩喜久雄は一九一八年一月七日の生まれで、北大では四二年三月卒業のところ、三か月

繰り上げての卒業となった。その正に卒業式の朝、午前五時ごろ三人の特高に襲われて乱雑な家宅捜査を受け、そのまま検挙されるところだったが、交渉の結果、卒業式後に出頭することになった。

レーン夫妻らが検挙されたときは旅先にあり、札幌に戻ってから夫妻の消息を探し求めたことは先にも触れた。よもや夫妻への嫌疑が自分の身に及ぶなどとは思いもせず、検挙されてからも己への容疑が何であるかさえ知らされなかった。

放り込まれた札幌・大通拘置所は二階建てで、扇型の要に監視台があり、そこから見て一階の左端に入れられ、反対側の右端近くに石上茂子、二階の中央近くの独房に宮澤弘幸とレーン夫妻らが見えた。

そのうち激しい腹痛に襲われ、それは後に虫垂炎と診断されるのだが、拘置所では何の手当ても受けられず悪化し、生死をさ迷うまでになる。結局、一月十日に監視付きで札幌市内の保全病院に入院し、退院できたのは五月に入ってからだった。

この間病床で取調べを受け、四月十日に起訴されている。おかげで隣のベッドには二十四時間、特高が寝起きするというはめになったが、半面、さすがに肉体面での拷問を受けることはなかった。

特高の取調べで記憶にあるのは、まったくくだらないことで、たとえばハロルドらとサイクリングを楽しんだことを捉え、ハロルドの自転車の前輪に付いていた回転数計が軍事施設への距離を測るためのものだったろうとか、レーン夫妻が子供たちと小樽近郊で長い長い連結の石炭輸送列車の車両数を数えて遊んだことが軍事資源の探知目的だったのだろうとか、そういう類の雑駁な出来事を繰り返し、根掘り葉掘り聞かれ、辟易したといっている。

結局、特高は黒岩喜久雄・当人をスパイに仕立てる罠以上に、レーン夫妻をスパイに仕上げるための「証言」をほしがり、繰り返し強要されたのが長期勾留の実相だったようだ。

このため、黒岩喜久雄は上田誠吉の問いかけに対し、同著によると

「自分が軍機保護法に触れるような軍事上の秘密を知っていた、ということが信じられない、そんな秘密を持ち合わせた、ということが思いあたらない。このときから四十数年たったいまも、自分が何事をレーン夫妻に語ったことが秘密を漏らしたことにされたのかが判らない。思い当たることもない。そこでどうして処罰されたのかが判らない」

――という趣旨のことを訴えている。

なんとも酷い話だが、これが特高のやり口であり、裁判の実相だった。もとより、黒岩喜久雄自身、記憶したくない記憶だったこともあるだろう。そのへんを割り引いても、実相の断片はしっかり現われている。

上田誠吉は同書の中で

「もし、本当にレーン夫妻がスパイだったというのであれば、その責任は北大当局に、そして北大総長にある。黒岩は、そのように述べて、検事の作った調書の末尾にはそのように記載してもらった」

――と記している。この調書もまた残っていない。

黒岩喜久雄は退院後も拘束されることなく療養を許されたようで、同年十一月ころ裁判所から呼び出しがあり、十二月二十四日に公判があり、即決、懲役二年執行猶予五年の判決を受けた。

官選弁護人（笹沼孝蔵）からは「執行猶予が付いたのはお前だけだ。控訴しても大変なだけだ」といわれ、黒岩喜久雄自身も「軍を相手に勝てるわけがない」と思い一審判決に服することにしたという。

なお、レーン夫妻との出会いには童話の世界のような風景が伝わっている。黒岩喜久雄は、北大入学してほどなく、しょう紅熱とジフテリアに罹り、病後を独り養っていたが、あるときキャンパスの草むらに横たわり空を見ていたら、幼い子二人が心配そうに覗き込み、声をかけてきた。

それが夫妻の末娘で双子のドロシーとキャサリンで、幼心にも「旅に病んだ若者の心細さ」のようなものが心揺すぶったのだろう。それから三人は無二の友達になり、家族の一員となっていった。「心の会」のサロンとは、また違ったレーン家の土に親しんだ気風が映し出されているようだ。

石上茂子
検挙　一六、一二、八
送局　一七、三、二五
釈放　一七、三、一〇
嫌疑なし（したがって刑事訴訟法上の被告ではない）

石上茂子について残っている記録はこれだけで、これは『外事警察概況』に記載されている「開戦時に於ける外諜容疑一斉検挙者」一覧表の当該項だ。数字は年（昭和）、月、日を示している。

開戦当日にレーン夫妻と共に検挙されてから翌年三月十日の釈放まで拘留されていたことは、先に明かしている。厳冬期を含む丸々三か月間におよんでおり、事実上、禁錮三か月に等しい。

三か月間、いったい何を調べ、あげくなぜ「嫌疑なし」となったのか。おそらくは、黒岩喜久雄の件と同じく、レーン夫妻をスパイに仕立てるための「証言」を強要されたに違いなく、検挙そのものが違法の影濃いと言わざるをえない。

一覧表の「送局」とは送検の意であり、レーン夫妻の関連では全員が三月二十五日だった。石上茂子については、その前に釈放されており、用なしとなってから型どおり書類送検のうえ「嫌疑なし」となったのだろう。石上茂子については、一部報道に「シゲ」の表記もあるが、検挙一覧表の「茂子」によった。

この他、『外事警察概況』には一斉検挙にかかる北海道関係分で

ダニエル・ブルック・マッキンノン　検挙一六・一二・八　一七・八・二九　公訴取消
イーチェンヌ・ラポルド　検挙一六・一二・八　釈放一七・四・九　容疑薄弱
大槻ユキ　検挙一七・三・九　釈放一七・三・三〇　嫌疑不十分

――という記録がある。

ごく最近になって、このうちの大槻ユキを知る人から、大要、次のような消息が送られてきた。


「大槻ユキさんは、私どもの母のアメリカ・ミシガン大学留学以来の親友で、釈放の後、その受難を慰めるため、長野県・木曽の山荘にお招きしたことがある。彼女は英語が母国語の日系二世で、我が家の長年の友であり、木曽での記憶は鮮明にある。しかし、宮澤・レーン冤罪事件との関係については分からない。当時、彼女は東京在住だったはずで、東京で検挙され、札幌に移送され、札幌の検察に尋問されたとの推察もある。母も彼女も故人となっているので、いまとなっては知るよしもない」

この消息を寄せてくれたのは「北大生・宮澤弘幸『スパイ冤罪事件』の真相を広める会」の会員で、北大名誉教授の富森虔児さんといい、「故人の霊が慰められるように」との思いも添えられてあった。

マッキンノンは「日米交換船」で消息のあったアメリカ人・小樽高商の教師で、英作文の課題に「わが故郷について」を出したことが「軍事機密の探知」になるとされ、小樽警察署に検挙・勾留された。交換船交

渉の際、いかにも公判は無理と取消になったものと思われる。レーン夫妻らと共に、第二次交換船で送還されている。

ラポルドは『外事警察概況』にカナダ人宣教師とあるだけで、容疑、消息とも知れない。

北大の外国人教師と後裔

戦前、北海道大学には旧制高校に相当する予科があり、そこには「札幌農学校」以来のヒューマンな知性あふれる教師集団があった。

内村鑑三、新渡戸稲造と同期の植物学の宮部金吾、この宮部金吾先生に憧れて北大に入学した、予科の植物学担当の鈴木限三、反ナチスのドイツ語教師ヘルマン・ヘッカー、英語のハロルド・レーン、ポーリン・レーン夫妻。中でヘッカー、レーン夫妻、それに小樽高商（現・小樽商科大学）の太黒マチルドの先生を囲んだ「ソシエテ・ドュ・クール（心の会）」は、戦争への厳しい情勢の中でも、全学の学生に門戸を開き、おいしいコーヒーを提供していた。

そこでは、クラシック音楽が聴け、知性と人間性を深めるあらゆる問題について自由な討論がなされていた。クエーカー教徒で非戦平和主義者のハロルド・レーンと宮澤弘幸は、この会の熱心な存在であった。

以下に、この「ソシエテ・ドュ・クール」を生んだ札幌農学校以来の、北大の民主主義的教育思想の背景について述べる。

矢内原忠雄は、一九五二年五月の東大五月祭で「大学と社会」と題して講演した。

「官学と呼ばれるものの歴史を見ると、明治の初年において日本の大学教育に二つの大きな中心があって、一つは東京大学で、一つは札幌農学校でありました。この二つの学校が、日本の教育における国家主義と民主主義という二大思想の源流を作ったものである」

「森有禮という有名な文部大臣がおりましたが、ドイツからハウスクネヒトという教育学者を招聘して、…これ以来ドイツの国家主義的な教育の精神が日本の指導的な教育理念となり、その中心が東京大学でありまして、或いは加藤弘幸先生のような…国家主義の最も代表的な優れた人物が、東京大学の総長として長年努力されたのであります」

「一方、札幌農学校は明治九年（一八七六年）の創立でありますが、その建学のために招聘されたのは、マサチューセッツ農科大学学長だったW・S・クラークであります。このため札幌農学校の制度と教育理念は、殆ど全くマサチューセッツ農科大学に範をとったのでありまして、アメリカの大学の自由主義的な個人個人の人間をのばしゆくという、よい意味において個人主義的な教育でありました。クラーク博士が札幌農学校に残した感化は非常に深いものがあります。『禁酒禁煙の誓約』『イエスを信ずる者の誓約』という二つのカビナントを作り、クラーク博士をはじめとして、米人教師並びに学生全員が進んでこれに署名しました」

――と。

札幌農学校に発した教育思想は、近代日本の教育思想の中で、決して主流とはなり得なかったが、日本の民主主義的教育思想のなかで、消し難い潮流を形成してきたといえる。

それは「紳士たれ！」の校是のもと「全人教育、フロンテイアスピリッツ、国際主義、実学」を柱とする教育であった。その札幌農学校の教育を指導したのは、W・S・クラーク博士であった。

クラーク博士は、一八二六年から一八八六年までの六十歳の生涯を送っているから、それは、まさにアメリカ南北戦争の時代（一八六一年〜一八六五年）だった。奴隷制が厳しく問われたリンカーン大統領の時代を生きたと言える。

「黒人奴隷制を認めるか否か」が一人一人の人間の良心に厳しく問われ、独立宣言で述べられた民主主義の原則が、真にアメリカ民主主義の原則として貫かれているか否かが、厳しく試された時代だった。

一八五〇年、逃亡奴隷取締法が制定されるや、アメリカの良心・エマーソンは、コンコードで「逃亡奴隷取締りについて」と題する講演を行い

「自由を求めて千マイルの距離を攻撃されながら逃げてきた人を、マサチューセッツの人々は駆り立てて捕らえ、元の犬小屋に戻すべきであると、この法律は規定するのです」

「この法令は、あらゆる感情に反します。憐みの心に罰金を科し、慈悲を投獄するような法律をどうして強制することができるでしょうか?」

――と問いかけた。

また、H・B・ストウ夫人は、『アンクル・トムズ・ケビン』を著して、黒人奴隷制を糾弾した。

このとき、クラーク博士は、リンカーン行政府の呼びかけに応えて、三千名の志願兵連隊を組織して参戦している。そして、母校アマースト大学の同窓会で講演し、「自分はアメリカの国旗に対する忠誠心は人後に落ちないが、呪わしい奴隷制をこの地上から払拭したかった」と断言している。

さらに日本からの帰国後、博士は「日本の農業」と題して講演をしているが、その中で、日本の封建遺制に触れ、「日本では動物を屠殺し、皮をはぎ、皮なめしをしている人は、(社会的)追放者とみなされて、いかなる法的権利も享受していない」「一八七二年アメリカを訪れた日本の大使節団(岩倉具視米欧使節団)は、合衆国大統領が、かって皮なめし職人と知って、どんなに仰天したことか」と痛烈に批判している。

わずか八か月の日本滞在だったが、日本の封建遺制を鋭く洞察した博士のこの言葉は、南北戦争に参加し

時代の試練と格闘した博士のヒューマニズムと民主主義精神の高さがいかなるものかを証明している。

クラーク博士は、帰国直前、「イエスを信ずる者の誓約」を書き学生に署名を求めた。玄武丸上で学生の訓育について「余の道徳は凡て聖書の中に存す、聖書を離れて余は道徳を教ゆる能わず」と一歩も譲らず主張する博士に、北海道長官・黒田清隆は「余り公然となすなかれ」と、ついに聖書使用を黙認している。

この時、札幌農学校の生徒は、この聖書を単に福音を説くだけの「宗教書」として受け止めていたのではなかった。

内村鑑三は、「余の学びし政治書」のなかで「聖書を以て宗教的経文と見做すものは、その内容如何を知らざる者の言なり、聖書は其の過半に於いて最も高尚な政治書なり」「最良の政治書なり」「政治は単純なる明白なる人道を国家全体に適用するの学と術とに他ならず」と断言している。

後年、病床のクラーク博士を訪ねた内村鑑三は「彼は余に語るに南北戦争の事を以てし」と述べ、臨終の言として「日本札幌に於ける八か月の基督伝搬こそ余を慰むる唯一の事業なり」と伝えている。

内村鑑三の発言は、札幌農学校の教育思想の根底に、クラーク博士が身を以て示された民主主義と人道の原則が貫かれていること、ヒューマニズムの根本問題が、戦争と平和の問題であることを示している。

内村鑑三は聖書の教えに立ち、この問題に正面から立ち向かい、自ら絶対的非戦論者として立たしめ、「平和は戦争によって得られず」「平和への最捷径は、無抵抗主義である」と説いた。

新渡戸稲造は第一高等学校の校長を去る時、小日向の自宅まで送ってきた学生たちに、

人格［Personality］のないところに責任［Responsibility］は生じない。
知る（To know）だけでは十分でない。それを実行（To do）することが大切である。

しかし最も大切なことは、To be（あなたが、あなたとしてあること）（湊晶子）と述べられた。To do の前に To be がある（南原繁）と。

クラーク博士は、黒田長官宛に提出した報告書の中で
「国にして人なくんば国なきに等し、人にして精神なくんば人なきに近し、精神にして修養なくんば精神なきに近し。即ち修養を積める精神こそ最も重要な産物なり」と述べている。

後年、札幌農学校の生徒が自主的に発行した『札幌農学校』によると、クラーク博士が最も強調されたのは「自主独立の自修心、不撓不屈の精神」であったと伝えている。これこそ正に真理と平和に向かわせるものであった。

内村鑑三は、明治三十年代から四十年代にかけ、侵略政策を露骨に推し進める明治政府にあって、多くの自由主義者が国権主義に転向する中、彼自身、いっとき「日清戦争を義戦」として支持した自らの誤りを公然と自己批判し、
「余は良心に対し、世界万国に対し、実に面目なく感じた…余は爾来一切明治政府の行動について弁護の任に当たるまいと決意した」
——と述べた。

また、「戦争より大なる悪事はなんでありますか…殺人術を施して東洋永久の平和を計らんなどということは以ての外である」と断じた。

新渡戸稲造は、自らの苦悩を経てクエーカーに入信し、同信のメリー・エリキントン嬢と結婚し帰国するが、夫妻で札幌豊平河畔に貧しい子供たちのために、無料の遠友夜学校を創立し、自ら校長に就任した。

遠友夜学校の跡に建つ記念碑。札幌・豊平川の豊平橋に近く、いまは空地になっている。プレートの文字は右から左へ「学問より実行」

校是は、新渡戸が最も尊敬するリンカーンの「リンカーン精神に学べ！」、実際生活を通して学ぶ「学問より実行」だった。

当時の遠友夜学校生募集のビラ「文盲への宣言」には、新渡戸校長の設立趣旨を述べ、

「熱心に勉強しましょう、努力は最後の栄冠です」「世界で唯一つの学校。これほどどんな人でも入れる学校はありません」「何時でも入れます」「月謝はいりません」「学用品は上げます」「先生は諸君の友達です」と呼びかけている。

この夜学校の教壇に半世紀にわたり無報酬で立ち続けたのは若き北大生だった。一日の労働で疲れた体に鞭打ち、睡魔と闘う黒い瞳の夜学生との火花を散らす真剣勝負が展開されたのである。当時の子供たちがどんなに大きな喜びと希望を抱いていたか知れない。一八九四年（明治27）、北海道小学校の就学率平均五四％、女子の就学率わずか三四％という中での無料の夜学校が開校されたのだった。

上田誠吉著『人間の絆を求めて』の中にも「遠友夜学校」に触れたくだりがある。

「ある日の夕方、あや子が夕食の準備をしていると、弘幸が顔を出した。夕食を食べていかないか、と誘うと、いまから夜学校にいって教えなくてはならない、働きながら勉強している生徒たちで、みんな生き生きした顔つきで勉強している、あや子ちゃんなんか女学校に出してもらっただけでも感謝しなくちゃ、三人交替で教えているから毎晩ではないが、生徒たちが熱心だから教える方も手が抜けない、な

ど語りながら夕暮れの街に消えていった。あや子は、女学校に出してもらっただけでも、という弘幸の言葉に、女子医専にいかせてもらえなくても、母をうらむ理由はないという弘幸の気持ちを感じとっていた。この弘幸の夜学校行きについては、照子にも似た経験がある。照子には、その学校は狸小路を通って、ずっと向こうにあると云っていた。この当時、勤労青少年のための夜学校で北大生が教師をしていたのは、遠友夜学校しかないだろう」

「のちに弘幸の妹、秋間美江子は弘幸の遺品を整理した時に一通の手紙があって、その文面は、石炭が欠乏して暫く休校していたが、何某の計らいで石炭が手に入り、再開することになったから出講して貰いたい、という趣旨の候文であった記憶がる。美江子はその学校の名前を記憶していないが、遠友夜学校だったに違いない」

——と記している。弘幸が宮澤弘幸であること、言うまでもない。

一九〇九年（明治42）入学の小寺アキは、「学校が楽しく、帝国製麻の会社から素足で雪道を走って通った」と語っている。

門をくぐったのは五千人を超え、卒業生は千数百人を超えた。新渡戸稲造の教えを受け継ぐ夜学校の教師は、倫古龍会（男子）、菫会や羊会（女子）をつくり、それぞれ、『遠友魂』、『文の園』の会誌を発行し校是の精神を学び続けた。

一九三三年（昭和8）から三六年まで、教師を務めた平松勉は、当時を回想して

「私の六十八歳の人生を振り返ってあしかけ四年のこの時代ほど、他者との全人格的関わり合いを持ちえた日はない。たとえそれはお前の若き日の感傷に過ぎぬと言われても、敢えて言いたい。それは教師と生徒が一体になって融け合って燃え、白熱の輝きを放った短い日々であったと。そしてその融け合い

の中で、今思うと、教えたよりも生徒に教えられたのである。生徒らは、…昼間の労働に疲れた体に鞭打ってきた。そして、年若く世間知らず学生らの取りえである一途の純粋さに、共鳴し琴線を触れあってくれた。果たして教師は我々で有ったと言えるであろうか」

と語っている。

戦時、夜学校の教師は、生徒に軍事教練を課さなかった。このため「生徒に軍事教練を課さない学校、それは、存在に値する意義が無い」と軍の怒りを買い、遠友夜学校は、閉鎖を余儀なくされた。

遠友夜学校は、人間性と知性を磨き、児童の能力を全面的に開花させ、未来を拓く最も豊かな教育をめざしたのだった。

このような国境も人種も、あらゆる障壁を越えて培われ花開いたエルムの師弟たちを無残に引き裂いたのが戦争であり、スパイ冤罪だったのである。

＊札幌・大通公園西端の「札幌市資料館」の二階には「遠友夜学校記念室」が設けられている。かつて同校跡地にあった施設内に特設されていたが、同施設の解体により資料館に移設された。102ページの記念像に刻まれた「学問より実行」は新渡戸稲造の揮毫。像の青年が手にする胸像は新渡戸夫妻。

第三章　冤罪——底のない残虐

獄中の宮澤弘幸

志賀直哉の小説に『網走まで』がある。上野発青森行の長距離列車に乗って宇都宮まで行く車中での出来事を追った話で、乗り合わせた子連れの若い母親が網走まで行くといい

「通して参りましても、一週間かかるさうで御座います」

と、言わせている。小説は一九一〇年（明治43）の『白樺』創刊号に載ったものだが、東京の人間にとって網走は地の果ての果ての象徴だった。

それから三十三年後の六月、宮澤弘幸は網走の監獄に閉じ込められた。護送を知った母親・とくは東京から札幌へ夜を昼に継ぎ、なんとか同じ車両に潜むことが出来た。しかし、そこに居ると分かっても口をきくことさえ叶わない。それでも列車が駅に止まると、窓を開け、熱いお茶を買った。一口でも息子に呑ませたい一心だ。たった一言、

「体に気をつけて」

それすら言うことの出来ない、長い旅、いや時間の止まった旅だった。この間、宮澤弘幸は母の気配を感じていたのかどうか、それも知ることは出来ない。ひたすら監獄への車中だった。

だがこのとき、宮澤弘幸は胸を張っていた。一時は特高の拷問に屈し、言われるがままの「自白」に押印

したが、それは「偽」の自白であり、予審、公判、大審院上告を通し一貫して撤回・否認してきた。その故の上告棄却の大審院判決であり、投獄だった。身を屈しての収監なのではなかった。宮澤弘幸は頑として己にふりかかった「偽」を認めなかったのである。

北の果ての終着駅・網走。人も季節も違うが、こんな「手記」がある。

　終着駅網走におりたら、凍った舗道に、雪がふりしきっていた。これが網走での初雪とのこと。日はもうとっぷりくれ、町は暗かった。じゅずつなぎのまま刑務所のバスに乗せられ、走る。刑務所の中も暗くて、ところどころにうすぐらいあかりが天井にぶらさがっていた。

　肩をすぼめ腰をまげていくつかのくぐり戸をくぐり、廊下を曲がり、あなぐらのような舎房に出る。第四舎九房。目がなれてきたら向かい側の房や、少しはなれた房で、札幌の未決監で顔見知りだった連中が、のぞき窓から合図しているのがわかった。

警察官殺害「白鳥事件」の共同共謀正犯とされ、他人の自白を基に有罪とされた村上国治が書いた日記の一節であり、『網走獄中記』（日本青年出版社）として一九七〇年に出版されたものだ。

文中「第四舎九房」とは懲罰用の独房で、新入りは必ずここに入れられたという。そして宮澤弘幸は網走にいる間、独房から出されることはなかった。ここでは非転向の政治犯と矯正不能の重罪犯は独房だった。

宮澤弘幸が閉じ込められた舎房は放射状に五房あり、要の部分に中央監視所がある。そこから見て、左から一、二と番号が振られ、四舎房が独房舎で八十房あり、宮澤弘幸はこの中の一房に入れられた。

広さは二畳半ほど、一度入れられたら、ほとんど外に出ることはない。懲役刑であっても房内での作業のみを科され、看守以外の人間とは顔を合わせることさえ滅多にない。文字通り閉じ込められるのである。
戦後、網走刑務所は開放型の刑務所として知られるようになった。もともと塀の外にも広い用地を持っていて、農場や牧場になっている。そこで作業（懲役）できるのは刑の軽い受刑者や成績優秀な受刑者なんだそうだが、通りすがりの塀の外の人間と言葉を交わすこともありうる。

雪帽子かぶる網走刑務所。近頃は観光客が足をはこぶのも珍しくないが、門の内にはロマンの欠片もない。

宮澤弘幸の時代の独房とは天と地以上の違いであり、宮澤弘幸はその地の底の底に閉じ込められたことになる。寸暇を惜しんで大地を飛び回っていた好奇心の塊にとって、それがどんな日々だったか、想像すらすることもできない。体よりも先に心が壊されていった。
冬は極寒になる。宮澤入獄の年は、十一月五日に初雪、七日に気温零下を記録し、年末からは零下二十度の日が続いた。宮澤弘幸自身、「網走の一年目はひどかった。氷点下の気温のなか、何日も夜通し吹きさらしだった」と語っている。（前出『随筆日本』）
翌一月五日には流氷が来て、二月になると零下三十度近い日が続き、流氷が完全に去ったのは五月の四日だった。冬、銭湯に行って、帰り手拭を振り回すと直ぐ棒状に凍るというのは嘘でない。
宮澤弘幸は網走の冬を二度耐えている。十二月一日からストーブが入るが、それは左右に独房が並ぶ廊下の中央に一個置かれるだけだ。それも火力の弱い粉炭が配給される。独房の壁は、その住人の呼気によって濡れ、凍った。

食はもっと悲惨だ。一言にすれば兵が敵地で戦い、銃後が粗食に堪え働いているときに塀の中の穀つぶしに食わす物はない、だ。一九四三年八月には、「収容者食料給与規程」が施行となり、

「収容者に給与する飯の熱量の四割は　すべて代用食を以て補い、米麦としては最高四合五勺、最低二合三勺を給すること」

——とされた。

代用食とは大豆のこと。それまで米四麦六の割合で一日六合支給されていたのが、不足分を大豆で賄うことになった。これが主食で、副食は塩または漬物だけ、というのが常態となる。

網走は当時も自前の農場からの収穫があったので、都市部の刑務所よりは多少恵まれていたというが、屈強頑健だった宮澤弘幸にして、たちまち不可欠な筋肉までそぎ落とされていった。

一九四一年・八六四名、四二年・一〇七一名、四三年・一三〇五名、四四年・三四四八名、四五年・七四八一名

——という数字がある。全刑務所での獄死者の数だ。

病名では、四五年の場合で、結核が一〇四一名、ビタミン欠乏症が九九九名、栄養障害による全身症が九八七名、胃腸病が八三七名、肺炎が四四八名だった。（いずれも矯正協会『戦時行刑実録』）

網走でも、四三年に二二名、四四年に一七名、四五年に二七名の獄死者を出している。法が決めた刑は懲役ながら、その実は心身ふたつながら壊し苛め抜く残虐刑だった。

宮澤弘幸は、出獄後、

「五年間も牢獄のなかにいて、生きて外に出られるとは思わなかったね。見ての通り、飢えと寒さと拳骨でずたずたになってしまった」（前出『随筆日本』＝獄中年数の記載も正確には三年十か月）

と、先の引用と同じく、マライーニに語っている。

奈落のレーン夫妻

西欧の言葉に、「天国から地獄」というのがある。レーン夫妻の場合、「天国」かどうかは知れないが、母国送還の前に、とんでもない奈落に突き落とされた。

予審訊問が終わって、一審の公判が始まるか始まったか、のころだ。突然、

「アメリカに送る交換船に乗せる」

と言われ、着の身着のままで横浜港へ向け、夜の札幌駅を発った。何はあれ、敵地となった日本の牢屋から母国行の船に乗せられるとあれば朗報に違いない。先立つ六月の第一次「日米交換船」で、末娘二人が送られていたので家族が一緒になれるのが何よりうれしかった。

後にポーリンが上告趣意書（院写）に書いた記述によると、一九四二年（昭和17）八月三十一日夜に札幌を発ち、九月二日に横浜港に着いている。だが、着いてみると、「二日に出るぞ」と急かされた船がまだ出ないという。理由は知らされない。船は港外に停泊しているのだが乗船許可が出ないらしく、他の十九人と共に波止場近くの「バンドホテル」での待機を余儀なくされた。

明日には、今日こそ、と不安の日々を重ねたあげく、結局、九月二十一日になって「出航は無期延期」と決まった。理由は示されない。夫妻は再び翌二十二日の列車で北へと送り戻され、札幌・大通拘置所に囚われとなり、裁判を受けることに逆転した。

外国人にとって、敵地の拘置所生活がどんなものか。レーン夫妻の場合、いかに日本での生活に馴染んでいたとはいえ、衣食住の日常は母国流を基本としている。

「自分は警察にては特殊の食物、休養の不足、留置場の不潔等にて極端に疲労し居り」（前出・ハロルド「上告趣意書」）

房内生活そのものが拷問だった。

さすがに、法務当局も生活習慣の障害を考慮して、外国人については食事、寝具等の最低限の習慣については拘置所外からの自弁調達・差し入れを認めており、レーン夫妻の場合は「天使病院」（札幌市北十二条東三丁目）を経営するフランシスコ修道会に持ち金を預け、そこから必要に応じ必需品を差し入れてもらっていた。先に紹介の宇都宮ファクトリーからも時にバターや卵の差し入れがあった。

だが、それはあくまで「最低限」であって、時に気持ちを癒せる程度であって、日常大半は敵国の牢屋に他ならない。

それが、わずか二十日間足らずとはいえ、出国の期待の中でホテル暮らしをしたのである。いかに敵国の戦時下ホテルとはいえ、牢屋暮らしとは大違いだった。春の寒戻りに数倍する残酷な仕打ちだったと想像できる。

北の季節は既に、長い冬の期間に入っている。暗黒で「茶番」の裁判を受け、懲役十五年～十二年という想像もつかない重刑の実刑判決を受けている。直ちに上訴したものの、これがいつ始まって、いつ終わったのかも知れない大審院の闇審理で、あげく最後の頼みの上告も棄却され、収監された。

それぞれの判決および『外事警察概況』によると、レーン夫妻の場合は九月二十二日に札幌に戻されてから公判となり、十二月十四日、二十一日に各一審判決となっている。

それから上告審があり、翌一九四三年（昭18）五月五日にポーリン、六月十一日にハロルドの各上告棄却があり、それぞれ収監されている。

無期延期された「日米交換船」が復活したのは、それから三～四か月の後、夫妻が奈落にはめられてから丸々一年後のことだった。戦時下、敵と敵同士の話し合いだとはいえ、もてあそばれる被送還者にはたまらない一年間になる。

もともと、交換船の話は、初め、相互に敵地に取り残された外交官を送還し合おうというところから始まった。そのうち、せっかく船を出し合うならと、交渉を重ねるうちに膨らんで対象を外交官以外にも広く含めることになった。

相互に船を出し、相互に敵国人を乗せて同時に出港し、当時の大西洋経由日米航路の真ん中あたりの第三国の港（アフリカ東海岸の当時ポルトガル領ロレンソ・マルケス＝現モザンビークのマプート）で相互に乗船者を入れ替えてまわれ右して母港に戻るという仕組みである。

言えば利害の一致、戦時下の互恵であり、自国にとっては、敵国で拘束され迫害を受ける恐れのある人たちを、敵国にとっては、有害ゆえに拘束した邪魔な人たち、これらの人たちを相互に送還し引取るということになる。

実際、先の『外事警察概況』の処分一覧表を見ると、「開戦時一斉検挙」で特高に逮捕された外国人計六十九人中四十人（第二次船に乗ったレーン夫妻ら三人も含む）が本国送還となっており、日本側でも、アメリカの収容所で拘束されていた鶴見和子、鶴見俊輔ら千四百四十八人が第一次船「浅間丸」で一九四二年（昭17）八月二十日に横浜港へ帰還したことが知られている。

この経緯については、『日米交換船』（２００６年刊・新潮社）という大部の一冊が詳しいが、これによると、レーン夫妻が絡むのは、この帰港したばかりの浅間丸がそのまま「第二次交換船」となって再び横浜から出港する予定になっていて、これにレーン夫妻らも急かされて乗るはこびになっていたことによる。

延期になった理由は結局、定かでない。日本側記録によると、初めアメリカ側から「二週間程度遅れる」との通告があり、そのうちに日本側も「だったら急ぐことない」となったようで、この間にはミッドウェー海戦での日本惨敗など戦況の変化もあったが、レーン夫妻らにすれば、まったく与り知らないところで引き回された挙句の奈落だった。

そのうえ『日米交換船』が引用している公文書等によると、レーン夫妻はもともと鶴見俊輔らと交換になる第一次船に乗る手はずになっていた。少なくともアメリカ側はレーン夫妻と、もう一人の同じく一斉検挙で勾留されていた小樽高等商業学校（現・小樽商科大学）教師のダニエル・ブルック・マッキンノムの三人が日米合意に基づいて第一次船に乗船しているものと理解していた。

ハロルドについては良心的兵役忌避者であることはアメリカ在日当局でも知るところであり、それが軍機保護法違反、つまりスパイ容疑で勾留されていたことも把握していたに違いない。日本流に考えると極めて厄介きわまる人物で、放っておきたいところだが、だからこそ第一次交換船の乗船名簿に載せるというのがアメリカの考え方なのだろう。

ところが出港前の乗船名簿の確認で、この三人が乗せられていないとわかり、対抗処置としてアメリカ出港の交換船に乗っている日本人の中から三人を降ろすと通告してきた。

三人の中には皇族につながる一人がいたからことは深刻となり、船を港内に停泊させたままぎりぎりの交渉を重ねたすえ、結局、レーン夫妻ら三人は第二次船で必ず乗せると確約することで合意がなり、日本側三人は下船させられることなく全員が帰還した。（1942年8月21日付『朝日新聞』夕刊二面「帰朝者」名簿に載っている）

もう一つ、上田誠吉・弁護士が一審担当だった裁判官の一人・宮崎梧一から聞き出した回顧証言に

「温かい季節であった。早朝に裁判長から電話があって、裁判長の官舎に至急集まってくれというので、刑事部の四人全員が集まった。司法省から政府の必要とする在米の日本人と交換するために、アメリカ人教師夫妻を釈放してアメリカに送還したいから了解してくれと言ってきたがどうするか——」

——というのがあり、これとも符合する。

宮崎梧一には訳のわからない出来事だったようだが、『日米交換船』によると、これにも裏付けがある。日本側（外務省）は初め「重大なる犯罪の嫌疑で取調べ中」との釈明で切り抜けようとしたが通じず、急遽、内務省と交渉し「例外的措置を考慮できる」との超法規の内諾を得たことが記録に残っている。

もう一人、ダニエル・ブルック・マッキンノムの方は『外事警察概況』一覧表によると、八月二十九日付で「公訴取消」となっており、レーン夫妻らと共に第二次交換船で送還されている。

戦時下、それも敵国に於ける刑事裁判の被告にされていたとはいえ、心身ともに翻弄され、ぼろぼろとなる酷い仕打ちに遭ったことになる。国と国の軋轢の中で、個人としては終生の傷となる負荷を背負わせられることになる、そういう典型と言っていいだろう。

なお、第一次交換船にはレーン夫妻の末娘、当時十二歳のドロシーとキャサリンが二人だけで乗せられている。夫妻が検挙されたあと、がらんとなった官舎に病身の祖父ヘンリーと老幼三人が取り残され、見かねたフランシスコ修道会が引き取り、ほどなくヘンリーは「天使病院」で亡くなっている。

船上にあっても、どんなに心細かったことだろう。二人は日本の学校で日本の子供たちと日本語で真っ黒になって遊んでいた。日本の子供たちも二人を「ドーケー」（ドロシーのDとキャサリンのK）と呼んで親しんだ。しかし船の上では日本語を話す人はなく、二人の英語はたどたどし過ぎた。幼い肩を寄せ合い、口を閉じ、見たこともない「母国」への一か月を超える船旅に堪えた。大人たちの悪行は最も弱い幼き者たち

を故なくいじめ尽くしたのである。（『日本を映す小さな鏡』＝前出＝など）

半面、こころ救われる秘話も残っている。つい最近、『毎日新聞』の記事が発掘した逸話で、レーン夫妻が日米交換船で送還されるおり、教え子との熱い交歓があった。

記事では、「ポーリンさんが晩年、（教え子の妻）美代子さんに伝えた話によると、43年に日米交換船に乗るため青函連絡船で青森に着いた時、たまたま乗り合わせた（教え子の）勝弘さんが夫妻の元に駆け寄った。上野に向かう列車に乗る前、勝弘さんは乗務員に（陸軍情報将校である）身分を明かし『恩人だから、私の寝台で休ませてやってほしい』と申し出た。横浜の港で船に乗ると、岸壁から勝弘さんが敵であるはずのレーン夫妻にずっと手を振ったという」（２０１４年6月15日付『毎日新聞』朝刊＝かっこ内は本稿注）

美代子さんは、札幌在住の今村美代子さん（97歳）といい、亡夫・勝弘さんはレーン夫妻から「今坊」と可愛がられ、英語を学んだ。続けて記事では「レーンのおばさん（ポーリンさん）は戦時中のことは絶対口になさらなかった。差し障りがある人が出てくると考えていたのでしょう。体が弱って最後に私には話しておきたいと思ったのでは」と語っている。

護送の車中で教え子に会ったとの話はかねて出所定かでなく伝わっていたが、これで一つが明らかとなったことになる。

戦後、そして無念の死

太平洋戦争は一九四二年（昭和17）六月五日、開戦半年後のミッドウェー海戦の惨敗で分水嶺を越え、あとはひたすら消耗戦をひきずり、四五年八月十五日にしてようやくに手を挙げた。

だが残虐刑はなおも解かれない。宮澤弘幸は敗戦の年の六月二十五日、理由は定かでないが、網走から仙台の宮城刑務所へと移されていた。胸中の錯綜なお及ばないが、戦時牢獄の悲惨に変わりはない。

戦後措置がようやく獄中に及んだのは、戦後一か月以上がたった十月四日、ＧＨＱ（連合国軍総司令部）の「政治的、市民的及び宗教的自由制限の除去に関する覚書」による超法規的処置によってだった。突きつけられた日本政府は内閣総辞職によって抵抗したが、抵抗しきれるものではなく、後継内閣が即日、最初の仕事として実行に移している。

翌十月五日、司法省刑政局長から各刑務所長宛に思想犯受刑者の釈放に関する通牒が出され、同月十日に一斉釈放となった。一斉検挙されてから三年十か月になる。同じ敗戦国のドイツでもイタリアでも政治犯はただちに解放されていた、が。

弾圧・冤罪の元凶だった「軍機保護法」等が廃棄されたのは、その三日後の十月十三日、「治安維持法」は、さらに二日後の十五日だった。同じ覚書によって特別高等警察も廃されている。

ただ、身は解放されたが名誉は回復されていない。治安維持法で収監されていた人たちの多くは、敗戦を境に「犯罪者から英雄」に逆転した。だから刑務所を出る時には大勢の万歳で迎えられた。

しかし宮澤弘幸を出迎えたのは、両親だけだった。宮澤弘幸と家族には「逆転」はなく、釈放はされたものの、世間の評はなおも元「スパイ」であり、家族は元「スパイ」の家族のままだった。

その上、体はぼろぼろになっている。刑務所から出る時に、母・とくが息子・弘幸に履かせたいと思って持ってきた靴は骨と皮だけにちかい足には履けなかった。

妹の秋間美江子は、当時を思い返し、いまも涙ぐむ。

「兄が刑務所から出てきた時は本当に薄い人間でした。草履も履けませんでした。親指と人指し指が痛くて履けないのです。母は自分のお腰巻を切って足の指に巻いたと言っていました。その頃わたしは女学校の教師をしていました。学校から帰ると、母に言われて兄の寝ている部屋に行くと、寝床に寝かされていた兄は頭と顔はありましたが、身体がないのです。それはぺちゃんこの布団でした。足を見ると踵からつま先まで二本の骨だけでした」

口は、声を出そうにも上顎と下顎がかみ合わず、声が言葉にならない。そんな体で、いかにして当時家族が住んでいた静岡県富士根村の藤倉電線社宅まで辿りつけたのかと思えるが、ただ、家に帰る、家族のもとに帰る、の一心だったのだろう。

釈放から三か月余、小康からもうひとつ上へと、やや好転するかにみえた。家族ぐるみ一心の療養によって、一人で外出できるまでになり、消息を見つけたマライーニをその仕事先へ訪ねたりした。人間関係がずたずたにされる中、マライーニは唯一旧交を温められる仲だった。この出会いを、マライーニは自著『随筆日本』（前出）に心を込め書いている。

一九四六年一月の凍てついた朝、オフィスにいると、入口にひとつの影が、老人の影が見えた。どうやらその影はわたしに手を振っている。注意して見ると、様変わりしたその顔の輪郭には、まだよく分からないが、馴染みがありそうだ。その影、人間は、ためらいながら進み出て、小さな声で尋ねた。「マライーニさんですか？」

「はい。あなたは？」

「いや、今は、いいんです……後で……後で……外で待っています……わたしはヒロユキです……」。そわそわと辺りを見回しながら、影は答えた。

ヒロ！　ヒロ！　とわたしは彼の名を繰り返すばかりだった。なんて変わり果てた姿！　いったいどんなことをされたんだろう！　二十三歳か二十四歳のはずだったが、まるで五十歳に見える。口に歯は一本もなく、肌の色は黄色く、日の当たらない牢獄に何年も閉じ込められて水膨れしたような身体。ああ！　なんということだ！（中略）札幌にいた頃は、強く、寛大で、積極的、好奇心旺盛で、山を愛する学生だった。わたしが北海道に着いて、最初に友だちになったひとりである。冬の北海道の北風吹きすさぶなかを、スキーをはいて、何度一緒に山登りしたことか。この人間の残骸が彼とは信じられない。眼差しも別人のようで、内面に到るまで粉々にされたようだ。先ほどのためらいや不確かさは、かつて彼の魅力だった断固たる不敵さとは正反対のものだった。

わたしは仕事の席を離れる許可をとり、彼と何か温かい物でも飲もうと外へ出た。こんな風な再会の印象を表には出すまいとしたが、ヒロは自分の惨状をよく自覚していた。

（——このあと、本文は先に引用した宮澤弘幸の獄中での思いを語る生の言葉があり、それがさらに次の言葉へと続く）

「ぼくはべりべりで結核だから、この先あまり長くない。でも戦争がこんな風に終わって良かったよ。日本は、やくざな連中から自由になって、たぶんぼくが夢見たように、生まれ変わるんじゃないかな。スパイだと言われて、ぶちこまれたのだけど、誰よりも君が知っているように、ぼくの唯一の罪は、英語やフランス語やイタリア語を学び、外の世界を知ろうとして、君たち札幌の数少ない外国人と仲がよかったことだった」

（——これはおそらく、宮澤弘幸が家族以外に語った、最後の肉声の記録になる。検挙されて以来の生

フォスコ・マライーニと家族がイタリアに帰国する間際、宿舎にしていた東京・丸の内ホテルで撮影した記念写真。前列左からトニ、トパーチア、ダーチャ、宮澤弘幸、弟・宮澤晃、父・宮澤雄也。後列の真ん中にフォスコ。右にユキ。これが宮澤弘幸の最後の写真になったかもしれない。（1946年2月16日撮影）

きた証しと思いを凝縮し、生きゆく者に伝える凄烈なほとばしり。マライーニの本文では「二十三歳か二十四歳」となっているが、正確には二十六歳と五か月のときだ。この後に裁判での光景が続き、さらに次へと繋がる）

かわいそうなヒロ！　翌日、彼をアメリカ軍のオフィスに連れて行った。そこは警察の迫害を受けた人々を専ら受け入れているところで、わたしたちは早速、補償金を要求する書類を作成した。ゆっくり養生をして新しい生活ができるようにと思ったのだ。しかし彼はそれからすぐ血を吐いて死んでしまった。圧政の犠牲者がまたひとり増えたわけだが、寡黙で地味な彼もまた、英雄だったのだ。（以上『随筆日本』）

——生涯の盟友、といっていいのだろう。マライーニは、このとき母国イタリアへ帰還する船便を待ちながら、英語と日本語が自在なことからアメリカ軍の業務オフィスで働いていた。それを宮澤弘幸が見つけ、互いの一瞬を重ね合う邂逅となった。

喀血は、このときから一年近く先で、マライーニと再会したこのころが一番体調もよく、最後の炎のときだったのだろう。既に北大へ復学願を出し、さらにアメリカ留学への応募もしていた。マライーニとの再会は、そんな生きる意欲に自信を加えるものだった。

二人は何度か行き来し、マライーニと家族がイタリアへ旅立つ日には父・雄也、弟・晃と共に宿泊先に訪ね、元気な風貌で記念写真に納まっている。（写真は『フォスコの愛した日本』の著者・石戸谷滋さん提供）

しかし病魔は残酷だった。マライーニによる手助けにもかかわらず、長い牢獄での衰弱に加え、結核も腸結核から肺結核へと進み、大量喀血に至った。そのころ既に自宅は富士根の社宅から東京・飯田橋の警察病院近くに越していて、たまたま、この病院の医師に、旧制中学時代の友人が勤務していた。

可能な限りの手を尽くしてくれ、宮澤弘幸自身も強い生きる意欲を見せた。「数か月のうちには必ず回復して北海道で何があったのかをあらいざらい書いて、出版する」――と、自ら奮い立ててもいた。

だが、翌一九四七年、昭和二十二年二月二十二日午後二時ころ、家族に見守られながら、頑張り続けた命を終えた。いや、正確には「いのちを奪われた」のだ。享年二十七歳。墓は東京・新宿の常圓寺にある。

東京・西新宿の常圓寺の墓地にある宮澤家の墓。

＊宮澤弘幸の死亡診断書によると直接の死因は肺結核（継続期間約三ケ月）その原因は結核性腹膜炎（継続期間約一ケ月）その原因は腸結核。獄中での衰弱の末の罹患であり、事実上の獄死といえる。

＊GHQ覚書の原文は
MEMORANDUM FOR THROUGH SUBJECT
1.In order to remove restrictions on political Civil and religious liberties and（以下略）
以下、要約すれば天皇に関する自由討議、政治犯釈放、思想警察の全廃、内務大臣と特別高等警察（特高）全員の罷免、統制法規廃止などに関する指令で、政治犯は十月十日に全国で約五百人が釈放された。

続いて十月十三日には、勅令第五百六十八号をもって「国防保安法廃止等に関する件」が施行され、国防保安法、軍機保護法、軍用資源秘密保護法をはじめ六法令が即日廃止となった。

師弟の絆も阻む

宮澤弘幸の死から四年後の一九五一年（昭和26）四月、アメリカ・ボストンに居たレーン夫妻が北大に復帰した。正確には、北大の上層古参にハロルドを再招聘したいとの気運が起き、レーン夫妻にも「北大に帰りたい」との思いが変わらずにあることが分り、さらにアメリカ占領軍による後押しも与って実現した。のち、ポーリンも北海道学芸大学（現・北海道教育大学）の教職に就いている。

再赴任の折のこと、五一年三月二十六日に船で横浜に着くと、しばらくの間、東京の知人・牧師宅に滞在し、この間に弔意の花束を手に宮澤家を訪ねた。だが、宮澤弘幸の両親は花束を拒んだ。両親は息子が有罪にされたのはレーン夫妻が罪を着せるようなことをしゃべったからだと強く思っていたからだ。「拷問に負けて弘幸から軍事秘密を聞いたと嘘の自白をしたばかりに」と。

師弟を引き裂いた怨は戦後をも覆っていた、のだ。後の後になって、宮澤弘幸の妹である秋間美江子は、レーン夫妻が眠る札幌・円山の墓前で両親の非を詫びている。

ハロルドは再任後一九六三年まで北大教師を勤め、さらに多くの教え子を送り出した。しかし寄る年波と共に引退を口にするようになり、また、北大を辞めてもそのまま札幌での暮らしは続けたいと、そんな気持ちももらすようになっていた。

そこで老若の教え子たちの中から、終生官舎住まいを通してきた老夫妻へ「住居を贈ろう」との声が起こり、「レーン先生御夫妻謝恩記念事業会」（代表・杉野目晴定＝元学長）が生まれ、ほどなく千五百人余の賛同を得て、約三百万円が集まった。当時、住宅を得るには十分の額にまでなった。

ところが、ここで思わぬ大変が起きた。一九六三年の夏、腸にできたポリープを取る手術中に脂肪が血管に入るという事故が起き、八月七日、あっけなく七十歳の生涯を閉じることになってしまった。

札幌・円山の円山墓地にあるレーン夫妻の墓。

また伴侶、ポーリンは前後してがんを病み、入退院を繰り返していたが、夫の死から三年後の六六年七月十六日、ハロルドを追って亡くなった。享年七十三歳だった。

集まった住宅資金は、そんな事態の急変から宙に浮く形となった。ポーリンの医療費にとの提案もあったが、医療費は別途都合がついたので、いろいろ知恵を絞った結果、「レーン記念奨学金」の創設を含む新たな記念事業を起すための資金とすることになった。

奨学金制度は六五年三月に設立され、同年七月に第一回の授与があり、教養学部二年の学生五人に北大学長から手渡されている。

選考の目安は

「英語の成績が優秀にして、且つレーン先生ご夫妻の理想にふさわしい学生」

——である。であるなら、宮澤弘幸こそ、いの一番の該当者と言えるだろう。

戦後、再来日後の夫妻は淡々と、かつ熱心に教育者としての日々を送り、慕われ、功績を讃えられた。一九六〇（昭和35）には、長年の英語教育の発展と国際平和・日米友好関係の促進に貢献したとしてハロルドに「勲五等瑞宝章」が授章されている。夫妻を知る人たちの多くの思いが積み込まれての「勲章」だといえる。最後は不幸な事故含みだったとはいえ、実質、天寿全うといっていいいかもしれない。

半面、夫妻とも冤罪については語ることなかった。だから、戦後の教え子たちは冤罪のあったことすら全く知らずに師弟関係を結んでいる。

夫妻の心に何があったのだろうか。おそらくは、最愛の教え子を事実上獄死させた悲しみと苦しみが終生心の奥を占め、薄れることはなかったと思える。

何をどう語ったとしても、ことを正しく伝えることは出来ない。宮澤弘幸の両親に会い、花束を拒まれたとき、終生、口を開くまいと口を閉じたのかもしれない。いや、それ以上に再来日を期したこと自体、教え子の思い残る地に寄り添いたいと願ったたゆえかもしれない。そんなふうに思える。

主を失った蔵書約四百五十冊は、ポーリンの意向で北大図書館に寄贈され「レーン文庫」として書架に収められている。夫妻の墓は、札幌の街を見はるかす円山墓地の一画にある。

母親・とくの涙

宮澤弘幸の母親・とくは息子の検挙・勾留・投獄を世間に知られまいとして、戦時翼賛体制を銃後で支える「大日本婦人会」の活動に、人一倍熱心に励んでいた。

「息子がスパイの濡れ衣で網走刑務所の獄中にいる」とは言えない。「支那（中国）」か、「南方の戦場」に行っているとごまかしていた。時には、話の途中で戦場の名を間違えてしまうこともあった。

母親・とくと娘（長女）・美江子は網走刑務所へ何度も足を運んだ。新幹線のない時代であり、網走への往復には時間とお金がかかった。蓄えはどんどん減っていった。何軒かあった家作も手放した。母親・とくの実家（商家）からはかなりの生活援助があったが、それでも暮らし向きは厳しく、それ以上に厳しく感じたのは世間の目だった。窮乏の中、周りの目を避けながらの網走通い、だった。

「美江子、絶対に落してはいけないよ」

と、日本酒の一升瓶二本を持たせたこともある。

日本酒など中々手に入らない時代だ。息子の待遇を少しでも良くしてほしいとの母親の気持ちだった。風のうわさで「看守に渡すと良い」と聞いたからだ。

ただ、その効果はなかったようだ。ゴザに座らせられていた息子を仕切りの小窓から見つけたとき、母は唯「弘ちゃんは生きている」といって涙を流して喜んだ。

不幸せは、さらに重なる。もう一人の息子・晃にも先立たれる運命が待ち受け、支え合った夫・雄也も一九五六年（昭和31）四月十四日に享年六十五歳で亡くし、悲しく厳しい老後生活を送ることになる。

身辺独りとなった母親・とくは、そのまましばらく日本で暮らしていたが、七十八歳のとき、娘夫婦の住むアメリカ中西部コロラド州のボルダー市に渡る。アメリカは遠かったが、独り暮らしで大病を患い、気持ちも弱っていたから、娘夫婦の強い誘いを受け入れたのだった。

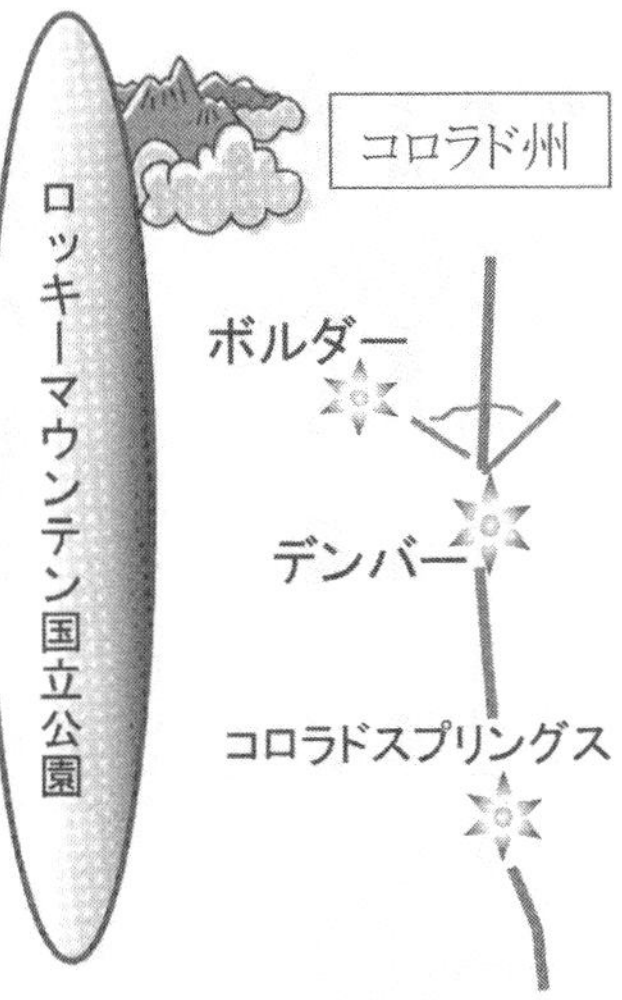

娘・美江子の夫・秋間浩は文部省の電波物理研究所などで業績を上げた研究者で、その業績がアメリカ商務省に聞こえて招かれ、永住するつもりで研究拠点をボルダーに移していた。

そこで、とくも心機一転、一緒に暮らし始めたのだが、やっぱりまわりがすべてアメリカ人の環境は、七十八歳の年寄りには無理だった。

とくは堪らず翌年には日本に帰った。しかし、だからといって、娘夫婦としては放っておけない。思いめぐらし日本人が大勢住む州都のデンバーなら住める環境があるのではないか。探してみると在米仏教会の建てたシニア・シティズンホーム「タマイ・タワー」という、入居者全員が日本人というのがみつかった。

とくも、これは気に入った。そこでは隣人たちに長唄、裁縫など教え「東京のご隠居さん」と親しまれるようになった。とくの人柄が周囲に受け入れられ、多くの話し相手が出来た。とくにとっても、日本では得られなかった心の落ち着ける場を、アメリカにきて初めて得られたようだった。

娘・美江子にとっても、自分たち夫婦の住むボルダー市から車で一時間の距離は安心だった。

もちろん、何処に住もうとも、母親・とくにとって息子・弘幸を忘れることはない。当時八十一歳のとくは、二十九年前のあの日を思い、息子・弘幸の命日に次のような手記を書いている。

二月十八日でした。付添の五十嵐看護婦さんが、一寸お母さんを呼んできてくれ、との事で私が二階へ行きベッドのそばへ行きましたらパッチリ目をあき、お母アさん、もう三日したら起きられるようになるから、と話しかけられ、私を喜ばせてくれましたが、私はうしろをむいて涙をふきました。

かわゆそうでかわゆそうでたまりませんでした。そうして二言、三言話をしてまたすやすやとねむってしまひましたが、それが最後の話となり、とうとう昭和二十二年二月二十二日午後二時前後でした。

父、母、晃、美江子、昭子、看護婦の五十嵐さん結城さん、などに見まもられて、二十九歳（注・数え年）を一期に長い旅立ちをしてしまひました。一しきり皆の泣き声がやむはづございませんでした。ついつい三十余年たってもきのふの如く此の悲しみはわすれません。お父さんもとうとう嫁ももたせず、かわゆそうな事をしたと、男泣きにすがって泣いて居ました。ほんとうによい子でした。弘ちゃんごめんなさい。

長い間「スパイ」の母親として苦しんだ宮澤とくの終の棲家が、日本ではなくアメリカ・デンバーの地であったことは、幸せであったのかもしれない。デンバーに十年住み着き、娘夫婦に見守られ八十七歳で亡くなった。

実は、コロラドは、日本人にとって特別の土地だった。太平洋戦争の開戦と同時に、他の州では多くの日系人が強制収容所に送り込まれたのに比べ、コロラド州は人種差別を排し日系人を守った歴史がある。もちろん、コロラドでも日系人排斥が強く起こり、むしろそれが大勢だったのだが、当時の州知事だったラルフ・エル・カァは、次のように訴えた。

コロラド州民の皆さん、冷静に賢明な市民として振るまおうではありませんか、アメリカが人種の坩堝であるということを思い出してください。アメリカに対する忠誠心を、その人の祖父が生まれた場所だけで計ることは出来ません。もとをたどれば、我々全てのアメリカ人は国境の向こう側からやってきたのではありませんか。

この訴えにもかかわらず、排斥の声は止むことなく、実は戦後に、カァが働きの場を上院議員に転じようと立候補したときは票が届かず落選している。

しかし州知事だった戦中を通じてカァは節を曲げることなく知事権限を行使し、コロラド州の日系人は戦中も収容所に入れられることもなく、雇用の機会も後押しされた。

このことを日系人たちは忘れず、戦後世情の落ち着いた一九七六年八月、ラルフ・エル・カァ元州知事を顕彰して、デンバーの古い日本人町にあるサクラ・スクエアに胸像を立てた。この場所こそ、とくの終の棲家となった「タマイ・タワー」前の日本風庭園の中だった。もちろん、建碑にあたっては秋間夫婦も母親・とくも積極的にかかわっている。

妹・美江子の苦しみと光

宮澤兄妹の母親・とくの実家は横浜の商家で、比較的裕福だった。それで宮澤雄也と結婚してからも経済的援助は欠かさなかった。

そんな生まれ育ちの母親であったが、日本の女性として恥ずかしくないようにと、礼儀作法は娘・美江子にもしっかりと教えていた。宮澤美江子はのびのびと明るい女学生として成長していった。

しかし兄・宮澤弘幸が検挙されてから妹・美江子の人生は大きく変わった。兄の検挙を境に「スパイの家族」としての人生が始まった。両親留守の自宅に特高警察が踏み込み、学校への登下校にまで特高の黒い影が付きまとった。

そのうえ「スパイの家族」は戦後も続いた。世間はまだ宮澤一家を「スパイだった」と白い目で見ているに違いない。年頃を迎えた宮澤美江子は肩身の狭い生活を送っていた。

宮澤美江子には、結婚話がいくつもあった。結婚となれば兄のことは隠しておけない。「スパイ容疑で網走刑務所に収容されていた」と話すと、相手からは「この話はなかったことに」と言われた。「母は、わたしが兄のことでお嫁にもいけないことをすごく心配していた」と、何度も語った。

そんな宮澤美江子に手を差し伸べたのが、東大を卒業し、工学博士となった秋間浩だった。

一九五〇年（昭和25）、宮澤美江子は母・とくと北海道を旅した。兄を偲んで網走刑務所の門前に立ったとき、わずか三分間の面会時間のために東京から何度も訪れて、この門をくぐったことを思い起こし、母・とくと二人して涙を浮かべた。

兄を偲ぶ北海道の旅だったが、宮澤美江子の「マリモを見たい」と言う希望で阿寒湖に回った。そこで偶然出会ったのが秋間浩だった。偶然にして、それは少し劇的でもあった。

阿寒湖畔のホテルに着いた宮澤美江子は遊覧船乗り場に向かった。既に観光の季節は過ぎていて定期遊覧船の営業は終わっていた。チャーターならあったが、一人では到底無理な金額だった。しかし船に乗らなければマリモの生息地には行けない。せっかく、ここまで来て、諦めきれない。ホテルに戻ると、ロビーに居合わせた人たちに事情を話し「一緒に乗りませんか」と声をかけた。

五人が手をあげた。その中の一人に若き秋間浩が居た。研究調査の出張で来て、せっかくだからと二日間の休暇をとり阿寒湖まで来ていた。あとの四人は一緒にいた九州大学の学生だった。

乗船した六人のうちカメラを持っていたのは宮澤美江子だけだった。後で写真を送るため、船の上で五人の住所を書いてもらった。この一か月後、九州大学の学生たちが東京に出てきて、それならばと阿寒湖の一同が会うことになり、秋間浩もやってきた。

それから何か月か後、秋間浩からの手紙を受け取った。結核で入院中と書かれていた。それから何度か見

秋間美江子さん。

舞いに行った。行くときには新宿・中村屋のプリンを持って。それが二人の交際の始まりだった。

秋間浩は新薬「ストレプトマイシン」で急速に回復した。その後、結婚を語るようになり、五年間の交際を経て一九五五年に結婚した。もちろん、兄・弘幸の事件のことを隠してはおけない。そして秋間浩は、それまでの縁談のように逃げなかった。すべてを熱心に聞いてくれ、両親にはきっぱりと「美江子さんはわたしが守ります」といって結婚の承諾を求めた。

秋間浩との出会いは秋間美江子の人生に光をあてた。阿寒湖での出会いは、あまりにも偶然であり劇的だったが、それはきっと妹を思う兄が二人を引き合わせてくれたのだと、妹・美江子は今も思っている。

秋間浩は、結婚した後も妻・美江子の心のどこかに「スパイの家族」の引け目があるのを感じていた。アメリカに研究活動の場を移したのも、そんな美江子を気づかったことが、理由の一つかもしれない。母親・とくが、周りの目を気にせずに生きられる晩年を得たのと同じ思いだ。

そして、その思いは、やがて反転して、妻・美江子のもう一つの思いを表に引き出し、背中を押すことになる。再び「スパイの家族」をつくり出す世にするな、の思いだ。

一九八五年（昭和60）六月、母国日本では通常国会の会期末になって、自民党の伊藤宗一郎議員ら十人が議員立法で「国家秘密法案」を上程した。これは野党の反対で継続審議となり、同年十二月の臨時国会でも野党が審議拒否を貫き、国会閉会とともに廃案となった。

しかし自民党は翌八六年になっても引き続き同法の再上程を企てていた。そのさなかの九月、所用で日本に来ていた秋間浩は、上田誠吉・弁護士の著書『戦争と国家秘密法』（イクォリティ刊）と、十月の新聞週間企画で『朝日新聞』に連載された記事「スパイ防止ってなんだ」（10月12日〜21日の10回、藪下彰治朗記者）を読んで心揺すぶられ、ボルダーに帰ってから妻・美江子日本での情勢を話した。

その上で、秋間浩は、妻・美江子の同意も得て、上田誠吉・弁護士宛に長い手紙書き、宮澤弘幸にかかるスパイ冤罪事件をさらに深く解明して欲しいと訴えた。日付は一九八六年十一月九日だった。この手紙が大きな原動力となって、上田弁護士による真相解明が進むことになる。

手紙を受け取った上田弁護士は直ぐには動かなかったが、やがて朝日新聞記者の藪下彰治と共に「宮澤・レーン・スパイ冤罪事件」に打ち込み、『ある北大生の受難』（朝日新聞社刊）の上梓に至る。

上田弁護士に手紙を出してから四か月後の一九八七年三月十三日、秋間美江子は東京で開かれた「国家秘密法に反対する女性達の集い」に招かれ壇上に立った。

与えられた時間は五分だった。五分間で、兄・宮澤弘幸が検挙された日のこと、そして「スパイにされた者と家族の悲しい苦しみの人生」を語った。一斉検挙から四十五年後の、初めての家族による公の場での発言だった。

その背中を押したのは夫・浩であり、この年、秋間美江子はアメリカと日本を何回も往復し、全国各地を回った。「再び悲劇を繰り返さないため、日本のみなさん、頑張ってください」と訴え続けて。

このような多くの人たちの危機感を持った行動の成果によって、からくも当時の「国家秘密法案」は再上程されることなく、鳴りをひそめるに至った。そして、この秋間美江子の熱い姿勢は、法案が二十数年の後になって「特定秘密保護法」と名を変え再来した後もなお熱く続いている。

一方、この間、ボルダーにあっては病院や養老院などでのボランテア活動を五十年にもわたって続けている。合わせて、のべ千人にものぼる多くの日本の若者たちに自宅を開放して面倒をみている。

「勉強好きな兄があのようなことで若くして亡くなった。だから頑張る若者には手をかしてやりたい」との思いからだ。「(夫の)浩さんも黙って給料から若者の食事代をだしてくれていた」と。

世話になった若者たちの中には、後に政財界で大物となった名前もある。

その中の一人に「オブちゃん」もいる。一九八七年(昭和62)の秋、外務省主催の海外日系人集会に参加した秋間美江子に、一人のさえない男が「秋間のおばさん」と声をかけてきた。見覚えない顔だった。外務省の役人に「あのひとだあれ」と聞くと「小渕外務大臣です」と教えられた。

秋間宅に世話になった政財界の大物たちは、秋間美江子が「スパイの妹」として苦しんできたことを知らない。「オブちゃん」もだ。

別の若者の一人に、登山家の山野井泰史がいる。ロッキー山脈で転落事故に遭い、ボルダーの病院に搬送されたのが縁だ。このとき秋間美江子が病院ボランティアとして面倒みたのだが、山登りが好きだった兄・宮澤弘幸と重なり、やがて山野井泰史が妻・妙子と共に「植村直己冒険賞」を受賞したときには
「兄は山登りが大好きだった。それがスパイの汚名を着せられ、命を奪われ、二度と山に登ることができなかった。だから、泰史の受賞は嬉しい」

と言って我がことのように喜んでいる。

この縁が、さらに縁となって、泰史の父親・山野井孝有が、後に「北大生・宮澤弘幸『スパイ冤罪事件』の真相を広める会」の創立にかかわり、共同代表となっている。

1943年10月21日、雨の明治神宮競技場で行われた出陣学徒壮行大会。

弟・晃の悲運

宮澤弘幸の弟・晃（あきら）は、白血病のため、四十歳で亡くなり、兄の後を追っている。戦争の、そして「スパイ家族」の犠牲者だ。

一九四三年年（昭和18）十月二十一日、東京・明治神宮競技場で、当時の東條英機・首相が閲兵して出陣学徒壮行大会が行われた。

前日の『朝日新聞』朝刊は「慶応大学経済学部一年宮澤晃君は高らかに壮行の辞をのべる」との予告記事を掲載した。宮澤家では、弘幸の網走収監があって日蔭の生活を送っていただけにことのほか喜んだ。

だが、壮行大会当日の同じ『朝日新聞』夕刊には別の学生の名前が載って宮澤晃の名はなかった。直前になって、兄・弘幸が「スパイ」で獄中にあることが知れ、急遽差し替えられたに違いない。後に当の学生が「数日前に指名された。差し替えだったとは知らない」との趣旨を語っている。

妹・美江子は、この事実を晃の死後になって、知人からの話で知った。そして何も語らないで苦しみを胸に秘めていた兄を思って泣いた。

晃は、屈辱の後も国を思う心を尽くし、慶応大学から海軍航空隊に学徒志願し、戦闘機乗りとなった。

一九四五年（昭和20）八月九日には、長崎に原爆が投下された直後、その被害状況を調査するための飛行パイロットを務め、上空を何回も飛んだ。

また敗戦直後には、海軍の命令で、アメリカ占領軍総司令官マッカーサーが厚木飛行場に降り立ったときの通訳要員の一員に加えられた。

復員後は父親と同じ藤倉電線に就職、その後三井物産に転じ結婚もしたが、一九六四年（昭和39）、これからというときに白血病が発症した。

当時はまだ放射能と白血病との関係は明らかにされていなかったが、原爆投下直後の長崎の上空を何度も風防を開けて飛んだことによる放射能被曝が原因なのは紛れようがない。

裂かれた愛――高橋あや子

北大生・宮澤弘幸には、高橋あや子という恋人がいた。一九二四年（大正13）三月十五日生まれの五歳違い。出会ったころには医師を目指し、東京女子医専への進学を考えていた。父は警察官で、北海道・小樽の水上警察署の署長だったが、在任中に病死した。父の病死であや子の家の生活は苦しくなっていた。

宮澤弘幸は貸本屋を営む高橋宅の近くに下宿していた。もともと弘幸の叔父とあや子の叔母が結婚しているという遠縁にあたり、北大予科入学の折に挨拶も交わしていたが、二人のきっかけは、高橋家の人たちもアイヌ民族に対する関心を持っていたことを宮澤弘幸が知ったことによる。

高橋あや子は結局、東京女子医専への進学をあきらめたが、北大医学部に設けられた臨時医学専門学校ならば自宅から通えるとあって、これを目指すことになり、宮澤弘幸が高橋あや子の受験勉強の面倒をみることになった。いまで言う家庭教師だった。

二人は、戦雲が濃くなりつつあった一九四一年（昭和16）の春頃から急速に親しくなった。宮澤弘幸が大切な知人らに高橋あや子を紹介するとき
「この人は私の大事な人です」

と言うようになり、この言葉を聞いて、あや子は弘幸の強い愛情を感じとっていた。

宮澤弘幸は前後して入隊義務を伴う海軍の委託学生の試験に合格し、一か月四十五円の手当を貰うようになっていた。北大卒業後は海軍の技術将校になる道を考えていたと思われ、正式に海軍に入隊したら結婚するつもりでいたようだ。

これは双方の母親も心得ていて、宮澤弘幸の母親・とくはこの年の十一月に札幌に来て、弘幸と共に高橋宅を訪れたときに、高橋あや子に赤いしぼりの帯どめを贈っている。

生涯最悪の日に近い十二月四日、高橋あや子は腎盂炎で高熱を出し北大医学部の付属病院に入院した。三日後の七日、それを知らずに高橋宅を訪れた宮澤弘幸は、その日の午後にあや子を見舞った。

高橋あや子さん（ビデオ『レーン・宮澤事件――もうひとつの12月8日』から）

あや子は熱で朦朧としていたが、

「なぜかあの時の弘幸さんの後姿はさびしげだった」

と語っている。

宮澤弘幸が一斉検挙で特高に捕らわれたのは、この翌日だった。その後、弘幸の両親は北大総長に救いを求めたが聞いてもらえなかった。北大生・宮澤弘幸の受難にあまりにも冷淡な北大に、母親・とくはあや子の母親・マサと手を取り合って泣いた。

高橋あや子が退院したのは大晦日に近い十二月末だった。母親・マサが「弘幸さんのことをどう思ってるの」と聞くと、あや子は「考えていない」答え、少し驚かせた。

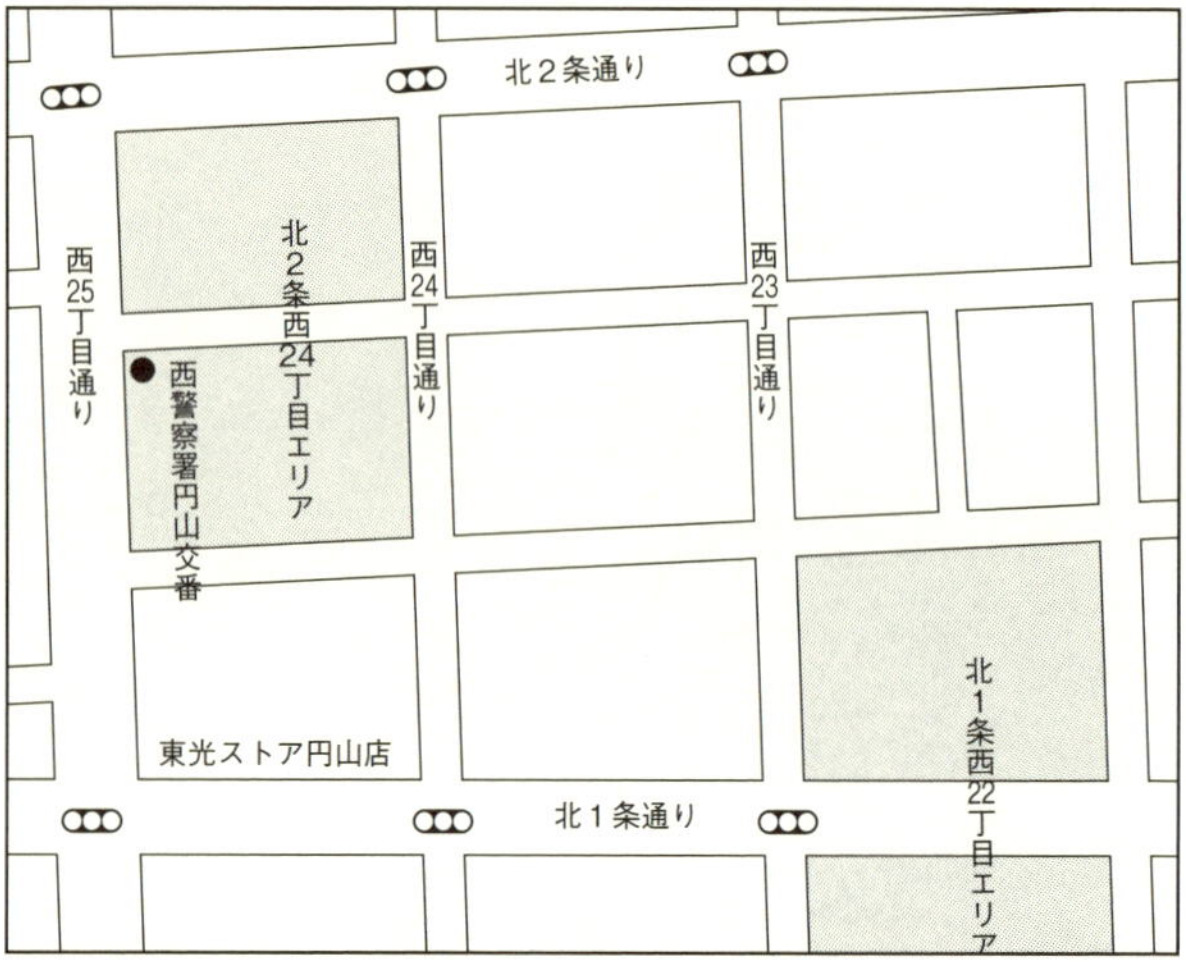

宮澤弘幸が検挙の日まで住んでいた北２条西 24 丁目あたり。歩いて５分たらずの北１条西 22 丁目には高橋マサ宅があった。右へ時計台方向。

だが、刑が確定し、親族だけに刑務所での面会が許されることになったとき、あや子は母親に
「形だけでもよいから入籍させてほしい。妻として面会できれば翌日には籍を抜いてもよいから」
と母親・マサに詰め寄っている。こんどは母親が取り合わなかった。

宮澤弘幸が宮城刑務所を出て一年が経った一九四六年（昭和21）の九月、宮澤弘幸から高橋マサ宛てに毛筆の手紙が届いた。

戦後、高橋あや子と家族は宮澤宅を探したが、当時の東京は焼け野原であり、そして宮澤家は「スパイの家族」を隠して転々と住まいを替えていたため、探し当てることが出来ないでいた。

宮澤弘幸からの手紙は「今は病気で療養中だが、社会復帰できるように努力しています」との簡単な内容だったが、あや子との再会を望んでいたことは間違いない。

しかし宮澤弘幸はあや子に会うことなく、その後半年に満たない一九四七年（昭和22）年二月二十二日、二十七歳の若さで亡くなった。このとき、あや子は二十三歳だった。そして死を知ったのは翌四七年五月のことだった。

高橋あや子には、何回も結婚話があったが、宮澤弘幸を忘れることが出来ず独身を通した。弘幸の学生服を着た写真を財布に入れていたが、盗難に遭ってその写真も失った。一九五五年（昭和30）年、三十歳のとき、札幌の地も去っている。生計は商社などの経理事務で立てていたようだ。

一九八七年（昭和62）年十二月、六十二歳になった高橋あや子は、新聞広告で『ある北大生の受難』の刊行を知り、買って読んだ。宮澤弘幸の苦難の人生が書かれていた。読むだけで納まらず、著者の上田弁護士に手紙を書き、「これからも国家秘密法反対の運動を続けてください。第二の弘幸さんを出さないためにそして言論の自由を守るために」と頼み込んでいる。

翌八八年一月十日、上田誠吉弁護士は、高橋あや子、照子の姉妹を訪ね、仙台のハリスト正教の教会で二人の長い長い苦難の話を聞いた。二人は、二人の父や宮澤弘幸の父らが生まれ育った地に近い仙台で晩年を暮していた。

二〇一一年（平成23）年五月、東日本大震災被災者に医療支援活動をするアメリカの医師団二十人の通訳として秋間美江子は宮城県気仙沼にいた。あまりの寒さに耐えられず、仙台の高橋あや子宅を訪ね、旧交温めながら、セーターなど譲って貰っている。

その秋間美江子に、二〇一三年三月、訃報が届いた。八十九歳だった。あや子の妹・照子からの電話によると、二月に亡くなったとのことで、「肺がんと分かってから一週間、亡くなる十日前には姉妹で温泉に行った」とのことだった。その照子も翌一四年、亡くなったと風が伝えてきた。

先の戦争で三百万人のいのちが奪われた。だが奪われたいのちの数倍、数十倍もの人間が、生きて悲しく辛い思いをした。それが戦争なのだ。

宮澤弘幸ゆかりの女性にもう一人、黒田しづ　がいる。宮澤弘幸がマライーニに一緒して北大医学部の指定調査地である日高のアイヌコタン・平取村二風谷を訪ねたときに歓待してくれた黒田彦三の娘だ。何度か行き来があり、若い者同士での話も弾んだようだ。

この黒田しづが、宮澤弘幸が検挙されたあと、東京の宮澤宅を訪ねている。東京の食糧事情の悪さを察して小豆など持参している。また弘幸の母親・とくが網走へ向かう折、札幌で落ち合い、その宿で弘幸に差し入れる丹前の襟を縫ったりもしている。

後年、上田誠吉弁護士の聞き取りに

「宮澤さんのお母さんに、弘幸さんの嫁にきてくれませんか、と言われました。弘幸さんは心のやさしい温かい人でした」（『ある北大生の受難』）

と、答えている。

岳友マライーニの怒り

宮澤弘幸の七歳年上の岳友でもあるフォスコ・マライーニは、一九一二年（大正1）年十一月十五日、彫刻家の父と小説家の母の長男としてイタリア・フィレンツェで生まれた。登山家・文化人類学者・日本研究家・写真家と、多くの肩書があり、多くの実績を残している。

マライーニが、一九三八年（昭和13）、日伊交換留学生として国際学友会の奨学金を得、北海道帝国大学医学部の助手（無給）として妻子と共に来日したことは既に触れた。以来、宮澤弘幸が共にした活動ぶりを記録に残っている中から追うと

一九四〇年年二月の『北海タイムス』（『北海道新聞』の前身の一つ）に、二人連名による「雪小屋（イグ

フォスコ・マライーニさん（ビデオ『レーン・宮澤事件――もうひとつの12月8日』から）

ルー）実験手記」が連載△自転車で北海道の中央部から南部を旅行（日高・二風谷のアイヌ集落など訪問）△九月、北アルプス穂高・槍に登る――などがある。

宮澤弘幸はこの時期からマライーニが京都大学のイタリア語教師に転ずる一九四一年（昭和16）四月までの半年間、マライーニの借家（北大構内の官舎から直ぐ近くの移転先）に居候してもいる。

マライーニの母国はイタリアで、ドイツ、日本とで「三国同盟」を締結していたから、太平洋戦争に突入した後も、英米系の外国人教師が教職を追われる中で、なお教壇に立つことが許された。

しかし、実際には既に特高は同盟国人であっても「外国人はみなスパイだ」として監視の目を光らせ、マライーニも身辺に監視の目が迫っていることを感じていた。戦後の寄稿で、

「外国人は全員、スパイか、スパイになりうる人物であると見なされていたのである。時間がたてばそういう状況には慣れてくるものだが、それでも、ときたまびっくりさせられるようなことが起こった。たとえば、日記や手紙などの書き損じをくずかごに捨ててはいけないと注意された。家の使用人が警察に頼まれてそういう紙きれを集め、街のおまわりさんに渡しているというのである」（『国際交流』77号1997年に寄稿「私の日本体験」）

――と書いている。

これが四三年年九月、ムッソリーニのイタリアが連合国に降伏すると、一転して同盟国から敵国人となった。マライーニと家族は、レーン夫妻とは違って裁判にかけられ懲役を科されたわけではなかったが、敵国人として名古屋市内に設けられた「強制収容所」（松坂屋の

保養所・天白寮）に収容された。

収容所に閉じ込められたイタリア人十六人は、限りない苦痛、飢餓、虐待を受け、これに対し抗議のハンガーストライキ（食事を拒否し抗議）を行った。同じ寄稿で、

「たとえば、基本的には一日に三十六・八合の米（一人当たり二・三合）が配給されるはずだったが、一年以上にわたって私たちのもとには一日に二十四合程度の米しか届かなかった。魚や肉や卵にいたっては影も形もなかった。米の足りない分は、スプーン一杯の味噌や大根で補われた。そういう食糧事情だったので、私たちの体力は低下し、ひどく痩せてしまった」（右同）

――と記録している。

そのあげくマライーニは特高の前で証のために自分の指を切り落し、これを特高に投げつけて激しく「イタリア人は嘘つきではない」と叫んだ。

理不尽に気づけない人間の情けなさ、怒りで心が爆発したのだろう。いったん敵国人となると、見境なしにスパイ冤罪のレーン夫妻らと同じような弾圧を受けたのだ。

マライーニは、日本敗戦で釈放後の宮澤弘幸に会った直後、一旦、イタリアに帰国したが、すぐまた日本に戻り、マッカーサー司令官の通訳兼秘書を務めるなど、何度か来日、通算二十年に及んでいる。一九五三年（昭和28）には、出版や文化映画制作の取材にもあたっている。苦難の体験を強いられた日本だったが、日本への偏見を持たず、むしろ親愛の念は戦前よりも深まっていた。

一九七〇年（昭和45）年の大阪万博では、イタリア館の副館長を務め、七二年の札幌・冬季オリンピックの際には、イタリア選手団役員として参加し、日本通のイタリア人として活動している。

この間、五八年年二月には、イタリア山岳会会長からカラコルム登山隊への参加要請を受けて登山許可取

得に奔走したが、希望する峰は既に他隊に許可されていた。それでも申請を続け、ようやくガッシャーブルム4峰（7080メートル）の許可を得、自らも登山隊員の一人として参加。さらに五九年年には登山隊長としてサラグラール（7350メートル）に初登頂している。

このように内外で活躍したマライーニは長命九十一歳で亡くなっているが（二〇〇四年＝平成16＝イタリア・フィレンツェで没）、この間、日本への最大の功績は大著『オレ・ジャポネジ（Ore gapponesi）』（1956年刊）を著したことだ。一九五三年の直接取材では東北から広島まで列島を巡っているが、これら実地見聞を基に日本の森羅万象を写し取り、思いを込め、七百二十五ページ（日本語刊）の大部となったが、その自序に宮澤弘幸を登場させている。献辞といっていい。

「宮澤弘幸にも触れずにはいられない。最も親しくしていた日本の友人のひとりで、山歩きと研究の仲間だったが、盲目的なまでに残酷な日本の軍国主義の犠牲となってしまった。わたしにとってヒロユキは、日本精神のもっとも高貴な、この地上でもっとも貴重な側面を表わしていた。それは、現代の西洋人よりも古代ギリシャ人に近いような、宗教的な美への繊細な感受性、そして生きることへの真摯な情熱、人間だけでなく、あらゆる土地の『命あるもの』（チベットの人々が言うように）から『命なきもの』にいたる、ありとあらゆる存在にたいする思いやりの心である。彼の前に立ちはだかったのは、おのれ自身と永遠の闘いを繰り広げる日本のもうひとつの顔、荒々しい暴力的な蒙昧さの内で何世紀ものあいだもがいている日本である。この日本がヒロユキを打ち倒したわけだが、それは単に歴史の悪戯にすぎなかったのだと思いたい」

——である。

実はこの本の存在を、宮澤・レーン冤罪事件とかかわる人たちの中で最初に見つけたのは、秋間美江子の夫・浩だったかもしれない。それもアメリカ・ボルダーで。

たまたま一九八七年、『ある北大生の受難』を刊行した上田誠吉が、これを秋間夫妻に届けようとアメリカのボルダーに来ていて、一緒に街歩きしていたおり、とある古本屋の棚にあるのを目にしたのだった。

この刊本はニューヨークの出版社が出した英訳本『ミーティング・ウイズ・ジャパン』だったのだが、手にした上田誠吉はすっかりとりことなり、『人間の絆を求めて』執筆のきっかけともなった。

同書で、上田誠吉は右の献辞部分を英訳から再翻訳して引用すると共に、「このイタリアの碩学が、不幸な日本の旧友に対して、早くも一九五七年に最大級の賛辞を呈していたことを知って、私は心暖まる思いがした。そして同時に、故宮澤弘幸の悲惨な事件を最初に世界にひろく伝えたのは、ほかならぬマライーニであった」と書いている。

戦後の宮澤弘幸の言動を描いた文章は、母親・とくの遺した手記を除くと、このマライーニの著述以外にはない。戦後、宮澤弘幸が会った北大関係者も、マライーニただ一人だった。それだけに仲は濃密で、マライーニは、

「この時期、ヒロユキと私はしばしば会いました。しかし私は、私の友人が長く辛かった体験を語ろうとしないことに気がつきました。おそらく彼はそれを忘れようとしていたのです」（札幌での集会に寄せたメッセージ「宮澤弘幸の思い出」）

――と述懐している。

また一九九三年（平成5）年十二月に制作されたビデオ『レーン・宮澤事件―もうひとつの12月8日』の中では、次のように語っている。

「彼（宮澤）は英語が上手でフランス語も習っていた。宮澤君もレーン夫妻も良く知っていた。決してス

パイではなかったです。両方とも政治関係はなかったです。レーン夫妻は大変強い深いクエーカー教徒でした。宮澤君は強い愛国者だった。南京事件の話になって家で（外電を）見せたら、彼は『これは嘘だ。プロパガンダだ』と怒ったんですね」。

日中戦争の影が重苦しくなってくる時勢下にあっても、北大生として、外国人との交流を重ね、軍隊とも真っ正面から向き合い、将来は海軍の技術将校になることを目指していた愛国青年・宮澤弘幸の青春が改めて浮かび上がってくる。

フォスコ・マライーニと宮澤弘幸の青春もまた戦争によって引き裂かれたのである。

マライーニは、一九五四年（昭和29）の来日のおりには、宮澤弘幸の母親・とくと共に東京・新宿の常圓寺で宮澤弘幸の眠る墓に手を合わせている。

マライーニの墓は愛知県豊田市東広瀬大根坂の広済寺にもある。寺は戦時中にマライーニらイタリア人が収容されていた強制収容所（天白寮から移転）にされていたところで、墓石には「私の天体月に帰ります。そして争いのないメッセージを地球に贈ります」と日本語で刻まれ、爪と遺髪が納められている。

＊マライーニの著書には、『随筆日本』のほか、研究書『アイヌのイクバスイ』（アイヌ民族博物館１９９４年刊）『ヒマラヤの真珠』（理論社１９５６年刊）『チベット——そこに秘められたもの』（理論社１９５８年刊）などがある。宮澤弘幸のくだりは『随筆日本』の第二章「東京、世界の交差点　沈黙に語りかける」の項にある。

第四章　戦争も秘密もない世へ

戦争の時代

軍機保護法が改正されたのは日本軍部が八紘一宇の旗幟の下に兵馬を大陸に進めようとしたまさにその時機であったことを想起しなければならない。

これは元裁判官・伊達秋雄が雑誌『ジュリスト』（1954年6月1日号）に書き遺した一文だ。時代を俯瞰して、一気に核心に迫る実に適切な一文と言える。

遅れて中国大陸簒奪に割り込んだ帝国主義日本は、軍の力の他、恃むものないと思い込んでいた。踏み返しのできがたい一線を越えたと言ってもいい。

既に列強は政治経済ともども既得権益をぎしぎし言わせて拮抗させており、中国内の軍閥、さらには民衆による武力反抗力も強まり、複雑な力関係で複雑にせめぎ合っていたから、そこで事を起すには武力の後ろ盾が不可欠、いや武力で事を起すことで事を起そうとの勢力がのさばり始めていた。

【一九三六年の粗年表から】ロンドン軍縮会議からの脱退、無制限建艦競争。2・26事件。重要産業統制法の強化。電力国家管理案に財界動揺。対米軍備など国策の基準決定。日独防共協定調印。関東軍が内蒙軍をたきつけ綏遠へ進撃。

軍機保護法の抜本改定法案は、この翌年、一九三七年（昭和12）二月二十六日、帝国議会貴族院に上程された。当時としても厳しい議論を経て衆議院に送られたが、審議中の衆議院が解散になって一度は審議未了で廃案。同年七月二十五日、総選挙後の議会に再び上程され、今度は貴族院を特急で通過し、衆議院も八月二日からの連続六日間六回の委員会審議で短兵急に詰め、八月七日に可決、十三日に公布、十月十日施行となった。

盧溝橋の銃声は、まさにこのさなかの七月七日だったこと、改めて思い返えされる。日中戦争の引き金であり、当時は正々堂々を欠く戦闘行為を事変とか事件と呼んであいまいにしたが、群をなして人が人に人を殺すよう強要する行為は戦争に他ならない。

どちらが先に発砲したのかで、当時もいまも侃侃を尽くす向きも意味なくはないが、そういう情報の錯綜こそが謀略であり、謀略を見抜くには俯瞰が勝る。

現に日本政財界に大陸進出を念願し、かつ必至とする大きな層があり、これと結託ないし主導しようとする部分が軍部内にあって、実際、七月二十八日には中国北部での総攻撃を仕掛けている。翌八月には上海常駐の海軍陸戦隊中尉が中国軍の布陣する地域を巡回中に殺害され、この事件を機に、戦端は一気に中国中南部へと押し広げられ、南京虐殺を経て中国との全面戦争へと至っている。

戦争をしたがったのが、どちらなのかは歴史の歴然であり、最高裁勤務の伊達秋雄が指摘する「軍機保護法審議」の時代背景といってよいだろう。軍機保護法の抜本改定と前後して、零式艦上戦闘機の設計に日々拍車がかかっていた。

八紘一宇の旗幟のもと、抜本改定を主導した陸軍の、その当時陸軍大臣だった杉山元は帝国議会の審議にかけた冒頭で

「満州事変後に於きましては、我が帝国の地位が向上をし、国力の増進並びに極東事態の険悪化と共に相俟って、各国の視聴が期せずして帝国に集中しまして、軍情其の他一般の国情諜知の為にする各国の諜報機関の活躍は、日一日と其の度を増大致しまして、而も其のやり口頗る巧妙になって来て居るのでございます、然るに是等の行為に対しまする取締法規でありまする現行の軍機保護法は約四十年以前、即ち明治三十二年の制定でございまして、時勢の進運に伴って居りませぬことは勿論、内容亦不備の点がございまする、到底現在の要求に適して居らぬのでございます」

――と弁じている。

外からの圧力を意識させて危機をあおり、内なる戦闘力の増強に期待を膨らませ、もって求心力を誘い込む。これ、戦争権力の常套といっていい。

法案審議の繰り返しはしないが、まさに時勢にそぐわせようとする、いや時勢に肩入れしようという意図はしっかり認識しておくことが、歴史観として大事になる。

一言にして、時勢を引きこみ、時勢を主導したい権力にとって実質新法の「軍機保護法」改定はなるほど不可欠だった、のだと知れる。

内務省の『外事警察概況』は

「軍機保護法違反被疑事件の検挙は　事変前迄は極めて少数なりしが、本年七月事変勃發と其の進展に伴い　本法に抵触する惧ある各種の事犯の激増を見たり。……本年八月第七十一回特別議会に提案せられたる改正軍機保護法案が貴衆両院を通過し、同十四日公布せられ（正しくは十三日）、継いで十月七日、陸、海軍省令に依る施行規則の制定と共に本年十月十日より新法の施行せらるるに及び　取締上の指針明示されたり、……」

——と記録している。事変とは「盧溝橋」の一件だ。

従来、特高の取締り活動で最も拠り所としたのは治安維持法だったが、未遂、偶然、過失にまで罰条を広げた改定「軍機保護法」は、一気に、官憲当局の使い勝手を広げたことになる。

もともと軍機保護は軍機（軍事機密）に携わる軍人を対象とする軍の規律だったはずだが、軍機保護法等によって軍人以外にまで適用対象を広げ、抜本改定によって、いよいよ民衆取締りの刑罰法規となった。

確かな統計は残されていないが、『外事警察概況』を通読しても、軍機保護法、およびその後、軍機保護法の枠をさらに押し広げる意図で制定された「国防保安法」による検挙者の大半は軍人外といっていい。

とまれ、使い勝手のよさは、まず検挙数に現われている。『外事警察概況』によれば、

一九三七年三十八人、三八年五十八人、三九年二百八十九人、四〇年記載なし、四一年百四十九件

——と、確かに増えている。

この総仕上げが、レーン夫妻らを検挙した一九四一年十二月八日の「開戦時に於ける外諜容疑一斉検挙」といってよい。

『外事警察概況』は、その概況を

「昭和十六年十二月八日　司法及憲兵当局と緊密なる連絡の下に　全国一斉に検挙せる外諜容疑者（昭和十六年「外事警察概況」所載）は　其の後検察当局に於て鋭意取調を進めたる結果、総検挙者百二十六名（内一名死亡）中罪状重くして目下審理中のもの八名を除き　何れも処分決定せるが　本年末現在に於ける府県並び個人別処分状況　別表の通りにして　米英系外諜組織は一応壊滅せられ　今後に於け

る国内防衛態勢確立に裨益する処　洵に甚大なるものありたり」

――と記している。

もちろん、この「一斉検挙」はたまたま思いついて十二月八日に急遽行ったものではない。内務省が総力あげ、既に開戦あるを期して、開戦の数か月前から治安維持法関連と共に準備を重ねてきたものであり、十二月一日には御前会議（天皇臨席）にも報告されていること、既に明かした。

再録すれば、開戦日一斉検挙の検挙者数は八日当日に百十一人。その後、追いかけて断続十五人が追加され、計百二十六人が「一斉検挙」で括られている。同時に憲兵隊による拘束が五十二人、合わせて百七十八人にのぼる。

うち、八日検挙の特高分では外国人六十九人・日本人四十二人、同憲兵分で外国人四十人・日本人十二人で、合計すると外国人百六十三人・日本人五十四人。いずれも現役軍人は含まれていない。

適用法は、特高百二十六人分については、軍機保護法違反が二十一人、国防保安法違反が四十七人ほかとなっている。（いずれも相互の両法の併合を含む）

ちなみに、翌九日には治安維持法関連の「非常措置」による一斉検束が行われ、検挙二百十六人、予防検束百五十人、予防拘禁三十人、ほかに在日朝鮮人検束百二十四人という記録がある。「予防拘禁」というのは、治安維持法の改定によって合法化されたもので「反戦反軍其の他不穏策動を積極的に為す虞ありと認むる者」は有無を言わさず捕えられることとなった。

これら両日にわたる「一斉検挙」は、司法行為の外形を装っているものの、法の厳正も公正もどこかに飛んでおり、実質、強権による治安行政ないし治安政治だったといえる。

しかもさらなる問題は、その司法処分に現われてくる。先の一斉検挙でみても、計百二十六人のうち有罪

郵 便 は が き

料金受取人払郵便

神田局
承認

1010

差出有効期間
平成28年2月
28日まで

101－8791

507

東京都千代田区西神田
2-5-11出版輸送ビル2F

㈱花 伝 社 行

ふりがな お名前	お電話
ご住所（〒 　　　　　　） （送り先）	

◎新しい読者をご紹介ください。

ふりがな お名前	お電話
ご住所（〒 　　　　　　） （送り先）	

愛読者カード

このたびは小社の本をお買い上げ頂き、ありがとうございます。今後の企画の参考とさせて頂きますのでお手数ですが、ご記入の上お送り下さい。

書 名

本書についてのご感想をお聞かせ下さい。また、今後の出版物についてのご意見などを、お寄せ下さい。

◎購読注文書◎

ご注文日　　年　　月　　日

書　　名	冊　数

代金は本の発送の際、振替用紙を同封いたしますので、それでお支払い下さい。
（2冊以上送料無料）

なおご注文は　FAX　03-3239-8272　または
メール　kadensha@muf.biglobe.ne.jp
でも受け付けております。

処分は三十七人であり、逆に八十九人は無罪ないし無罪の可能性大だったということを意味している。

いかに戦時下とはいえ、こんな乱暴な捜査、司法が果して許されるのだろうか。だが実際には、これが異例なのではなく常態だったのだと知れる。

先の伊達秋雄の一文には「完全な統計は見当たらないが、昭和一四年末迄の統計表によると……」としながらも、

軍機保護法にかかる
受理件数　一五九件　二八〇人
内起訴　三一件　四四人
不起訴　一二七件　二三五人

――と記録している。起訴率にして一九％だ。

同様数字は他にもあって、防衛省『防衛研究所紀要』（第14巻第1号）の「研究ノート　軍機保護法等の制定過程と問題点」によると、

「１９３７年から3年間、同法で検挙された人数は３７７名であったが、其のうち起訴されて有罪となった人数は14名であり、全体の３・７％に過ぎなかった。特に、１９３９（昭和14）年における軍機保護法での検挙人数が２８９名と過去最多であったのに対し、実際に有罪とされたのは4名だけであった」

――と記録している。

これらは軍機保護法等が、明らかな民衆恫喝とみせしめの道具に使われていたということになる。先の『概況』が開戦時一斉検挙をもって「米英系外諜組織は一応壊滅せられ今後に於ける国内防衛態勢確立に裨益する処洵に甚大なるものありたり」と自賛しているのは、その現われであり、処分がどうなるかなど結果

は二の次三の次だった。

しかも「検束」という事実行為は唯の恫喝とみせしめではない。不起訴、あるいは釈放となっても、それまでの長い日々を牢獄同然の留置場・拘置所等に拘束されている。そのうえ未決では拷問つきだ。（刑務所にも拷問同然の「制裁」があったが、取調べ段階では拷問が常態だった）

たとえば「嫌疑なし」で釈放されたレーン夫妻宅女中の石上茂子の場合は、十二月八日から翌年三月十日まで、「容疑薄弱」のカナダ人宣教師・ラポルドの場合は十二月八日から翌年四月九日まで、有罪で服役した丸山護にしても未決勾留三百日に及んでいる。

これは悪行を働いた者を捕え、裁き、理非真実を明らかにしたうえで罰するという司法本来の姿から外ずれている。

「治安」関係の事犯は反国家、あるいは反政府と見なされる言動を抑圧すること自体に目的の大半があったから、検挙、検束すれば、大半こと足りたのであろう。

先の『概況』も、「明示されたり」のくだりに続けて

「然れども、本法に依って保護されるものは軍事秘密に限られ　而も高度の軍機のみなるを以って、本法の適用のみに依りては到底国家機密防衛の完璧を期す能わざるや論を俟たず、依而法の適用は固より　法の埒外に於ても、法の趣旨に準じ各種機密の漏洩防止に最善の努力を要す」

――と、言及し、拡大解釈ないし過剰検束をそそのかしている。

右『概況』に記載されている事例では、北海道旭川市内での次のようなのがある。

「私は北千島の海軍飛行場の工事場で土方（土木作業）をして居たが　脚気の為働けず東京へ帰る所だ

が旅費が無くて困って居るから　何うか一銭丈け恵んで下さい――云々」「其の飛行場は幅一里、長さ三里位で　自分は此の地均しに従事したのだが、海に面した方には『コンクリート』工事もした、同時に働いた土方は七百七十四人だ――云々」と各戸を訪問して歩いていた住所不定・三十九歳を旭川警察署員が不審尋問によって検束、軍機保護法第五条違反で送検し、旭川区裁判所で懲役一年の判決が出て、即日服罪した」

――というもの。

まさしく「本法に依って保護されるものは軍事秘密に限られ而も高度の軍機のみ」であることを強く意識し、半面、そこに止まっていては現場の成果は上げられずと飛躍し、事を強引に「法の適用」の下限にあてはめ、結果として「法の埒外」の上限のところで実績を挙げた格好の例、といえる。

「常に時局の推移と民意の動向とを深く注視し、之に対応する方策を樹立して警戒、警備を密にすると共に、進んでは国土の防衛に力を致して専ら国内の静謐を保持するに努められんこと」

――とは、盧溝橋の後の七月二十日に、北海道庁長官が札幌地方警察署長会議で訓示した中の一節である。特高警察に詳しい荻野富士夫の著作『北の特高警察』に引用されたのをそのまま引用したものだが、同著の中で荻野富士夫は

「治安維持＝国内の静謐化を最大の課題として、社会運動にとどまらず、国民生活・思想全般にわたる抑圧統制、さらには戦争動員が警察の任務とされた」

――とも指摘している。

文字通り、国民生活の隅から隅、洗いざらい目を光らせて取り締まる、その為の道具として、いやが上にも緊迫感をもたらす引金として、抜本改定された軍機保護法は、取締る側にとっての絶大の意味があったと

知れる。

伊達秋雄は、先の著述に続けて

「これ等一連の極めて権力的な立法が、その他の戦時非常立法と相俟って国民の言論報道の自由、政治的発言力を封殺し、耳目を掩われた国民をして軍部為政者に盲従し隷属する外途なき状態に追込んだものであるとの非難を果たして論駁し得るであろうか」

――と、わが身を裁判所公務員の列（この著作は「最高裁調査官」の身分で執筆）に据えて、疑念を投げかけている。

【一九三八年～三九年粗年表から】軍需工業動員法。大内兵衛ら検挙・第二次人民戦線事件。綿糸配給切符制実施。国家総動員法。同法審議中の陸軍省軍務課員・佐藤賢了「黙れ」事件。関東猛台風九十九人死亡。零式艦上戦闘機の試作完成。国民登録制実施。国民服の制定。灯台社の兵役拒否。東大平賀「粛学」。鉄製不急品回収。大学の軍事訓練必須。ノモンハン戦闘で敗北。アメリカが日米通商条約の廃棄を通告。ナチス・ドイツのポーランド侵攻から英仏対独宣戦・第二次世界大戦。軍用資源秘密保護法制定。

世情にわかに緊迫にして騒然となる中、権力は日ごとに統制を強めていく。それはそのまま権力の崩壊の一歩であること、歴史の知るところだが、渦中知るよしもない。中で特高ないし治安警察はいよいよ内偵捜査に比重をかけていった。

荻野富士夫は先の著作で先人の著作から

「凡そ非合法運動の取締に於て、査察内偵宜しきを得れば、取締目的の十中八九は之を果し得たと言っても過言ではなからう」

――という内務省幹部の言を引き、論じている。（『警察研究』1931年7月＝安井英二の「社会運動取締管見」）

さだめし斯界の古典言辞なのであろう。

具体的には、半ば公然の戸口調査から尾行、監視拠点を設けての日常監視。レーン夫妻に対しても北大官舎の居宅から通りを挟んだ向かい側の商家の二階を借りきって拠点としていたことが知られている。もとより宮澤弘幸らの出入りも商家の二階から常時記録され、尾行もされていた。足取りについては本人の記憶以上に克明に正確に跡づけられていたことだろう。それが十二月八日の一斉検挙の準備名簿となっていった。

宮澤弘幸については、逆に、北海道帝国大学における思想対応職掌である「学生主事」、あるいは出入りの憲兵や配属将校から「レーンは諜報者たるの疑いあるから出入りするな」といった警告を受けたり、また遠縁・高橋マサを通じて札幌警察署長からの同様の「注意」も本人に伝えられていた痕跡があること、これも先に触れたところだ。

加えて、特高刑事らには「欧米崇拝思想の是正こそが防諜の完璧を期する近道」（『北の特高警察』＝前出）との強い思い込みがある。レーン夫妻宅への学生たちの出入り、北星女学校での社交会、特高の目にはけがらわしく、にがにがしい風景だったのだろう。キリスト教徒への弾圧も繰り返し行われている。

とまれ、こうした内偵によって不断の記録が蓄積され、少なくとも日常行動の外形はことごとく捕捉されていたと思われる。反国家、反政府と見なされた者はことごとく、外国人については外交官、経済人、宗教人、文化人、教職、男女、年齢を問わず「要視察外国人」に登載され監視されていた。

ハロルドの場合はアメリカにおいて兵役を拒否しており、筋金入りの非戦主義者だと知られていたが、日本の官憲には、そういう良心的兵役拒否の制度そのものが理解を超えていたのであろう。アメリカ人というだけで、敵国の諜報員だという疑いを緩めることはなかった。

半面、ハロルド、およびポーリンは、そういう環境に遭って、終始ぶれないことによって出入りする学生たちや友人、知人の信頼を得ていた。

日米関係が険しくなり、仮想敵国から敵国そのものへと戦時色濃くなる中で、一九四〇年十月には在日アメリカ大使館から最初の「本国引揚勧告」出され、以後四一年十一月の「引揚指令」に至るまで再三督促され、さらに友人、親族からも強く勧められたにもかかわらず、一貫して動こうとはしなかった。

ポーリンは「上告趣意書（院写）」で、

「もしも私共は　仮りに悪いことをして居たのなら　父の状態が悪くても　契約を破っても　米国に就職の目当がなくても　たしかに帰るのでありました　私は　生涯の多い部分は日本にくらして居ましたそして多くの友人がここにあって　親交を結んで居て大切に思って居ります　主人と私は　誠に真面目に日米両国の平和と親交のために　少さいながらでも尽さして預きたいと　思って居ます」

——と、強調している。

「父の状態」とはハロルドの父ヘンリーの重篤状態のこと、「契約」とは北大との予科教師契約のことである。

既に長男ゴードンが夭折したときに自分たちの用地も含めて札幌市内・円山墓地に家族の墓所をもとめ、実際、戦後に戻っての没後、そこに眠っている。

世情がどう動こうと、目前に目障りな監視所が出来ようと、尾行がつこうと、身についた行動様式を変えることなく、また自身は敬虔なクエーカー教徒でありながら、他に教義を押しつけることはなかった。

宮澤弘幸ら学生たちも、終始身に覚えなく、防諜、スパイといったことに意識さえ向いていないのだから悪びれることなく、十二月八日、その日に至るも時勢への姿勢を変えることはなかった。

【一九四〇年〜四一年粗年表から】衆議院は中国政策批判の斎藤隆夫を除名。日独伊軍事同盟調印。贅沢監視隊。大政翼賛会発会。全国水平社が大和報国運動に転換。大日本産業報国会創立。国防保安法公布。アメリカが在米日本資産凍結。連合艦隊に作戦準備。ゾルゲ事件。対米日本最終案にハル・ノート。日米開戦。宮澤弘幸ら百二十六人一斉検挙。言論・出版・集会・結社等臨時取締令公布。巨大戦艦大和の竣工。

以上からみて、特高にとっては検挙そのもの自体に意味、目的があったということだ。検挙理由や適用法条などは書式、手続きを整えるに間に合えばよく、司法処分は先々の状況次第で、裁判にかけて有罪になるか否かさえも後々で考えればいいことだった。

このような国防、治安を盾にした検挙・拘束の横行で、いま一つ見落とせないのは、先にも触れた「戦時刑事特別法」ならびに「国防保安法」による特別刑事手続の設定だ。

いずれも表向きは戦時下における事件の迅速処理を理由としたものだが、野放図に拡大適用され、法としての歯止めを欠いている。

その実態は捜査記録の一切が廃棄隠滅されて復元しえなくなっているが、司法現場に野積みされた記憶は

目に余るものがあり、先の伊達秋雄の一文も言及止むにやまれず

「前記の強力な刑事手続規定によって敢行された迅速秘密の捜査及び裁判が果して人権の保障に遺憾なかったかどうか顧みて深く反省すべき点がある」

――と述べている。

半面、かく強権付与を得た検察も「軍事上の秘密」にはからきし識見を持たなかったようで、これも記録隠滅で復元困難を極めているのだが、右、伊達秋雄の一文は「本法施行後三年間の実績を顧みてある検事は次のように研究発表をしている」と紹介し、

「多くの場合に於て軍部の意見を照会し其の回答を俟つて処理しているのが現状である」

――の言を引いている。

これが個別、宮澤弘幸とレーン夫妻らの一件にどう重なっていたかは復元しえない。しかし俯瞰すれば明らかに重くのしかかっている。治安化、国防化した検事、そして裁判官たちには「戦争遂行の妨げとなる非国民を検挙して有罪にすることこそ使命」と思い込ませ、中身の質はどうでもよかった。そういう風潮が蔓延していたと思われる。執筆時に最高裁調査官だった伊達秋雄の反省が重い。

＊伊達秋雄１９０９～１９９４＝裁判官、弁護士。東京地裁で砂川事件を担当。一九五九年三月三十日、アメリカ軍駐留は憲法第九条違反、砂川事件の被告は無罪の「伊達判決」を下した。のち沖縄密約暴露事件で主任弁護人。

＊『ジュリスト』１９５４年６月１日号＝［特集・秘密保護に関する法制］の中で、当時最高裁調査官だった伊達秋雄が「軍機保護法の運用を顧みて」を執筆。特集の「秘密保護に関する法制」は同年公布の「日米相互防衛援助協定等に伴う秘密保護法」が正式名。所謂「ＭＳＡ協定」に伴う立法で、アメリカから供与される軍事装備品・情報に関する「防衛秘密」を保護するのが名目。同法案に潜む危険性を明らかにするため、軍機保護法を下敷きに問題点を論じ

ている。

戦争とスポーツ

宮澤弘幸は「何でも見てやろう、何でもやってみよう」という知的好奇心旺盛な青年だった。北大予科に合格してからも勉学とスポーツに生き生きとした挑戦を続けた。

とくに生涯一番の理解者となるフォスコ・マライーニと親しくなってからは雪小屋（イグルー）実験から穂高・槍登山まで山登りに勤しんでいる。マライーニとの交友がもっと進んでいたなら、宮澤は優れた岳人として名を残していたに違いない。

平和の象徴としてのオリンピックも政治や戦争と決して無関係ではない。一九三六年（昭和11）の第十一回ベルリン・オリンピックは、それまでの都市主催から性格を一転させ、ドイツの独裁者ヒトラーは国家主催として開催し、ナチス宣伝、戦意高揚の場として最大限に利用した。

次いで一九四〇年（昭和15）の第一二回は東京で開催されることになった。しかし日中戦争によって日本が返上して中止、第一三回のロンドンも第二次世界大戦で中止となった。

戦後、第十四回オリンピックがようやくロンドンで開かれた。しかし一九八〇年（昭和55）年の第二十二回モスクワ・オリンピックは、ソ連のアフガニスタン侵攻に反発した多くの国がボイコットし、日本も参加しなかった。柔道の山下泰裕、マラソンの瀬古利彦など多くの若者の夢が奪われた。

二〇二〇年オリンピック東京開催招致にあたって安倍晋三・首相は「放射能汚染水はブロックされている」と大見えを切ったが、今も「放射能」は垂れ流しのままだ。一方、国家安全保障会議設置法案並びに特定秘密保護法案を強行成立させ、さらに集団的自衛権の行使を閣議決定、最後は憲法を改悪しようと画策し、戦争する国へ一歩二歩と近づけようとしている。

そんな安倍首相らに、平和のオリンピックを招致する資格があるのだろうか。自衛隊を国防軍にして、超大国アメリカの世界戦略に組み込まれ、戦争する国に姿を変えたら、東京オリンピックをボイコットする国が出るのも必至だ。

東京オリンピックは平和でなければ開催も成功もしない。だからこそ、スポーツを愛する人々は、何よりも戦争と戦争へ繋がる道に対しては、敏感でなければならない。

登山でも、先の戦争でヒマラヤ登山はもちろん国内の登山もほとんど禁止された。西本武志・日本勤労者山岳連盟会長の著書『十五年戦争下の登山―研究ノート』によれば、戦争は登山を愛する多くの登山家、学生、社会人を戦場に引きずり込み、命を奪った。さらに登山界の指導的立場の人たちと組織が戦争に加担したことが明らかにされている。

先の戦争では、作家も画家もすべての人々が天皇のために、お国のためにと、無条件、無制限に協力させられた。問題は戦後、これらの人たちが戦争に加担したことに口を拭って、それぞれの分野で指導的立場にいたことである。大事なことは過ちを反省し糺すことだ。

同じ敗戦国であるドイツは、戦後ナチスの国旗・国歌を廃棄し、一九八五年（昭和60）年五月八日、ヴァイツゼッカー大統領はドイツの敗戦四十周年にあたって連邦議会で「過去に目を閉ざす者は現在にも盲目となる」と演説した。そして今も「戦争犯罪人には時効はない」としてナチスを追及し処罰している。

こうした自国の誤った歴史を謙虚に反省している姿勢が、ヨーロッパのかつての敵国から信頼を得ているのだが、翻って日本はどうか。開戦時に東条内閣の商工大臣であり、戦後A級戦犯容疑で拘置された岸信介は復権して総理大臣にまでなった。今その孫・安倍晋三首相は事実をゆがめてオリンピックを招致し、再び戦争への道を画策している。そして国民に戦争遂行の国旗国歌だった「日の丸」「君が代」を強要し、隣国である中韓両国から歴史認識を問われるというありさまなのである。

登山・スポーツを否定する戦争への道は、絶対に許してはならない。

二〇一〇年（平成22）年四月に日本で公開されたドイツ映画『アイガー北壁』（２００８年制作）は、死に直面する登山家の映像とともに、ナチス政権がスポーツを政権維持のために利用した背景が生々しく描かれている。

この映画は、ベルリン・オリンピック直前の一九三〇年（昭和11）の夏、ナチス政権の威信を世界に示すために、未踏のアイガー北壁にドイツ人登山家が初登頂することを求め、登頂に成功した登山家には、オリンピック「金メダル」を与えると呼び掛けたことをテーマにしている。

ナチス政権の呼びかけに多くの国から登山家がアイガー北壁に押し寄せた。ナチス嫌いの二人の兵士（登山家）と、ナチス党員の登山家二人の二組が北壁に挑戦した。その四人は雪崩、吹雪、強風の中で過酷な闘いを繰り広げた。

一方、金持ちと政治家、そして新聞記者たちは、夜は麓の豪華なホテルで食事し、ダンスに興じ、昼間はホテルのテラスから望遠鏡で二組の登山家の登攀競争を眺めていた。

ナチス政権の政治的野望に巻き込まれた登山だったが、困難の中で相手方の登山家を救うため、吹雪と零下数十度のなかで四人は身を寄せ合いながらなんとしても生きようとした。そこにはナチス政権の思惑はなく、困難を乗り越える登山家としての仲間精神があった。そして次々に命を落としていった。

「登山だって政治（国のため）とは無関係ではない」というナチス政権の政治家。「栄光（登頂）か悲劇（死）でなければ記事にはならない」と冷ややかに語る新聞社の幹部。

困難に挑戦する登山家を描くとともに、登山を自己の目的のために、最大限に利用した政治家と新聞を告発した映画だといえる。

いま、新聞社とテレビ局は、駅伝、マラソン、高校野球、ラグビー、サッカーと多岐にわたってスポーツを支援している。そのほとんどは戦争で中断された歴史をもっている。

再びこうしたスポーツが中断しないことを祈りたい。そのためには二度と戦争をしないことだ。

新聞はかつて戦争に加担した苦い歴史を持つ。新聞社・テレビ局は、単に企業イメージのアップや、販売部数拡張・視聴率アップの手段とするのではなく、「スポーツを育成するとともに、平和を大事にする」役割を果す先頭に立つべきだ。

日本の古来スポーツの代表的なものに剣道と柔道がある。野球をはじめスポーツの多くは外国発祥のものだが、剣道と柔道は日本古来のスポーツとして奨励され、日中戦争―太平洋戦争中は、国民の精神向上運動としての一翼も担わされた。

旧制中学から大学では、人殺しの武術である「銃剣術」も必修科目で、この完全実施を監視するために、学校には軍の「将校」が配属された。今でこそ、柔道・剣道は、日本古来の伝統スポーツとして位置づけられているが、当時は、まさに戦争に勝つための武道であり、精神教育としての「皇国武道」だった。

日本の登山の歴史の中で、登山も戦争に巻き込まれた。太平洋戦争が始まると、学生は軍需工場に動員されるか、学徒出陣で戦場に駆り出された。スポーツで身体が鍛えられた多くの学生たちは真っ先に戦場に送られて戦死し、二度と山に登ることはなかった。

太平洋戦争時代、「贅沢は敵だ」「欲しがりません、勝つまでは」「パーマネントはやめませう」「足りぬ足りぬは工夫が足りぬ」との官製スローガンが、国民を戦争協力と耐乏生活に追い込んだ。登山も贅沢の対象となり、抑圧された。

一九四五年（昭和20）、敗戦を迎えて学園に戻った若者によって、山岳部をはじめ、さまざまなクラブ活動が次々と再開された。また登山は働く若者たちにとっても、魅力的な活動として急速に広がった。今のような週休二日制とか大型連休とは全く縁の遠い時代だったが、多くの若者たちは登山を楽しんだ。休みが日曜一日だけの若者たちは、土曜の夜行列車で国鉄・中央線沿線とか上越の山に出かけた。新宿駅、上野駅のホームは大きなリュックを背負った若者があふれていた。夜行日帰り登山だ。そして月曜にはまた元気に勤めに出かけたものだった。

働く若者たちの登山熱が高まる中で、一九六〇年（昭和35）に、勤労者のための「日本勤労者山岳連盟＝労山」が、「スポーツは文化であり、国民の権利である」と宣言して、設立された。

五項目の「指針」の最初には「登山は、人類が創造したすぐれた文化であり、自由と平和、ヒューマニズムとフェアープレーの精神を生命とするスポーツである。登山はあらゆる種類の暴力や大量殺戮、自然を根底から破壊する損層とは無縁でなければならない。この見地に立った登山運動は諸国民の間の好ましい交流を促し世界平和に貢献する」とある。

二〇一〇年、「労山」は創立50周年を迎え、この記念行事であらためて「平和」を確認した。

こうして振り返ってみると、「戦争とスポーツ」「平和とスポーツ」は、常に真剣に考え、立ち向かうべきテーマであることを再認識する。『アイガー北壁』に描かれたように、登山をはじめ、スポーツをする自由と権利を守ることは、戦争に反対し平和を守る闘いであると切に思う。

秘密保護法廃棄へ

二〇一三年十二月六日、安倍政権は衆参両院に過半数を占める自民・公明の与党をして「特定秘密保護法」を強行可決させた。二〇一四年七月一日には、集団的自衛権の行使を閣議決定している。七十二年前の十二月八日、日本軍国主義政権は太平洋戦争を引き起こし、日本国民と交戦諸国の人々を戦争の惨禍に巻き込んだ。

その歴史を思い起こす時、十二月六日は、戦後築いてきた民主主義を自公政権の暴走によって大きく破壊される日となった。しかし同時に、この日は、安倍政権の暴走に「否」を突きつける国民に火をつけ、自覚的・自主的に立ち上がった日として、現代史に特筆されることになるだろう。しなければならない。自由民主党は結党以来、憲法九条に敵対し、改悪を主張している。たしかに政党が「憲法改正」を主張するのは自由の内だ。しかし現行憲法は、第九十九条において「天皇又は摂政及び国務大臣、国会議員、裁判官その他の公務員は、この憲法を尊重し擁護する義務を負ふ」と明確に規定している。

憲法は、時の政権が暴走し、誤った法律を作らないよう、国権を担う者に厳正な歯止めをかけるために存在する。それが立憲主義であり、国家存続の基本となる。それが民主主義だ。

したがって歴代の自民党選出首相も就任と同時に、本音は別として、正面から「憲法改正」を主張することなく国政にあたってきた。立憲法治国にあっては当然のことだ。ところが安倍晋三首相は、歴代とは一変し、就任と同時に憲法を公然と足蹴にする政策に狂奔している。秘密保護法以前の問題として、この安倍首相の憲法を踏みつけにする政治姿勢は、何をおいても糾弾されなければならない。

憲法を踏みにじって強行可決させた「特定秘密保護法」とはいったい何ものか。本稿でもここまで述べてきたように、これは戦前の戦争推進法規「軍機保護法」を焼き直しての再来、いやそれ以上の国民総取締りの実体を擁した弾圧法規なのである。

その実体は、同法成立以来のいくつかの新聞報道によっても次々解明されてきているが、その原点は「何が秘密か、それが秘密だ」の一言にあり、本質が端的に浮き彫りにされている。

しかし、何故、たった三か月足らずの国会審議によって、総選挙での対有権者比では二〇％台の支持でしかない自民党を中心とする政権与党の策動を許してしまったのか。

戦後一貫、秘密保護法制の策動を続けてきた軍事・治安官僚と自民党は、一九八五年六月の通常国会に議員立法で「国家秘密法案（スパイ防止法）」を上程した。しかし日弁連、新聞協会、日本民間放送連盟等が反対を表明。国会でも野党が一斉に反対したため、同年十二月、一度は審議未了廃案となった。

翌八六年四月、自民党スパイ防止法特別委員会は、廃案を復活修正した「森私案」なるものを委員会素案とし、再度の立法化に向け動き出した。しかし自民党の策動にいち早く危機感を抱いた新聞労連はじめ広範な国民が「スパイ防止法」反対に立ち上がった。その波動は全国へと波打った。

こうした運動の盛り上がりとともに、前後して、上田誠吉弁護士が、『戦争と国家秘密法』（1986年2月イクオリティ刊）を刊行し、『朝日新聞』は新聞週間企画「スパイ防止ってなんだ」を連載した。たまたまこれを読んだ秋間美江子さんの夫・秋間浩さんは、美江子さんの兄・宮澤弘幸の問題を訴えるべきだと熱く説得した。

これに応じた秋間美江子さんは訴えた。宮澤・レーン事件がはじめて、「国家秘密法」阻止の正面にその全容を現したのである。こうした大小さまざまな運動の前進と多数の国民の声が、時と所を得て自民党の策動を強く封じ込めたのである。

しかしながら自民党と官僚は水面下で策動を続けていた。二〇〇一年には自衛隊法を改定し、廃案となった国家秘密法案の一部と同趣旨の規定が盛り込まれた。そして前述のように、第二次安倍政権は、二〇一三年十月、突如として臨時国会に上程し、数の横暴の挙に出たのである。

一度は封じ込めたはずの「廃案」を、わずか三か月の間に「特定秘密保護法」と装いを変えて成立させてしまった原因は、どこにあるのか。これは、この二十年余、執拗に画策を続けていた軍事・治安官僚と自民党に比べ、これを摘発し、警告を発し、世論を喚起すべきマスコミの緩みの責任とともに、平和と民主主義を求める国民の間に、油断があったと言わざるを得ない。

封じ込めに学んだ官僚と政権は、法案作成過程を完全に秘密で抱え込んで漏れないよう保護し、国会に上程するや否や、法案の内容が国民に知れ、批判の声が上がる前に国会内の数で片づけてしまう策に出たのである。それはかつて法案を長く国会審議にさらし、そのため国民に広く深く知られ、反対運動に火をつけたことを反省したからに他ならない。だがそうであるなら、こんどは、これにどう学ぶかであろう。

安倍政権発足直後の二〇一三年一月に結成した「北大生・宮澤弘幸『スパイ冤罪事件』の真相を広める会」の運動は、現在につながる秘密保護法反対運動の一翼を一心に担ってきた。「会則」に「二度と国家による非道が起こらないようにするため秘密保全法の立法活動を阻止する」と謳い、思いを同じくする団体、個人との連帯に努めている。

時勢は確実に燃えている。秘密法制に反対し、憲法無視に反対し、戦争への道に反対する思いが広まり高まってきている。安倍政権に出し抜かれたとはいえ、秘密保護法案が国会に上程されてからの運動は目を見張る展開といっていい。

国会周辺で、大衆運動の拠点・日比谷野外音楽堂で、名古屋で、大阪で、札幌で、集会を埋め尽くした参加者が怒りの声を上げている。かつての60年安保闘争を経験した世代には、汗臭い青春の日々が蘇っているかのようだ。

いや、当時とは、ひと味違ってもいる。かつての運動が、総評、官公労など組織を柱にしての運動であったの対し、「秘密保護法」反対運動は、文字通り一人ひとりの自覚的・自主的な意識が土台となっている。この意義は大きい。それは毎週金曜日、脱原発、原発反対を叫んで国会を包囲する動きとも呼応する。

二〇一四年一月二十四日、秘密保護法に反対して各地で自覚的に組織を結成して運動を展開してきた団体が「秘密法に反対する全国ネットワーク」を結成した。同四月六日、同ネットワークが呼び掛けて名古屋で開催した第一回全国交流集会には、十五都府県二十六団体の代表と名古屋市民が参加した。

国民を「見ざる言わざる聞かざる」に追い込む秘密保護法に対して、鯛をイラストに仕立て「見たい、聞きたい、話したい」のスローガンを掲げて運動を展開している長野県の若い集団をはじめ、「12月6日を忘れない！　秘密法をＬＯＣＫ！　全国一斉６日行動（ロックアクション）」に参加する個人・団体が全国で沸き起こっている。これは運動の確かな方向性を示唆する新しい動きだ。これまでのいわゆる市民運動は、ややもすれば主導権争いや、意見や立場の違いで運動が発展しない事態があった。

秘密保護法が「もの言えぬ社会」を意図しているのに対し、それに反対する運動が「あの人は嫌い」「あの団体とは一緒にやれない」では本末転倒だ。そこを見据えて「誰も排除しない」「誰でも来い」という姿勢で運動を進めようとする自覚的・自主的な意識と行動が生まれていることは、運動が大きく発展する可能性をはらんでいる。

法は独り歩きする。軍機保護法が議会での歯止め証言や付帯決議を無視して野放図に走ったように。憲法に拠らず、権力の意向に添ったように。だから口車に騙されてはいけない。丸ごと破棄し決して復活を許してはならない。施行を許さず、たとえ施行されても運用を許さない不断の監視、摘発を緩めてはいけない。

その意味では「全国ネットワーク」が情報公開制度を駆使して秘密公文書の引き出しに努めているのは運動としても実効ある試みだといえる。情報公開を迫り広げる運動とも連動し、悪法を廃棄に追い込む展望を確実に生み出していく力となる。

さらにもう一点、「温故知新」は運動にも不可欠だ。「真相を広める会」が担ってきた「宮澤・レーン・スパイ冤罪事件」の発掘・検証・宣伝は、現に日本人が犯してきた事実を直視する中から、日本の明日に求められる課題の道筋を指し示すことにつながっていく。

その意味から、「宮澤・レーン・スパイ冤罪事件」の真相を広める活動は、秘密保護法廃止運動の重要な一翼を担っていると、改めて自覚させられる。

第二部

犯罪事実（冤罪事実）の条条検証

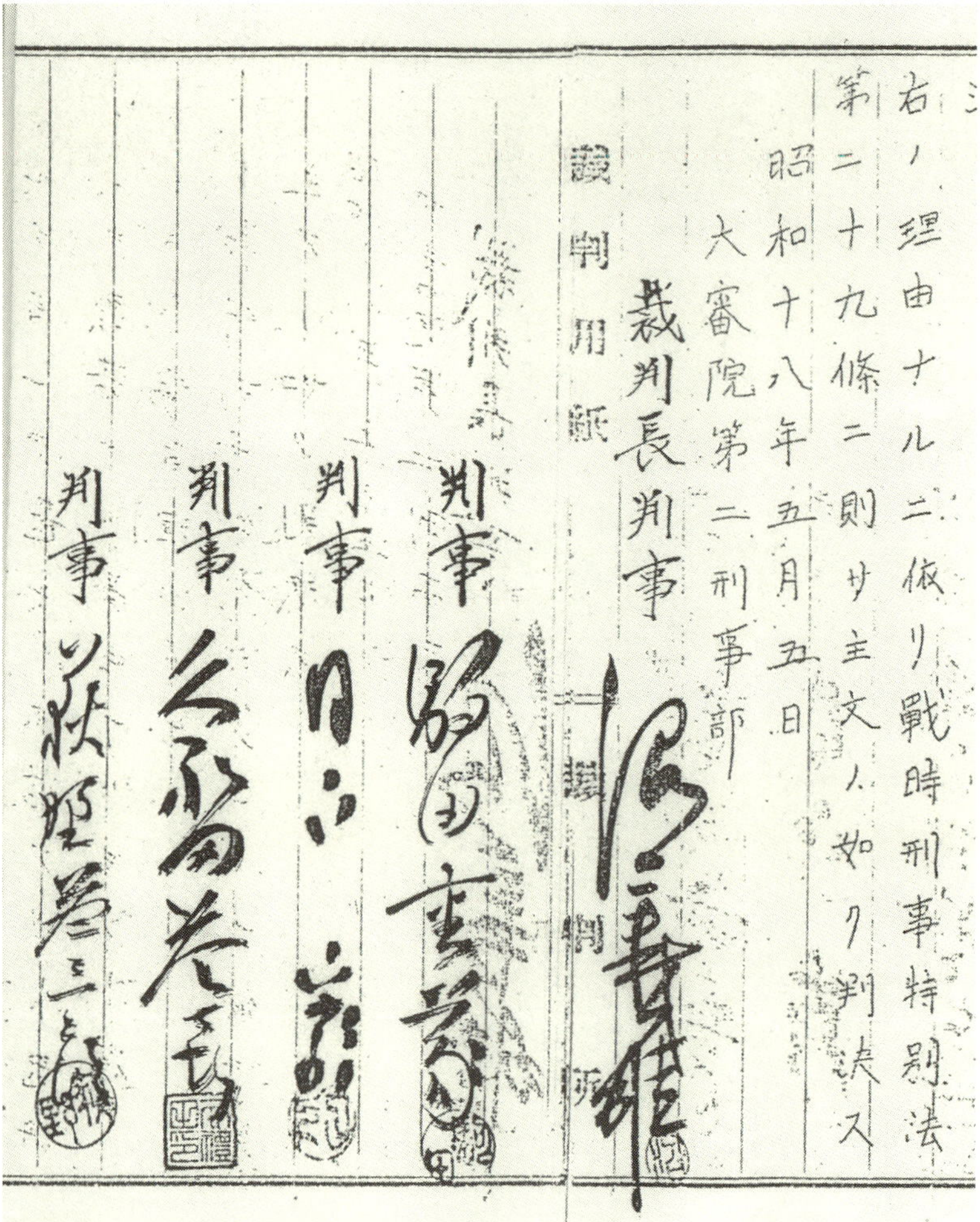

右ノ理由ナルニ依リ戦時刑事特別法
第二十九條ニ則リ主文ノ如ク判決ス
昭和十八年五月五日
大審院第二刑事部
裁判長判事
判事
判事
判事
判事

ポーリン・レーンへの大審院判決書
大審院書記が清書したものに担当判事が署名・捺印している。大審院保存の簿冊「昭和十八年五月分四冊の四　刑事判決原本　大審院」にハロルド・レーン、宮澤弘幸と共に連番号で綴じ込まれていた。

第一章　探知の部

軍機保護法が「罪」とするのは、「軍事上の秘密」を探知する罪（探知罪）と、漏泄する罪（漏泄罪）であり、探知だけでも罰し、漏泄だけでも罰し、探知し漏泄した者は加重して罰する構造になっている。したがって同一の「軍事上の秘密」が、あるときは探知罪の対象にされ、あるときは漏泄罪の対象にされるわけであり、まず解明されるべきは「軍事上の秘密」の実像ということになる。

そこで、この検証では「軍事上の秘密」が探知され漏泄されていく、判決上の流れの一番上流に位置する宮澤弘幸らへの判示から入り、順次、下流のレーン夫妻への判示へと進めることにする。

宮澤弘幸にかかる件

犯罪事実

一審判決（書写）が判示する「犯罪事実」の流れは以下のようになっている。

被告人は

昭和十二年三月東京府立第六中学校を卒業して同年四月北海道帝国大学予科に入学し現在同大学工学部

電気工学科に在学中の者なるが、
予科入学後間もなく
孰れも米国人にして同大学予科英語教師たりし「ハロルド・メシー・レーン」及其の妻「ポーリン・ローランド・システア・レーン」と相識り
毎週金曜日同夫妻の開催する英語個人教授会に出席して
英語会話の教授を受けたることありて以来同夫妻に心酔して親交を重ぬるに及び、
漸次其の感化を受け
極端なる個人自由主義思想及反戦思想を抱懐するに至り、
遂に我国体に対する疑惑乃至軍備軽視の念を生ずるに至れる処、
右「レーン」夫妻が旅行談を愛好し
就中軍事施設等に関する我国の国家的機密事項に亙る談話に興味を抱き居るを看取するや
同夫妻の歓心を購わんが為
——と、ある。

ここまでが前段で、「犯行」に至る動機を「歓心を購わんが為」と断じ、この後に列挙する十六件の「軍事上の秘密」を「探知」ないし「知得」し、レーン夫妻に「漏泄」したと決めつける。いえば犯罪事実（冤罪事実）の骨格を示すものだが、まず目を引くのは、教師と学生の関係を「相識り」から「心酔」「親交」「感化」としつこく積み重ねていることだ。

これは検察、弁護双方にとっての情状にもなるが、「犯行」が一朝一夕の偶発ではなく、時間をかけて醸成された「確信犯」であることを傍証（印象）によって固めようとする意図から出ているとみるべきで、被告人がレーン夫妻による長年の感化を受けて、その思想がアメリカかぶれの「個人自由主義」に染まり、そのあげく国家に逆らう「反戦思想」を強くし、さらには「我国体に対する疑惑」をも持つに至って軍国日本としては禁句である「軍備軽視」に走り、国の意思に反する好ましからぬ国民となった――という犯人像を印象づけている。

裏返せば、裁判所として、一言にして明らかな「犯行の動機」を判示し得なかったからであり、それは事件を立証すべき検察側に客観証拠の持ち合わせがなく、結局は実質審理を省略して検察側作文を丸のみの判決で決着つけざるを得なかったことを物語っている。

実は、本件六人の被告を通して、「犯行動機」の解明が極めて弱い。というより、スパイ罪に動機は不要とばかりに手を抜き、むしろ宮澤弘幸の「歓心を購わんが為」が唯一の言及となっている。代わって、大手振るのが「反国体」の心証で、これさえあれば確信犯と決めつけ、あとは「自白」を揃えればよいとの訴訟・裁判構造が見えてくる。

宮澤弘幸の一審判決（書写）では証拠挙示の部分が欠落しているが、追々明らかにする「上告趣意書（院写）」の記述によっても「自白調書」があったことは確かで、この調書が判決の下敷きとなっていることは間違いない。拷問による血の臭いのする調書だ。

なお弁護人による上告趣意書（院写）は、一審判決が判示する外形事実を認めた上で個別に部分破毀を求め、かつ全体としては強く情状酌量を求める構造となっており、全面冤罪を訴えて貫いた被告人・宮澤弘幸の意志とは必ずしも一致していない。この点も条条を追って検証していくことになる。

探知・知得事項

以下、一審判決（書写）に基づき、「探知」および「知得」したとされる計十六件の「軍事上の秘密」について、条条一件ごとに検証する。

ただし、判示現場あるいは対象が同一の件はひとくくりにして進める。また判決文は判決文に特有の文脈構成となっていて、そのままでは読み解きにくいので、本稿編者の判断で条条一件ごとに区切り、略記部分を補ってある。（判決全文は原文のまま巻末「資料編」に収録）

なお、「軍機保護法」においては、その条文において「軍事上の秘密」を知る態様を「探知」行為と「知得」行為に分けている。犯意をもって探り知った秘密と、犯意なく知り得た秘密に分けているとされ、「探知」行為には探知罪を科し、「知得」行為には科していない。

しかし知得した「軍事上の秘密」を漏泄すれば漏泄罪を科されるので、ここでは「入手」という意味で「探知」行為も「知得」行為も同列に扱うことにする。

《探知(a)　海軍大泊工事場の分》

（探知の１）

樺太大泊町の海軍大泊工事場に於いては海軍大湊要港部主管の石油タンクを築造中であり、この工事では佐々木組が請負って三百人くらいの募集人夫が稼働している。

（探知の２）

樺太大泊町の海軍大泊工事場に於いて築造計画の石油タンクは大中小の三基にして、大は重油二万トン容れ、中は重油一万トン容れ、小は石油二千トン容れにして、この工事は昭和十五年（１９４０年）秋頃完成の予定である。

（探知の３）

樺太大泊町の海軍大泊工事場は大泊町の町外れにあって、各石油タンクは孰れも工事中だが、大は地下に於いて組立中、中は穴を掘削中、小は場所を選択中にして給油方法は大泊桟橋対岸桟橋で行う計画で目下築港工事中である。

この築港工事は樺太庁関係の工事であるが、工事完成後は、この築港の一部を海軍に提供し、給油基地となる計画である。

＊樺太＝旧樺太庁。現ロシア領サハリン。「大泊工事場」は宮澤弘幸らが写っている記念写真（27ページ）の背景に「大泊工事場」と墨書された看板のさがった木造事務所が見えるので工事区域の公用名だったと思われる。

＊要港部＝旧海軍の機構組織の名称。軍の用いる港には、その重要度によって軍港、要港、防禦港とあった。大湊要港部はオホーツク海の拠点。海軍軍制・法規に於いては鎮守府司令長官、艦隊司令長官、独立艦隊司令官、要港部司令官、といった序列で表記されている。

以上「探知」三件はいずれも樺太大泊町の海軍大泊工事場にかかるもので一連の工事風景の中で捕えられたかもしれない風物だが、判決はこれを右のように細かく三つに分けている。

改めて工事の流れに沿い、三件を一体の風景風物として眺め直してみると――

オホーツク海域を守る海軍の要港がある樺太・大泊町の町外れでは、海軍所管の大中小三基の石油タンクを造っていて、これが完成すると海軍の給油基地となるので、このための築港工事も樺太庁の所管で合わせ行っている。

完成予定は昭和十五年の秋頃で、目下、三百人余の下請け作業員を動員しているが、その進捗具合は、重油二万トン容れの「大」は地下に組立中であり、重油一万トン容れの「中」は穴を掘削中であり、石油二千トン容れの「小」はまだ場所を選択中だ。

——ということになる。

一見して、工事関係者はもとより周辺住民にも海軍の造作物と知れ、誰の目にも映る風景風物ではあったが、次第に工事が進むにつれ、石油タンク築造を軸とした工事と知れる。だがこの限りにおいて、仮に仮想敵国人に見られたとしても直ちに軍の統帥を左右する秘密とは到底思えない風景風物と言える。

したがって検証すべき第一は、
いったい、この風景風物のどの部分が「軍事上の秘密」で、どの部分が「軍機保護法」に違反する「探知」なのか
——である。

通常、犯罪として摘発するには、まず法によって守られるべき対象（本件では「軍事上の秘密」）があって、それを違法に奪う行為（本件では「探り知る」＝探知）があって、成立する。

ところが本件・一審判決（書写）には、いずれの特定も立証も見られない。

そこで手掛かりを求め、大審院判決の当該部分を引き出してみると、

「軍事施設たる海軍飛行場　油槽　電気通信所　其の他の設備　位置若は之等設備の状況等に関する事項にして　軍機保護法第一条　昭和十二年海軍省令第二十八号　軍機保護法施行規則第一条第一項第七号により　同法に所謂軍事上の秘密に該ること　寸疑を容れず」

――との判示がある。

ややこしい文章だが、「軍事施設たる油槽（＝石油タンク）は軍機保護法施行規則第一条第一項第七号により軍事上の秘密に該る」と読み解く。つまり「軍機保護法第一条に基づき昭和十二年に制定した海軍省令第二十八号である軍機保護法施行規則の第一条第一項第七号」に列挙されている軍事施設ということだ。

この第七号規定なるもの、正確には、
七　軍事施設に関する事項
（一）海軍大臣所管の飛行場、電気通信所、砲台、防備衛所其の他の軍事施設の位置、員数、編制又は
設備の状況

――であり、この中の「其の他の軍事施設」に「油槽＝石油タンク」を強引に押し込み、「軍事上の秘密」

と認定し、判示したものと思われる。

ところが、ここでいきなり重大な疑義が存在する。
右の「第七号規定」なるものは、一九四〇年（昭15）十月三十一日付の施行規則改定による追加条項で
あって、宮澤弘幸が探知したとされる一九三九年八月九日頃までの時点では存在していなかった条項だ。
いかに軍事秘密とはいえ、事後に出来た条項を遡及させるという不当は許されない。
一審判決（書写）には肝心な「適法」（罰条適用）部分が欠落しているため、にわかに一審・原判決が
誤った適用をしていたかどうかの断定はできないが、現憲法下なら憲法上の違法（刑罰法規の不遡及＝憲法
第三九条）となる。

この事実を前提としたうえで、この条項の本件への適用自体についても、ここで検証しておくことにする。

重要な手掛かりは、先に「第一部第一章　仕組まれたスパイ冤罪」で検証したところの

①　軍機保護法が対象とする「軍事上の秘密」とは、統帥事項または統帥と密接な関係のある事項に関する高度の秘密で尋常一様の手段では探知収集できない秘密であり、

②　軍機保護法で罰する「探知罪」とは、「軍事上の秘密」であると知っていて故意に不正な手段を以って探知または収集した故意犯だけを対象とする

――との定義だ。

統帥とは、軍を統べる指揮、旧帝国にあっては一般行政権の及ばない天皇大権で、軍を動かす最高指揮権を意味したが、そんな定義はともかく、要は

「尋常一様の手段では探知収集できない秘密」（前出・議会答弁）

――であることが核心である。

「尋常一様の手段では探知収集できないように防護・管理されている秘密」

――と置き換えることもできる。

そこで、「石油タンク築造」が「尋常一様の手段では探知収集できない秘密」なのか否かになるが、どうだろう。どこからどう見ても、統帥と直接かかわることなく、尋常一様どころか、そこに居れば自ずと見えてしまい、わかってしまう建造物だ。

仮に、件の第七号の遡及適用がなされたとしても、右定義①の「尋常一様の手段では探知収集できない秘密」に基づく第七号「軍事施設」の中に「石油タンク築造」を入れることは法の上で無理がある。

既に誰の目にも見えてしまっているものを、「これは尋常一様の手段では見えないもの」なのだから見てはいけない。見たらスパイだぞと言っているに等しい。ここに、秘密を扱う国家権力の典型が恐ろしいまで

に現れている。

次に、「探知」については、一審判決（書写）の後段で件の三件を含む全十二件につき、まとめて「各軍事上の秘密を探知し」と明示しており、これを根拠法の「軍機保護法」の条文に重ねると

第二条第一項　軍事上の秘密を探知し又は収集したる者は六月以上十年以下の懲役に処す

第四条第一項　軍事上の秘密を探知し又は収集したる者之を他人に漏泄したるときは無期又は二年以上の懲役に処す

――の二か条に抵触する。

つまり大審院判示から推測すれば、樺太・大泊には築造中の石油タンクが三基あり、これが本法施行規則の「其の他の軍事施設」等に該当し、よって同法のいう「軍事上の秘密」にあたるので、これを「探知」したことが探知罪となり、「他人」に伝えたことで漏泄罪になる、という構図だ。

ただし一審判決（書写）には、「探知」（探知罪）であることを立証する判示もない。通常なら、尋常では探り出せない対象（本件では「軍事秘密」）があって、それを承知の上で、

「尋常ならざる不正不当な手段をもって探り出す」

――ところに違法性が生じ、探知罪が成立する。

たとえば、軍参謀本部の金庫の中に極秘の作戦指揮書があって、これを手に入れようとして参謀本部に忍び込み（不法侵入）、金庫をこじ開け（器物損壊）て、作戦指揮書を抜き出し（窃盗）、かつ当該指揮書が軍統帥に直結する内容であることが確認されて、はじめて軍機保護法をはじめ刑法、軍刑法等に抵触する、といった事例である。

少なくとも、この程度の具体的な立証がなければ証拠としての客観性は持ちえない。ところが、実際の本

件・一審判決（書写）では「工事場係員等より聴取し又は自ら目撃して」とあるだけで、不正不当どころか対象となる「軍事上の秘密」がどのような状態で防護・管理され、どのような状態で「係員等」から聴取したのかの立証さえされていない。さらに対象となる「係員等」の特定もなされていない。

つまり、重罪にあたいする犯罪だと断じながら、肝心な犯罪事実を証明する客観的な証拠、証言に基づく判示はまったく見られないということだ。裏返すならば、反論反証しようにも、その対象、実態がないという酷い状態なのだということになる。

本件・一審判決（書写）の場合は書写の際に、証拠に関する部分を省いたということはあるが、もし客観的な証拠が存在したのならば判決の柱となる犯罪事実の判示にそれが現われないはずはなく、それがないということは、仮に今後において省略部分が見つかったとしても、そこに客観証拠が含まれている蓋然性は極めて低いと思われる。

したがって「探知」に関しては、結局

「大泊工事場に於て稼働したる際、同工事場係員等より聴取し又は自ら目撃して」

――とあるだけで、かえって「聴取」「目撃」という言葉遣いによって、犯意、犯罪性のないことを証明している。

少なくとも「聴取」「目撃」の語彙、語感には「不法の手段」が込められているとは読み難く、したがって罰則を科さない「知得」行為と変わるところがない。

判決に「探知」と判示されている行為は、実はいずれも法律上の「探知」行為であるとの証明がなく、軍機保護法上は、すべて「知得」行為にあたるといってよい。

以上、改めて核心部分を整理すると、

軍機保護法によって罰せられる対象となる「秘密」とは
「尋常一様の手段では探知収集できない秘密」
であり、「探知罪」の対象となるのは
「尋常ならざる不正不当な手段をもって探り出す行為」
であり、これが以下、検証していく上での規準ともなる。

石油タンクにかかる一件が、秘密ではない、探知ではない――となると、宮澤弘幸は何故、検挙され有罪と断じられたのか。改めて一審判決（書写）によれば、宮澤弘幸は、この工事現場に北海道大学学生課の斡旋に依って夏季労働実習のために来ていた。確かに、その時の記念写真には学帽姿を含む何人かの学友たちと共に写っているから、この外形事実には間違いはない。（27ページの写真参照）だとすれば、件の風景風物はいずれも宮澤弘幸ら学生たちがみな一様に見聞していたと窺える。だが検挙されたのが宮澤弘幸だけだとなれば、この違い、この決め手はいったいどこにあったのか。一審判決（書写）には書き込まれていない特段の恣意が潜んでいるとでも言わなければ理解しえないことになる。

しかも、軍機保護法制定からの原理を踏まえるならば、法適用の不当性は明らかに過ぎる。宮澤弘幸が海軍の大泊工事場で見た風景は大学の斡旋による労働実習の中で日常的に見慣れた風景であって、到底「不法の手段に依るに非ざれば之を探知収集することを得ざる高度の秘密」（前出＝付帯決議）ではなく、何ら「不法の手段」も用いてはいない。従って本法第四条にはあたらない。

また海軍省令に規定された「軍事上の秘密」であるとの認識もまるでない、つまり犯意がないのだから「故意犯だけを罰する」という司法省の答弁（司法書記官・佐藤藤佐＝前出）にもあてはまらず、犯意がないのだから、その行為は刑法三十八条によって一切罰せられることもない。

これは難しい法律解釈を待つまでもなく、常識人の常識によって判断できる程度の明快な事実だ。

よって検察がどのように強弁しようとも、公正な裁判としては罰条の適用の仕様がなく、無罪とすべき風景に他ならなかった。

ところが実際には検察の言うがままに有罪とされ、当の事件（冤罪）となった。したがって被告側が直ちに上訴したのは当然であり、上級審として公正な判決が期待されたに違いない。

では、大審院での審理はどうだったのか——。

大審院にかかる宮澤弘幸の上告趣意書（院写）では、石油タンク築造にかかる三件について、次の三点から異議を申し立て、当該部分の一審判決の破棄を求めている。

「原判決は重大なる事実誤認に伴う擬律錯誤の違法あるものなり」

「原判決は証拠に拠らずして断罪したるの違法あり」

「原判決には重大なる事実の誤認あり」
＊擬律＝裁判所が法規を具体的な事件に適用すること（広辞苑）
第一点は、石油タンク築造にかかる三件は、仮に軍の秘密だとしても、それは「軍機保護法」によって裁かれるものではなく、別に定めた法律「軍用資源秘密保護法」によって裁かれるべき対象だ
——との論旨が基調で、
「其の立法の趣旨に鑑み　用兵作戦上秘匿すべきか　戦闘力の基礎として其の設備の有無規模等外国に漏泄することを防遏すべきものなるかに依りて　甄別せらるべきものと信ず」
——と、法適用の適正を求めている。

補足するまでもなく、前者の「用兵作戦上秘匿すべき」が「軍機保護法」の適用対象であり、後者が「軍用資源秘密保護法」の適用対象である。

つまり「用兵作戦上秘匿すべき」とは、先の大前提である「統帥事項または統帥と密接な関係のある事項」を踏まえての指摘であり、石油タンクの築造は「軍用資源秘密保護法」次元の築造であって、用兵作戦に直結する「軍機保護法」次元の築造ではないとの論旨だ。

これは一見すると、量刑をめぐる争点に思える。軍機保護法の適用となれば死刑を含む重懲役刑が科されるのに対し、ここに引き出した軍用資源秘密保護法ならば一年以下の懲役あるいは千円以下の罰金（同法第十三条）で止まる可能性が開かれてくる。つまり探知容疑を全否定せずに、容疑の外形は認めた上で、量刑で争うという視点に見える。

だが、狙いはそれだけでない。実際には争点を法律適用の問題に託して、一面では量刑の軽減を主張する弁論を展開しながら、その半面で軍機保護法本来の立法の原理に遡って「軍事上の秘密」の厳正公正な適用を求めるという、なかなか巧みな論旨展開といえる。戦時下の訴訟はこびとしてはなかなかのものだ。

最初に検証したように、宮澤弘幸の弁護人の立場は、全体基本としては判決が示す犯罪の外形を認めた上での弁論になっているが、個別具体的には被告人の利益を最大限に守り真実を追求している。

ところが、この重要な争点提起に対し、大審院はまったく踏み込んでいない。せっかくの争点に何らの吟味を加えることなく、振り出しの一審判決をなぞるだけで

「（石油タンク築造は）軍事上の秘密に該ること寸疑を容れず」

「（軍用資源秘密保護法は）軍事施設に関する事項に及ばざるものなるが故に同法条を以て律すべきに非

ざること勿論なり」

「原判決擬律の措置には所論の違法なし」

――として、門前払い同然に切って捨てている。

一審判決にも勝る機械的な判示で、立法の原理など一顧だにせず、証拠も論理も示すことなく罰すること にむきになって、罰せられる者への目配りはまったく見られない。

改めて「軍用資源秘密保護法」を見直せば、その第二条には、保護すべき目的物の列示があり、その第四号第五号に

一定物資の貯蔵額

一定設備の貯蔵能力

一定の貯蔵計画並関係図書物件

――とある。（探知の2）（探知の3）に指摘されている石油タンクの表示内容そのものであり、素直に読めば文句なし、この項に当てはまる。

＊軍用資源秘密保護法＝一九三九年（昭14）二月二十五日、帝国議会・衆議院に上程され、三月六日同院、同月十七日貴族院で原案通り可決され、六月二十六日施行。第一条に「国防目的達成の為軍用に供する人的及物的資源に関し外国に秘匿することを要する事項の漏泄を防止する」とあり、軍の統帥以外の秘密を保護するのが目的で、適用対象は民間人、民間事業にまで及んでいる。

＊国防保安法＝一九四一年（昭16）一月三十日、帝国議会・衆議院に上程、二月八日、同院、同月二十七日、貴族院で原案通り可決され、五月十日施行。第一条で対象機密を「国防上外国に対し秘匿することを要する外交、財政、経済其の他に関する重要なる国務に係る事項」と定義。つまり軍機保護法、軍用資源秘密保護法の対象外を対象とするも

ので、これで国家秘密三法がそろったことになる。第一章で罪刑、第二章で刑事手続を規定している。
同法第八条＝国防上の利益を害すべき用途に供する目的を以て　又は其の用途に供せらるる虞あることを知りて　外国に通報する目的を以て　外交、財政、経済其の他に関する情報を探知し　又は収集したる者は　十年以下の懲役に処す。

二つ目の「原判決は証拠に拠らずして断罪したるの違法あり」は、具体的には相被告人であるポーリンの供述を証拠として援用していないことを衝いている。

肝心なポーリンの当該供述部分は、大審院判決に引用されているポーリンの「上告趣意書（院写）」の記述の中には入っていないので具体的には確認できない。

だが、ポーリンの予審訊問調書等が法廷に出されていたことは相被告である宮澤弘幸の「上告趣意書（院写）」の記述によって確認できるし、同じ旅行中の別の見聞では

「千島方面を守備して居る兵隊の中で　一番偉い人の名前や階級や飛行場の事も聞いたかも知れませんが　覚えて居りません」（ポーリンの第三回予審調書）

――といった引用があるから、ポーリンの受け止め方はおよそこんな感覚だったに違いない。

この件に止まらず、ポーリンの受け止めは、日常の茶飲み話の中で、時に耳を立て、時に軽く聞き流してという切れ切れの記憶の中だから、改めて聞かれても思い起こせるものではないということだ。

漏泄事件の受け手の側に「受けた」との認識がないとなれば、件の犯罪としての成立も怪しくなる。こうした「漏泄」を否定する重要な「供述」が存在したにもかかわらず、それが証拠から排除されていたとすれば公正な判示とは言えず、「証拠に拠らずして断罪」の主張は十分に理由がある。

このような件では「言った」という供述と「聞いた」という供述の内容が一致して初めて事実と認定され

るものだからだ。

にもかかわらず、大審院の判決は、ここでも

「判示軍事上の秘密を　ポーリン・レーンに漏泄したる事実は　原判決の証拠説明に依り優に認め得る所なるを以て　同人の供述をも証拠として併せ援引せざればとて　証拠によらずして事実を認定したりと謂うべきに非ざること言を俟たず　原判決には所論違法なく論旨理由なし」

――と断じている。

原判決の正しさは「原判決を読むだけで証明できる。だから後でごちゃごちゃ言う方がおかしいのだ」と言わんばかりの威丈高さだ。

何を言っても無駄、聞く耳持たない問答無用の姿勢が露な大審院判決である。

三つ目の「原判決には重大なる事実の誤認あり」の「誤認」は、「知得」と認定すべき事実を「探知」と誤認したとの指摘だ。これも判決の骨格にかかわる争点となる。

上告趣意書（院写）によれば、一審判決は石油タンクに関する「探知」三件をはじめ、計十二件について探知罪を適用しているが、宮澤弘幸による見聞は労働実習の中で自ずと目にしたり耳にした日常見聞であって、「軍事上の秘密」と知って故意に聞いたり見たりしたものではないから、探知罪に問われる「探知」行為ではないという論旨だ。

また故意ではなく、つまり「犯意はない」のが明らかなのだから探知罪は成立せず、

「原判決は探知にあらざるものを探知と認定した」

――との申し立てになる。

この論旨は先に検証した通り誰の目にも明らかな事実だが、上告趣意書（院写）では単に否定するだけにとどまらず、罰条の適用変更を申し立てている。

軍機保護法には

第三条　業務に因り軍事上の秘密を知得し又は領有したる者　之を他人に漏泄したるときは無期又は三年以上の懲役に処す

第五条　偶然の原由に因り軍事上の秘密を知得し又は領有したる者　之を他人に漏泄したるときは六月以上十年以下の懲役に処す

――との条文があることから、

宮澤弘幸の見聞は労働実習の中でいつかしら身についた知得であり、従って半ば業務、半ば偶然によって知得したものであり、仮に漏泄したとしても第三条ないし第五条での「漏泄罪」のみを問われるべきであって、探知罪と連結した第四条による漏泄には当たらないと論証している。

これも、一審有罪の外形は認める立場からの展開になるが、ここでも罰条の適用変更によって罰条の軽減をはかるしぶとさが表れている。

なお、右の論旨展開にあたっては、その前段で、捜査段階での自白について否認する申し立てを強く展開している。

「被告人は警察検事廷に於ては　強制せられて　恰かも故意を以て軍事上の秘密を探知せんと企てたるが如く供述したれども　そは真意にあらず　又事実にあらずと公判に於て供述せるのみならず　仔細に前後の情況を考察するに　被告人が特に故意を以て軍事上の秘密を探知収集せんとしたるが如き形跡之あることなし」

自白については「第一部第一章　仕組まれたスパイ冤罪」の項でまとめているが、右の「強制」とは拷問のことだ。拷問・自白はすべてが密室なので、実相はなかなか表にならないが、ここに、本件とは全く別の宗教弾圧事件ながら、手記に残されたものがある。

事件は、先のハロルドの判決にも出てくる北星女学校で引き起こされた。同校の教師がキリスト教の聖職者でもあったことから「反国体教育」の嫌疑で検挙され、この巻き添えで同校の女生徒が特高による取調べを受けた。件の手記は、この女性が戦後に書いたもので、

「〇〇〇（教師名）や北星の教師は神社参拝はしなくてもいいといっただろう」

「神社参拝をするなといっただろう」

「外人は偉くて尊敬できるが日本人はみな駄目だと言わなかったか」

――との紋切りで繰り返し繰り返し、訊問されたという。そのうちに別の刑事が入って来て交代し、また同じことを聞く。否定しても否定しても同じことを聞く。そのうち今度は取調べの部屋から連れ出され、別の部屋に入れられて、また同じことを繰り返し繰り返えされて、終日聞かれ続けたとある。

また、刑事の手元にはノートがあって、随時それを見ながら「何日何日には何をした」「何処に行った」「何のためだった」等々と聞く。内容は検挙された教師と女生徒の行動記録と接点で、過去一年余にわたって記録されていたようで、言われてみれば、ほぼ合っていたという。

これが特高のやり口だ。既に当人以上に詳しい行動記録（外形事実）がノートされていて、その一つ一つを当人の口で「自白」させるまで続けるのだ。その訊問の表現がまた直截に過ぎて、意図まで見え見えなのが稚拙というよりも凄まじい。

特高の手元には、キリスト教の学校だから日本の神社参拝はさせない教育をしている、外国人教師が中心

だから外国崇拝の教育をしている——との筋書きがあって、それを認めさせるまで訊問を重ね続ける。認めなければ認めるまで続け、拷問にかける。

さすがに女生徒に対しては革の鞭をもって机の端をたたき続けるに止めたようで、この女生徒の場合は健気にも耐えきって否認のまま解放されたが、宮澤弘幸の場合は殴る蹴るは茶飯、裸で逆釣りにされたり、先に明らかにしたように「蟹刑」で責められたりと瀕死の目に遭わされている。

宮澤弘幸への一審判決の下敷きとなった「自白調書」はこのようにして仕立てられたとみて間違いない。おそらくは「探知の1」をはじめ、この通りのノートが既に特高の手元にあって、これに押印するまで責め続けられたのだろう。

いや、仮に拷問に屈し（外形を）認めるにあたっても、その内容を一々確認する余地さえなかった。先の黒岩喜久雄の場合は、「何一つ聞かれなかった」「今も分らず」と回想しているが、これは、記憶になかったというよりも、公判では被告に分るように示されなかったという方が正しい。それは有罪判決の内容そのものが「軍事上の秘密」であるから公判自体が非公開とされただけでなく、判決文の読み上げさえも端折られた可能性が濃い。それが軍機裁判の断面であり、冤罪の構造になる。

改めて、先の「証拠に拠らずして断罪」のくだりの上告趣意書（院写）をみると

「被告人は警察検事廷に於ては　ある程度迄これらの事実をレーン夫妻に語りたることを認めたるも公判廷に於ては　しかく詳細に語りたることなしと否認せる所なり」

——との記載がある。

この「しかく詳細に語りたることなし」とは、実際には供述していない事までが調書に書かれているという意味だ。供述に基づく調書ではなく、女生徒への訊問と同じく、まず必要とする調書の筋立てが既にあっ

て、これを丸ごと鵜呑みに認めるよう強要された現われにほかならない。

このような、上告側の合理にかなった懸命の異議にも大審院の目は閉ざされている。

下した判示は、

「原判決援用の証拠を査するに　所論判示事実に付　被告人が故意を以て軍事上の秘密を探知したる事実の証憑極めて明白にして　記録を精査するに　原判決援用に係る被告人の供述が係官の強制に基く虚偽のものと認むべき何等の根拠あるを見ず　又原審に重大なる事実の誤認あることを疑うに足るべき顕著なる事由あるを認め難し　業務上又は偶然の原由により知得したるに過ぎずとするは原判示に副わざる独自の見解のみ　之に立脚して原判決の認定を争い其の擬律を云為するは中らず　論旨理由なし」

――と紋切型で、何の顧慮もない。

もともと原判決（一審）なるものは、特高・検事が予め必要とした筋立てに沿って組み立てられたものであり、その文脈のままに読めばそれなりに一貫しているわけで、異議を挟む余地は見えてこない。

だが、上告はこの「筋立て」そのものに異議を申し立てているのだから、少なくとも事実調べをやり直す必要がある。

本来なら、事実調べへの異議は控訴審（二審）が担うところだが、控訴審が戦時刑事特別法によって省略されているのだから、その責は大審院が果す義務がある。

だが「原判決援用の証拠」即ち拷問による自白調書を一瞥しただけで「証憑極めて明白」と断じ、「記録」即ち公判記録だけを読み返して拷問捜査を否定し、事実に基づいて提起した法適用の変更を「原判示に副わざる独自の見解」として一蹴している。

それにしても「原判示に副わざる独自の見解」とは臆面もない言い方だ。おそらくは上告そのものを「原判示に副わざる独自の見解」として頭から切り捨てているが故に出てくる発想なのだろう。

以上「探知」三件に限っても、大審院は真摯に審理し真実を極めようとする姿勢に欠けている。もともと原判決には犯罪を証明する客観的な証拠、証言に基づく判示がなく、ここを衝いた上告趣意書には合理性があり、立法の原理、さらには審議過程での軍の証言をもそろえた客観性ある法理の提示があるにもかかわらず、戦時特例法を盾に聞く耳閉じたやりようは最終審の責務を果たしてるとは言い難い。

一旦、「秘密」「探知」「漏泄」と決めたら、特高、検察、裁判所を通じて「秘密」「探知」「漏泄」と言い通す、これが「軍機（秘密）」裁判の実相であり、一旦、戦争して勝つと決めたら、どんなに負けても「勝つ」と言い通して、国民を死に至らしめた戦争推進権力のやり口と軌を一にしている。

《探知(b)　海軍上敷香飛行場の分》

（探知の４）

樺太・上敷香の海軍飛行場には二百七十名収容の兵舎一棟、戦闘機四機を格納できる格納庫四棟、爆弾庫二棟、指揮所一棟と十字滑走路が存在する。

（探知の５）

樺太・上敷香の海軍飛行場の北五キロの地点には、電気通信所一棟、其の東には高射砲数門を設備したる防空灯台一基が存在し、目下工事中にして昭和十五年（一九四〇年）中に完成の予定である。

＊上敷香飛行場＝一九三七年（昭和12）に用地買収し、雪上離着陸できる程度に整地されていた。（防衛庁防衛研修所戦史室著『北東方面海軍作戦』）

この「探知」二件は、一審判決（書写）によれば、昭和十四年（1939年）八月十三、四日頃、先の夏季労働実習の中で知り合った大泊工事場の係員から紹介状を貰い受けて足を延ばした樺太・上敷香の海軍飛行場工事場において、同工事場の係員から「聴取」した「伝聞」に基づいている。

だが、肝心な紹介状を書いた大泊の「係員」も、上敷香で聴取の相手をしてくれた「係員」も判決では特定されていない。したがって、「係員」の供述調書もあり得ない。

通常の犯罪捜査ならびに法廷であれば、これの特定は欠かせない部分であり、この特定が客観的に証明されなければ犯罪事件としての成立もないところだ。

その上、これを裏返すと、もう一つの矛盾が表に現われることになる。スパイ事件に特有といってもいいのだが、つまり、「探知の4」と「探知の5」は、仮に宮澤弘幸が実際に当の「係員」から「聴取」して「探知」した「軍事上の秘密」だとすると、宮澤弘幸が「探知」した時点で「係員」は「漏泄罪」に問われることになる。大泊の「係員」にしても、この事情を知って紹介状を持たせたとすれば無関係では済まされない。法の上で、そういう構図になっている。

したがって、この「係員」が実際に存在し、特定されていれば、当然に「漏泄罪」で取調べを受け、両係員による供述調書が宮澤弘幸の法廷にも「探知」の裏付け証拠として出されることになる。もちろん当該「係員」は、別途、漏泄罪で裁判にかけられていることになる。

しかし、このような事実はいずれも存在しない。したがって、宮澤弘幸の「自白調書」には匿名の「係員」から「探知」したと記され、その不完全な「自白調書」を基に立件されたものと解するほかはない。

もちろん、「自白調書」に書かれた詳細な「事実」なるものは裸同然で留置されている宮澤弘幸の記憶の中から出てきたものではなく、特高の「ノート」によったと解するほかはない。文字通り「しかく詳細に語りたることなし」である。

ただ上告趣意書（院写）に

「予審に於て　軍事上の秘密たることを疑を存して認めたるものは　上敷香飛行場の事実あるのみ」

――とあるのは、少々留意させられる。

全十六件にわたる軍機保護法違反の断罪に、一つ一つ反論していく中で、これだけは脇が甘かったと認めざるを得ない、ということだ。上敷香の飛行場工事場を訪ねた際の宮澤弘幸の認識の中に「これは、ひょっとしたら軍の秘密かもしれない」という影があった、という思い残しである。

確かに先の本法施行規則の列挙に照らすと「国防、作戦又は用兵に関する事項」の中の「作戦要地の防禦の計画」や「軍備に関する事項」の「水陸設備の計画」に擬せられるといえば擬せられる。

しかし、これも肝心は「不法の手段に依るに非ざれば之を探知収集することを得ざる高度の秘密」かといえば、明らかにそうではない。紹介状を受け取ってくれた「係員」から聞いた話とあれば、とても不正行為による「探知」とは言えない。「人の話を聞いた　是は収集と言わぬ」（大山文雄・海軍省法務局長の貴族院委員会での答弁）である。

しかも一審判決（書写）によれば、「係員等から聴取」とのみあって、大泊三件での「聴取し又は自ら目撃して」と比べると「目撃」が入っていない。仮にも「探知」に行って「目視（目撃）」すらしないというのは間抜けた話であり、あいさつ代わりのおしゃべりの中での伝聞と位置付けざる得ない程度の付け足し嫌疑ということになる。

ただ、大泊からさらに北四百キロ余の上敷香の飛行場工事場まで行った動機を質だされると、釈明に厳しいところはある。他の件が労働実習や灯台船便乗など堂々の動機があるのに比べ、上敷香まで足を延ばした理由は何か。最初から探知犯と決めている相手に「旺盛な好奇心」では到底信じて貰えないだろう。

この件、実際には同飛行場の南に拓かれていた「オタスの杜」を訪ねるのが主目的だった。この集落のことは先にも少し触れているが、国の土地利用策に基づいて、先住民族を定住化の名目にまぶし、特定地域に半ば強制的に囲い込んで造成した国策集落で、狩猟を生業としてきた非定住の民族にとっては自ら願ってのものではなかった。

このため現実に日々の生活をしていく上での問題が多く、日ごとに親交を深めていたアイヌ研究の北大医学部助手マライーニの影響も受けて、先住民族の問題に関心を深めていた宮澤弘幸としては一度自分の足で訪ねて自分の目で実情を確かめておきたい土地だったと推定される。

もとより好奇心は人一倍旺盛な宮澤弘幸だ。せっかく樺太に来て、足を延ばせば行けるところを無にすることはない。こうして見聞したオタスの杜とその周辺をレーン家の歓談で話したこともあるに違いない。

《オタスの杜》

アイヌ語で「砂地」。ホロナイ川とシスカ川の合流点に生まれた生活域で、ウイルタ（オロッコ）ニブヒ（ギリヤーク）キーリン、サンダー、ヤクートら北方民族が狩猟主体の生計を立てていた自由の天地だった。

一九二六年ころ、樺太庁敷香支所が一帯の土地利用を図るため、先住民を一か所に押し込んだのが実態。さらに一九三〇年には樺太庁が皇民化策として「敷香土人教育所」を設けている。

民族の尊厳と自立復元の一線に立ったダーヒンニェニ・ゲンダーヌ北川源太郎はこの地の出身。宮澤弘幸が訪ねたときは六年生だった。

一九四〇年に「八十五戸四百六人」という数字が残されている。

宮澤弘幸はアルバムに「おろっこ、余りにもいたいたしい人々だ、過去なく、現在なく、未来もない。意識なき處文化なく、文化なき處人間なし。神よ、願はくは芽生えしめよ意識を、この地球の北のいやはてにも」の一文を遺している。

いまだ洞察浅いものの、上田誠吉は「せいいっぱいの人間的共感を示している」と評している。

しかし判決にある「探知」に当たるわけはなく、レーン夫妻にしても記憶に残る形では覚えていないことは最初に引用の上告趣意書（院写）で明らかだ。ハロルドは

「自分は軍事秘密と称せらるる事項に付ては　全く興味なかりしのみならず　斯る事柄を収集聴取せんと努力したることもなし」

――と申し立てている。

《探知(c)　灯台船便乗の分》

（探知の6）

北海道宗谷郡所在宗谷岬灯台には、軍艦との通信のために光源を遮蔽する特殊板を設備した海軍関係の信号設備が備えられている。

（探知の7）

樺太・大泊町の海軍大泊工事場での石油タンク工事は、すでに三基とも完成しているが、給油設備はまだ工事中で、完成は昭和十七年（１９４２年）春頃の予定。

（探知の8）

千島・幌莚島柏原湾には二基の海軍砲台があり、一基はカムチヤツカ中部を通過する敵艦を、もう一基は柏原湾沖を通過する敵艦を射撃する任務を担っている。

（探知の9）

千島・松輪島には海軍の飛行場がある。

（探知の10）

千島・占守島片岡湾と幌莚島柏原湾では、昭和十五年（１９４０年）九月に漁夫が引揚げた後、軍徴用の技術者と職工が来て、昭和十六年七月頃、陸軍関係の軍事施設を築造している。

またその頃、柏原湾には軍の輸送船十隻が入港している。

（探知の11）

千島・占守島に駐屯している陸軍部隊は内田部隊で、隊長は小林少佐である。

（探知の12）

北海道根室郡根室町には、海軍の飛行場があり、指揮は兵曹長が執っている。

＊海軍が千島に飛行場の建設を始めたのは一九三五年頃。幌莚島、松輪島、択捉島に完成したのは一九三八年年頃（防衛庁防衛研修所戦史室著『北東方面海軍作戦』）

陸軍が幌莚島に北千島要塞の建設にかかったのは一九四〇年九月頃。十一月三日に指令部機能が到着し、一九四一年七月十日に北千島要塞重砲兵隊、北千島要塞歩兵隊、北千島陸軍病院開設。（防衛庁防衛研修所戦史室著『北東方面陸軍作戦』）

以上七件は、一九四一年（昭16）七月二日頃から同月十六日頃まで、逓信省所管の灯台船「羅州丸」に便乗し、樺太・千島列島に設置された灯台を巡航した際に見聞した中から摘出された件に基づいている。

この灯台船に便乗出来たのは、札幌逓信局の局長・遠藤毅の斡旋によるもので、局長と藤倉電線に勤める宮澤弘幸の父とは仕事の上で旧知の仲だった。

一審判決（書写）によると、この巡航中に「灯台係員其の他より聴取し又は自ら目撃して（判示七件の）各軍事上の秘密を探知し」た、

――と断じている。

だが、件の七件を条条一見するだけで

「不法の手段に依るに非ざれば之を探知収集することを得ざる高度の秘密」（前出＝附帯決議）

――とは言えないこと、誰の目にも明らかだ。

一審判決（書写）自体が「聴取」「目撃」と表記して、そこに尋常を超える手段も不正の影もないことを言外に認めている。

したがって件の条条、これまでの検証とまったく同様に不正不当な手段を用いなければ探知し得ない状態に防護・管理されている「軍事上の秘密」を不正不当な手段を用いて探知したものではないこと、明らかに証明される。

多くの人々にとっては未知の島々、千島列島、確かに極北に向かって転々と延びる列島に出向く人は、そうは居なかったろう。そこに何があるかを知る人は多くあるまい。

しかし孤島列島かというと、そうではない。最北に近い幌莚島（現パラムシル）には北海道・小樽港などから定期便航路が開かれ、たまたま宮澤弘幸らが灯台

《灯台船「羅州丸」》

元・旧ロシア帝国のロシア東清鉄道会社所有の客船「アクグン丸」二五〇〇トン。一九〇〇年ドイツで建造進水、一九〇四年（明治37）七月、日露戦争中の日本海（朝鮮半島全羅道沖）で旧日本海軍に拿捕された。翌〇五年五月から航路標識視察船に改装されて就航、のち第五代灯台船になった。

本件判決文（書写、大審院）では「燈臺監視船」と表記されているが、『燈臺船羅州丸』（斎藤謙蔵著・東晃社1942年刊）など関係者間では「燈臺船」と表記されているので、本稿では「灯台船・羅州丸」と表記する。

同書によると「毎年五月の初めに仕度万端を整へ横浜を出発する　これがその年の第一回巡航で、東京湾を北へ房総の沿岸を辿って犬吠埼、金華山沖を通り、東北四五カ所の灯台を済ませて、北海道に出で千島に渡り、復航の途々、北海道へ……」とある。

同書には一九四〇年（昭和15）五月十一日に横浜港を出てからの航海記録が綴られている。宮澤弘幸便乗のちょうど一年前にあたる。厚岸、根室に寄港した模様が記されているから、宮澤弘幸の場合も、このへんで便乗したと思われる。

船に便乗した直前には『朝日新聞』の記者が周遊取材に訪れ、七月十七日付から断続八回にわたって「北千島新風土記」を連載している。

列島直線距離だけでも千二百キロ余、灯台船の任務をはたす物見遊山とは言えぬ北洋の旅で、ときに物珍しく、ときにほっと寛いだひとときに

「あの灯台ねえ、ときに光線が途切れること、あるんですよ。遮蔽板があってねえ、軍艦と緊急通信するとき光源で遮るんです。うまく出来てるもんですねえ」

とか

「やあ、宮澤さん、もう二年になりますかねえ、あのときの石油タンク出来ましたよ。給油の方はまだですけどね」

とか

「ほら、あの島、マツアっていうんですがね、海軍さんの飛行場あるんですよ。なんもない島でね、海軍さんも大変よね」

――といった話が、問わず語りにあったとしても、これは何の不思議もない。

だが、この「探知」七件の場合、そういう秘か否か、探知か否かの検証にも増して、実は、得体知れず膨らむ疑念がある。

いったい特高は、この七件を容疑とする端緒をいつ、どこから得ていたのか――。

仮に、宮澤弘幸が自らの意思でしゃべったのならともかく、そうではないのは上告趣意書（院写）によっても明らかなのだから、いずれかの時点でいずれかの端緒によって「特高ノート」に書き込まれていたこと

になる。あるいは、灯台船に特高も便乗していたとでもいうのだろうか。

影、拭えないのは、学生主事、配属将校の存在だ。探知(a)にしても、斡旋は学生課である。特高が配属将校はもとより学生主事とも通じていた疑いは既に明かしたところであり、出所が知れる。裏付ける証拠はないが、この仮説があたっていれば、宮澤弘幸は早い時期から北大ぐるみの包囲網でがんじがらめになっていたことになる。学生にとって学生主事とは何だったのか、改めて問い返される。

疑念といえば、灯台船関連七件では、もうひとつ意味の取り難いくだりがある。

上告趣意書（院写）によれば、全体としては先行する五件と同じく「探知に非ず」との論旨で厳しく異議を申し立てているのだが、中で「探知の8」から「探知の11」までの四件については少々視点を変え、

「原判決には理由不備審理不尽の違法あり」

——の論旨でも衝いている。

断罪の理由がいい加減だ、もっとしっかり調べてくれ、という趣旨になる。

その決め手として挙げているのが、

「記録を調査するに　右各事実は　被告人は　自ら調査して知得したりと云うに非ずして　羅州丸の客間に於て　松本松太郎より伝聞したりと云うに在り」

——との指摘だ。

右の「記録」とは公判記録を指し、「右各事実」とは幌莚島の海軍砲台（探知の8）、松輪島の海軍飛行場（同9）、占守島の陸軍施設（同10）、占守島駐屯の内田部隊（同11）の四件であり、この四件については、松本松太郎なる人物から聞いた「伝聞」だと明示している。

これは判決の核心にかかわる新事実だ。「記録」とあるから公判では出ていたのだろうが、一審判決（書

写）には影もなく、したがって松本松太郎なる人物も、ここでいきなり現れたことになる。被告人以外に事件を語る者として個人名が出てくるのは、この松本松太郎以外にはなく、この意味でも極めて異例だ。

ただ、当の松本松太郎の素性はまるで明かされていない。「客間に」とあるから宮澤弘幸の他にも便乗者がいたのか、あるいは乗組員関係がたまたま入室していたのか。あるいは、判決文にある「灯台係員其の他」の中の「其の他」の一人が松本松太郎なのか。上告趣意書（院写）にも、これ以上の記述はなく、いずれとも推測のしようがない。

だが、いずれにしても一審判決（書写）が「探知」だと一律に断じている七件のうち、四件については灯台船の客間で、たまたま隣り合わせたのであろう松本松太郎なる人物が話すのを耳にしただけの「伝聞」であったとすれば、判決全体の骨格が違ってくる。

上告趣意書（院写）は、当然ながら

「自ら求めたるに非ずして他人が語るを偶然聞き居りて知得するが如きは探知と云うべからざる」

——と糾弾している。

この事実が一審公判に出ていながら、判決では無視されていたとすれば、「理由不備審理不尽」そのものであり、一審判決の違法性が明らかとなる。

ところが、この松本松太郎なる人物、一筋縄ではない。件の上告趣意書（院写）は、この指摘のあと間も置かず

「この点に付き　証人松本松太郎は　全然斯の如き事実を語りたることなしと証言する所なり」

——と、耳目疑う言及をしている。

肝心な証人・松本松太郎が一転して全否定しているというのだ。これはいったい何を物語るのか。上告趣

意書（院写）のこのところの文脈そのものも、いささか読み解き難い。

だが、ともあれ「証人」とあるから、公判での証人調べがあったものと解される。ただし、この限りでは弁護側が立てた証人なのか検察側のそれなのかも推定しがたい。そして、ことはそのいずれであったにしても、ややこしい迷路に引き込まれる。

まず、検察側証人だとすると、前提として被告人側に「松本松太郎から聞いた」という証言、あるいは主張があったはずであり、これを否定する証人ということになる。

だが、これによって検察側は何を証明したのだろう。宮澤弘幸が聴取した相手が松本松太郎ではないと証言させることで、何を明らかにしたのだろう。その意図がまるで見えてこない。

では、被告人側の立てた証人だったのか。この場合は、たとえば起訴状に「松本松太郎から探知した」との見立てがあって、これを否定するために証言を求めたことになる。だが、それならば上告趣意書でこのような取り上げ方はせず、正面から一審判決が松本証言を無視した不当を衝くはずだ。趣意書の文脈からは、被告人側の承知していない証言台からの言及としか読み取れず、弁護側が立てたとはやはり思えない。

いったい、証人・松本松太郎の存在理由はどこにあるのだろう。そも松本松太郎なる人物は、いったい何者なのか、なぜ証人となったのか、何をどう証明しようとしたのか。なぜ本件裁判に絡んできたのか。疑念ばかりが膨らむ人物である。

したがってあとは仮説になるが、気になる影は、ここでも軍機保護法が持つ陰湿な仕組みだ。

火のないところに煙で、松本松太郎が最初から一件に全く無関係であれば証人としての登場自体がないわけであり、おそらく四件にかかわるそれなりの「見聞」を持っていて、これを船中のつれづれに「話した」ことは話したのだろう。

ところが、これを証言すれば、直ちに松本松太郎自身が漏泄罪で検挙されるという、本稿でも既に検証済みの仕組みを気づかせられて、急遽、否認に転じた。これは十分にありうることであり、つまるところ検察ももてあまし、判決に向けては匿名処理で濁すことにした。これもありうる筋書きだ。

同じ影は、既に、探知ⓑの上敷香飛行場の場合にもよぎっている。ここでは聴取の相手を探知ⓐでの「係員等」とは違って「係員」と表記し、紹介状を書いた係員と、その紹介状を受け取った係員を事実上個別に特定している。しかし、名前まで出してしまえば灯台船の松本松太郎と同じ問題が出てくるために、匿名のままとした。こう推理すればつじつまも合ってくる。

この影は、おそらく上告趣意書も感じとっていて、それ故に敢えて法廷に引き出すことを意図し、争点に提起したのかもしれない。この件の締めくくりを訴訟文書としてはいささか荒唐無稽な皮肉を込め、

「被告人自身　現地に臨み調査したる形跡も亦之れあることなきが故に　若し被告人にして　レーンに斯の如き事実に付き語りたることありとせば　自己の逞うせる想像を語りたるものたるやも未だ計るべからず」

——と展開し、

「証拠に拠らずして軽々に被告の秘密事項の探知と漏泄とを認定したるは審理不尽の違法あるものにして破棄すべきものと信ず」

——と結んでいる。

本件捜査、あるいは一審判決のいい加減さ、文字通り審理不尽の無責任さを衝き、法廷において影の正体を明らかにしようとの狙いも感じられる。

しかし、大審院は公判を開くことなく、

「原判決挙示の証拠によれば　所論判示事実に付　被告人が探知を遂げ且漏泄したる証明十分なるが故に　証拠によらずして事実を認定したる違法なきは勿論　記録を査するに　原審に此の点に付審理を尽すことなかりし廉あるを見ず　論旨理由なし」

――と、これまでの流れから見れば変哲なく、思考停止の判断となっている。

灯台船七件の探知ⓒの中で一番最後に、付け足しのように加えてあるのが、海軍根室飛行場の存在だ。上告趣意書（院写）によると、灯台船「羅州丸」から下船後、札幌へ帰る列車の車中で乗り合わせた相客の一人が

「北海道根室郡根室町には海軍飛行場存在し同飛行場の指揮には兵曹長が当り居る」

――といったのを「聞知」したとされる一件だが、これこそ公然周知の存在であり、判決がいう「軍事秘」なるものの実態を象徴する一件だった。

なにしろ肝心な漏泄の受け手のはずのハロルドが

「同所に海軍飛行場の在る事を十年程前にリントバーグが来たときから知って居りました」（予審第三回十七問答添付記録四五丁＝院写）

――と供述しているからだ。

「同所」とは根室、「リントバーク」とは、大西洋無着陸横断飛行で名を挙げ飛行王と称されたアメリカ人のリンドバーク大佐で、一九三一年（昭6）八月二十四日、アリューシャン（現アレウト）列島沿いに北太平洋を水上機で横断して日本・根室港内に着水し、世の喝采を浴びた一事を指している。

実は、この供述には少々思い違いがあって、海軍飛行場が出来たのはリンドバーグ機着水の翌年のことで

あって、ハロルドの記憶には混乱があり、「供述」としては不正確なのだが、「十年程前から知っていた」事実には変わりがない。

次いで宮澤弘幸ら検挙の二年前、一九三九年（昭14）八月二十七日には、東京日日新聞社ら主催の大興業「ニッポン号による世界一周飛行」の日本離陸起点公認出発記録点が根室飛行場内に設定され、再び脚光を浴びている。

それだけではない。これは戦後の発掘となるが、一九三四年（昭９）八月の時点で、既に海軍当局がアメリカの海軍武官に根室飛行場の見学を許可していた。同年八月四日付で、大湊要港部副官から根室支庁長・根室町長・根室憲兵分駐所長宛に発信した「米国海軍武官根室飛行場見学の件通知」という公文書で、見学者名、見学予定日、それに案内上の注意点が明記されている。

仮に、宮澤弘幸が車中で聞き知った「聞知」がハロルドに漏泄され、さらにアメリカ大使館に漏泄されたとして、既にアメリカ大使館には自国軍人の目視による見学記録があったという茶番になる。

これだけでもう「探知の12」はスパイ事件としての犯罪要件を欠いており、法廷にあっては破棄されざるを得ない。おそらく捜査・検察は点数稼ぎの勢いで羅列の最後に加えたのだろうが、一転、減点の要因となるところだった。

実は、宮澤弘幸の上告趣意書（院写）では、この「根室飛行場」の一件を趣意書冒頭に据えている。それは「根室飛行場」の件が最も明快に無罪を証明できるからであり、その証明によって、一審判決全体の誤謬体質を明らかにし、以下、一審判決の判示順に従って事実認定の誤り、法・条文適用の誤りを逐次個々に証明する展開にしたいと考えたからに違いないと思われる。

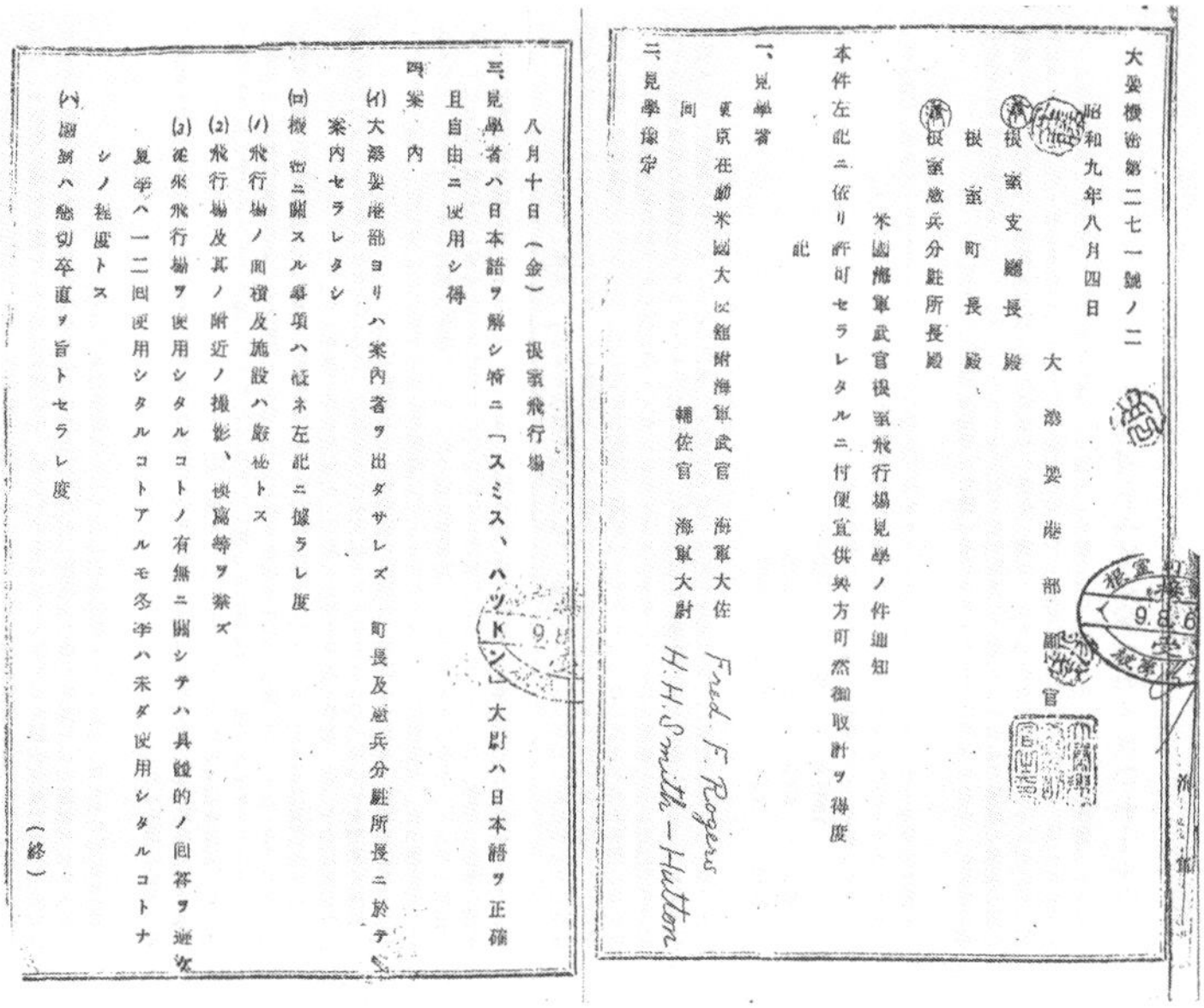

大要機密第二七一號ノ二
昭和九年八月四日　大湊要港部副官
根室支廳長殿
根室町長殿
根室憲兵分駐所長殿
米國海軍武官根室飛行場見學ノ件通知
本件左記ニ依リ許可セラレタルニ付便宜供與方可然御取計ヲ得度
記
一、見學者
東京在勤米國大使館附海軍武官　海軍大佐　Fred. F. Rogers
同　輔佐官　海軍大尉　H.H.Smith-Hutton
二、見學豫定
八月十日（金）　根室飛行場
三、見學者ハ日本語ヲ解シ特ニ「スミス、ハットン」大尉ハ日本語ヲ正確且自由ニ使用シ得
四、案内
(イ)大湊要港部ヨリハ案内者ヲ出ダサレズ　町長及憲兵分駐所長ニ於テ案内セラレタシ
(ロ)機密ニ關スル事項ハ概ネ左記ニ據ラレ度
(1)飛行場ノ面積及施設ハ嚴秘トス
(2)飛行場及其ノ附近ノ撮影、模寫等ヲ禁ズ
(3)從來飛行場ヲ使用シタルコトノ有無ニ關シテハ具體的ノ回答ヲ避ケ　見季ハ一二回使用シタルコトアルモ冬季ハ未ダ使用シタルコトナシノ程度トス
(ハ)應對ハ懇切卒直ヲ旨トセラレ度
（終）

《根室海軍飛行場の見学公文書》

大要機密第二七一号の二　＊「大」は大湊、「要」は要港

昭和九年八月四日　大湊要港部副官

根室支庁長殿　根室町長殿　根室憲兵分駐所長殿

米国海軍武官根室飛行場見学の件通知

本件左記に依り許可せられたるに付便宜供与方可然御取計を得度

記

一、見学者　東京在勤米国大使館付海軍武官海軍大佐 Fred.F.Rogers　同輔佐官海軍大尉 H.H.Smith-Hutton

二、見学予定　八月十日（金）　根室飛行場

三、見学者は日本語を解し特に「スミス、ハットン」大尉は日本語を正確且自由に使用し得

四、案内（イ）大湊要港部よりは案内者を出だされず　町長及憲兵分駐所に於て案内せられたし（ロ）機密に関する事項は概ね左記に拠られ度（1）飛行場の面積及施設は厳秘とす（2）飛行場及其の付近の撮影、模写等を禁ず（3）従来飛行場を使用したることの有無に関しては具体的の回答を避け　夏季は一二回使用したることあるも冬季は未だ使用したることなしの程度とす（ハ）応対は懇切卒直を旨とせられ度

（終）

同上告趣意書（院写）は、その冒頭で

「第一点　原判決には罪とならざる事実を有罪に断じたる違法あり」

――として、真っ向から異議を申し立て、「根室飛行場」にかかる原判示の破棄を求めている。

その論旨は、

軍事上の秘密には当らないこと

探知罪には当らないこと

漏泄には当らないこと

――であり、

その論拠は軍機保護法の成立にあたっての議会・付帯決議（前出）をはじめとする、軍機保護法が拠ってたつ立法の原理、法理に基づいている。

これらは既に本稿に於いては「探知の1」から始まって、順次、一審判決の判示に沿って「探知の11」に至る中で解明してきたところだが、その集大成を冒頭でたたみかけたということになる。

第一には、「根室飛行場」の存在が新聞、雑誌等によって何度も報じられた公然周知の存在であるだ

《根室海軍飛行場》

正確には根室町・花咲地区ワッタラウスに築かれた旧海軍の飛行場。他に牧の内地区に造成中に敗戦となった「飛行場跡」があり、これとは異なる。

公式記録は敗戦時に廃棄され存在しないが、『根室千島両國郷土史』（本城玉藻著・1933年刊）によると「昭和七年（1932年）十月二十日横須賀海軍建築部は根室大字ワッタラウスに於て面積二百町歩を買収し海軍飛行場を建設すべく第一期工事に着手施工せり、工事名は飛行場地均し及び不陸直しと称し工事費金五千円にて十一月二十一日竣成せり」とある。

郷土史家・近藤敬幸によると「不時着用に造られたもので、米軍資料からは滑走路が北東―南西方向に二千八百フィート（約853メートル）北西―南東方向に三千百フィート（約945メートル）だった」といい、二本の滑走路が交差する構造だった。現在は牧の内とともども自衛隊の基地に。

なおリンドバーグ飛来をめぐる新聞報道の中に「この時根室飛行場にいた本社熊野、酒井両飛行士は――」という記事（朝日新聞）がある。当時、小型飛行機が離着陸できる程度の滑走路があったのかもしれず、あるいは、海軍はこの用地を取得した可能性もある。

けでなく、誰の目にも触れる広大な敷地の飛行場そのものを「軍事上の秘密」とするには無理があること。これは裁判云々を超え、誰の目にも明らかだ。

現に、先の大湊要港部による外国武官への見学許可の条件には「飛行場の面積及施設は厳秘とす」とある。裏返せば「面積、施設の詳細は厳秘だが見学は自由で秘ではない」と海軍自身が認めていた証になる。

もちろん、この見学許可の文書には「大要機密」の肩書があるので、仮に弁護側が請求しても出さなかったであろうが、軍機保護法の施行規則（海軍）第一条第七号には

「海軍大臣所管の飛行場、—略—の位置、員数、編制又は設備の状況」（前出）

——とあり、個別具体例である根室飛行場の「見学の件通知」の条件としっかり符合している。単に飛行場の存在が「軍事上の秘密」なのではなく、個別具体的に位置、面積等の数値、設備の中身に秘密があり得るからとの意である。

加えて、軍機保護法案を審議し成立の前提となった衆議院委員会での答弁

「而して省令で示す事項でも　軍より公表したるものは　秘密に属しませぬ」（前出＝陸軍政務次官・加藤久米四郎、海軍政務次官・一宮房治郎）

——に照らすなら、外国武官に見学を許可した時点で、存在自体は既に「公表」となっている。

軍機保護法施行規則の発効が一九三七年十月十日だから、これによって軍機に指定したとするなら、既に公表したものを秘密にしたという茶番になる。

第二に、探知に関しては、同上告趣意書（院写）に

「車中に乗り合せたる人が　問わざるに語りたるを　聞き居りたる結果知得したる」

——とある。これは、自供調書によるものか、上告にあたって新たに弁護士に明かしたものなのか、趣意書

の文面上だけでは定かでないが、大審院もその判決の中ではこの事実を否定していない。
したがって、外形事実はこの通りとみてよく、
そうであれば
「尋常一様の手段」ではなく、「不正手段」を以って「故意に之を探知」したものではないこと、誰もが認めるところとなる。
探知罪に問われる「探知」の要件を一つも備えていないということだ。
そして第三に、漏泄したとされる対象のハロルド、ポーリンが両人とも否定し、
ハロルドは予審訊問（院写）で
「宮澤は根室の飛行場の話をしなかったか」と聞かれて
「答したかもしれませんが　よく記憶して居りません　併し私は同所に海軍飛行場の在る事を十年程前にリントバーグが来たときから知って居りました」（前出）
——と答え、
ポーリンも千島旅行の土産話を一括して
「千島方面を守備して居る兵隊の中で一番偉い人の名前や階級や飛行場の事も聞いたかも知れませんが覚えて居りません」（前出）
——と答えている。
仮に、千島旅行から帰って、その土産話をしていたとしても、見聞対象に秘密の認識がなく、語るに「漏泄」の犯意がなく、聞いたとされる側にも定かな記憶のない聞き流しであったとすれば到底、漏泄罪は成立しない。

こういうのって、昔の歌の文句にもある。

ごらんあれが
龍飛岬
北のはずれと
見知らぬ人が指をさす

——と。


隣り合った人が指をさしたばかりに、懲役十五年、なのだ。

どこから見ても「軍事上の秘密」ではなく、探知罪には当らず、漏泄罪にも当らないとなれば、「罪とならざる事実を有罪に断したる違法」となり、一審判決は破棄されざるをえなくなる。

だが、この理にかなった論証に対する大審院の判断はまるで違った。

まず第一の「軍事上の秘密」については、
その種類範囲が軍機保護法の施行規則第一条に列挙されていることを指摘し、その上で上告趣意書（院写）の指摘と同じく、第七号の「軍事施設に関する事項」を挙げ、

「其の第七号軍事施設に関する事項中に　海軍大臣所管の飛行場　電気通信所（中略）其の他の軍事施設の位置員数編制又は設備の状況なる事項を掲げあるを以て　原判示中所論海軍飛行場に関する事実は右規定により軍事上の秘密に属するものなること　正に明なり」

——と断じ切っている。

つまり列挙事項中に「飛行場」とあるから、これをもって「軍事上の秘密」だという判示である。肝心な

後に続く「……の位置員数編制又は設備の状況」の部分を無視、何ら個別実体を見極めようとの姿勢すらなく、施行規則列挙の字面だけをもって機械的に断じている。

次いで、公知の事実だとの論証に対しては、施行規則に列挙されている限りは「軍事上の秘密」だとして「依然保持せられざるべからず」と断じ、

「縦令一部の者に於て　之を知り居たりとするも　固より其の軍事上の秘密たることに何等の消長を来たすことなく　該秘密は軍機保護法により保護せらるるものたるは言を俟たざる所にして　右飛行場の存在が公知の事実なる旨の主張は　記録に基かざる独自の見解にして　之を郤けざるべかず」

——と強弁している。

客観性を無視して、真実を究めようとする姿勢のないこと、とても司法の言葉であるとは信じられない乱暴な判示と言わざるをえない。

さらに「探知」行為及び探知罪については

「軍事上の秘密知得の為に為さるる一切の行為は　其の手段方法の如何を問わず　総て軍機保護法に所謂探知に該当するものと解するを相当とするが故に　探知をば　秘密知得の手段方法自体不正なるものに限定せんとするは失当なり（中略＝筆者）之を不正違法のものに限定せんとするが如きは　探知禁止の法意に反するものなればなり」

——とまで言い切っている。

軍機保護法の原理、法理、そして議会審議での証言、言質を重ねて繰り返すこともない。この法の条文自体が区分している「知得」と「探知」さえも一緒にして、施行規則に列挙された事項を知ろうとする者、知った者の全てが有無なく探知罪で罰せられるということだ。

これはもう、刑法総則はもとより、当該法立法の目的、趣旨、原理、法理を超え、おそらく軍当局者の認識、期待をさえも大きく超える厳罰至上の判示である。

そして漏泄罪に至っては

「苟モ　軍事上の秘密を　其の秘密の情を知りて　他人に申告ぐるに於ては　直に秘密漏泄罪を成立すべく　其の申告げたる秘密事項の正確又は詳密の程度如何は　該罪の成否に影響あるものに非ず」

——と一刀両断だ。

秘密の何であれ、真偽にかかわらず他人に告げたら、それだけでもう犯罪だというのである。これはもう裁判自身の自己否定といえるかもしれない。

かくして、根室飛行場に関する一審判示については

「之等　原判決の認定事実は　其の証拠説明により　其の証明十分にして　記録を精査するに　此の点に関する原審認定に重大なる誤認あることを疑うに足るべき顕著なる事由なく　偶然の知得に係ることは　之を認むるに由なく　又相手方は　判示秘密の漏泄を受けざりしものと云うは　原判示に副わざる事実を主張するものにして採るを得ず　原判決には認定事実と擬律とに齟齬ある所あるを見ざるのみならず　所論の違法一として存することなく　論旨総て理由なし」

——として、すべて一審判決を追認し墨付きを与えている。

ここでいう「証拠」とは自白調書、訊問調書であり、「記録」とは公判記録のことであること他と同じと思われる。

この判決文は、じっくり読んでもらいたい。本件大審院判決の白眉といえる。「探知の1」から至る一件

条条の中で、最も赤面する酷い判示だが、半面、ここまで裁判の質を落とさなければ根室飛行場の一件を有罪に出来ないという実態をあらわにしたともいえ、冤罪の正体を晒しているともいえる。

《知得(a)　軍事講習の分》

（知得の1）

海軍大湊要港部に配置されている敷設艇は爆雷投下設備を備えており、投下された爆雷は爆雷に付着された落下傘によって徐々に沈下し一定の水深に達した時に水圧によって爆発する仕掛けになっている。

（知得の2）

日本陸軍の一般的な戦術は、先ず飛行機による攻撃で敵陣に打撃を与え、次で砲兵による砲撃で敵の火力を沈黙させ、砲撃による援護の下で戦車と歩兵を繰り出し、敵兵との肉弾戦を展開する。

また日本軍の戦車は、十トン以下の小型戦車、十トン以上二十トンまでの中型戦車、二十トン以上の大型戦車の三種があり、小型戦車には一名ないし二名、中型戦車には四名、大型戦車には四名以上の兵が乗り組んでいる。

無線電信の装置は、大型と中型の戦車に限られ、小型戦車には装置されていない。

日本軍の作戦としては「ノモンハン」事件での経験を踏まえ、小型戦車を最大限に活用する方針となっている。

以上、「知得」二件は、いずれも軍が催した講習会に参加した折に学習した事実を「軍事上の秘密」だと認定され、これをレーン夫妻に話したことが「他人に漏泄」したことになるとして漏泄罪と判示された。

先に検証したように、軍機保護法の上で、「探知」と「知得」は区別され、「知得」自体は違法ではなく、したがって知得罪というのはない。さすがに「探知」と決めつけるわけにはいかず、条文適用の上では「偶然の原由に因る知得」に止めたのだろう。

しかし、知得したものが「軍事上の秘密」であって「他人」、あるいは「外国若しくは外国の為に行動する者」へ伝えたり、公にしたりすると漏泄罪に問われることになる。

したがって決め手となるのは、いずれも「軍事上の秘密」に当たるか否かであって、この点では「探知」の場合と同じになる。

そこで、「知得」二件について検証すると、一審判決には、何が何故に「軍事上の秘密」に当るのかの判示はなく、また「探知」の場合と同様に客観的な証拠は何ら示めされてもいない。

したがって、ここでも原理、法理に基づいて検証することになるが、軍機保護法成立の拠り所となった議会・付帯決議を想起するまでもなく、本件二件の「知得」はいずれも軍が自ら催した講習会で学んだ知識であるから「不法の手段」で得たものではない。

つまり軍機保護法が刑罰をもって保護する秘密とは「不法の手段に依るに非ざれば之を探知収集することを得ざる高度の秘密」（前出）であるから、受講生として受け身の立場の講習会で得た「知得」は刑罰をもって保護される「軍事上の秘密」ではないこと、明らかに過ぎる。

いささかややこしい言い回しとなったが、この件は「根室飛行場」の件とは違った意味合いにおいて、根本から立件そのものに無理がある。

つまり講習会での知得内容が、あくまでも「軍事上の秘密」と固執するならば、講習会の主催者たちが漏泄罪に問われることになる。

軍機保護法の第三条には

　第三条　業務に因り軍事上の秘密を知得し又は領有したる者　之を他人に漏泄したるときは無期又は三年以上の懲役に処す

――とあり、これの適用を免れない。

さらに第二項の「之を公にし」が適用されれば「死刑又は無期若は四年以上の懲役」にかさ上げされ、死刑まで加わる。この構造は先の羅州丸船上での松本松太郎の一件と全く同じになる。

どう考えても、講習会の内容を「軍事上の秘密」とするのは無理ということになる。判決は果たしてここまで分かっていて、無理やり適用したのだろうか。

それよりも、もっと簡単に言えば、軍が学生たちに講義し、実習させた時点で、既にすべてが公表されたと判断する方が明快であり、軍機保護法の対象から外れる。

「而して省令で示す事項でも　軍より公表したるものは　秘密に属しませぬ」（前出）

――だ。

第一審判決は、このような法理、矛盾を一切無視して、何が秘密かの特定すら判示せずに、漏泄罪と断じた。何が何でも漏泄罪を付けなければならないという強迫観念だけが透けて見える。

同上告趣意書（院写）が

「原判決は罪とならざる事実を有罪に認定したる違法」

――と弾劾したのは当然と言える。

なお、同上告趣意書（院写）は一面において先の議会・付帯決議等を引いて軍機保護法に於ける「軍事上の秘密」に当らないことを法理の上で論証すると同時に、一面においては「知得の1」の「爆雷」が「中学以上の科学的知識を有する者にありては常識に属する」として解明し、「知得の2」の陸軍戦術及び装備等もまた公知の常識にして、ノモンハンでの戦闘を具体例に、外国観戦武官や通信員にまで知られた世界公知の戦術だったと解明している。

もともと講習会は判決（書写）にも「海軍軍事思想普及講習会」と明示されているように、国民、とくに若き知識層の青年たちを引きつけ、親近感を広め深めようとして催したものであり、本来「軍事上の秘密」の探知、漏泄とは次元を異にしている。

その受講生を犯罪人に仕立てるとなれば、一番戸惑ったのが軍自身だったろう。

しかし、一審判決はこうした状況も法理も矛盾も一切無視して有罪と断じ、

大審院判決もまた

「判示第三の（一）及（二）が孰れも軍事上の秘密に属する事項なること　前者に付ては　軍機保護法第一条昭和十二年海軍省令第二十八号軍機保護法施行規則第一条第一項第七号　後者に付ては　軍機保護法第一条右同年陸軍省令第四十三号軍機保護法施行規則第一条第一項第二号の規定に照し明白にして之等は決して一般に知られたる常識的事実なりと認むることを得ず　斯の如き主張は　記録に基かざる臆断にして採るを得ず　而て　原判決の事実認定は　之を記録に就き精査するに　重大なる誤認あることを疑うに足るべき顕著なる事由なく　所論判示所為が判示法令を以て問擬せらるべきものなること勿論なりとす　所論の違法は原判決に存することなく　論旨理由なし」

――と決まり文句で切り捨てている。

＊陸軍の施行規則第一条第一項第二号＝現在及将来に亘る国防、作戦、用兵の準備又は実施に関する命令の内容、発受令者、下達時期、下達地点

ここでも大審院判決は陸海軍の事例列挙の中から当該条項を摘出して機械的に当てはめるだけで、まったく審理の姿勢を見せていない。同上告趣意書（院写）は公刊されている内外多数の文献を例示して詳細なる論証をしているが、これをもただの一ページを読んだのかどうか、疑わしく思われる。

《知得(b)　中国旅行の分》

（知得の3）

昭和十六年（1941年）八月頃、対ソ連（旧ソビエト連邦＝現ロシア共和国ほか）関係が緊迫し、ソ満国境（旧ソビエト連邦と旧満州＝現・中国東北部）の全線にわたって日本軍の兵力が展開し軍需品の輸送が行われていた。

（知得の4）

昭和十六年九月頃、中国大陸の南京には日本軍の中支派遣軍司令部が置かれ、ホテル首都飯店をその宿舎にしている。

また上海には日本軍が多数駐屯しており、崇明路には日本憲兵隊の本部が置かれている。

以上、「知得」二件は、旅行見聞にかかる茫漠として雲をつかませられる話だ。一審判決（書写）そのものが「昭和十六年九月二十四日頃其の頃被告人が満支方面を旅行したる際目撃知得したる処に基き」とだけ記載された漠たるもので、日時、場所、秘密の対象とも特定されていない。

その内容は極めて漠として、旅行に行っても行かなくても、関心ある者なら知得できるありふれた世間話の類だ。

犯罪事実の特定として、およそその要件を欠いている。起訴状に擬してさえ漠に過ぎており、常識ある裁判官ならとても公判にのせないところだろう。

宮澤・上告趣意書（院写）にして、実は、この二件については直接言及するところがない。

あるいは

「犯意なき行為を有罪に断したる違法あり」（前出）

——と括っている中に含まれているのかもしれないが、何を質していいのか、その責め手に窮している気配さえ感じさせる。

したがって大審院の判示、判決も、この二件については直接言及するところがない。

渡邊勝平にかかる件

犯罪事実

判決によると

・「父母の離婚により幼少の頃より　母ジユンの再婚先なる徳田鐵三方に引取られ」、一九三五年（昭和10）三月、私立曉星中学卒業後「ジユンとの折合悪く」、同年六月頃、兄孝彦を頼って札幌へ移り、

・「同人の紹介に依り　予てジユンと交際関係ありし」レーン夫妻と知り合い、夫妻宅に寄寓し、

・ポーリンの尽力で、一九三七年十月に北海道農事試験場雇、次で翌年十月、同人の斡旋で北海道帝国大学工学部臨時雇、翌年五月、同学部助手となった。

・この間、レーン夫妻と親交を重ねる中で「漸次、同夫妻の感化を受け　欧米崇拝の思想乃至反戦的思想を

抱懐するに至り」、

・一九三八年三月以降、「何れも我国の軍事上の秘密なることを知悉しながら犯意継続の上」、出征軍隊の行動と軍隊動員計画の実施状況に関して夫妻に申し告げ、

・「以て偶然の原由に因り知得したる軍事上の秘密を他人に漏泄した」

――と判示している。

知得事項

（知得の1）

一九三八年三月上旬頃、北海道札幌郡月寒に駐屯している月寒歩兵第二十五連隊の歩兵部隊は月寒を出発し、同月九日頃、朝鮮半島の羅津に上陸し、列車で二日間の行程を経て満蘇（旧満州＝現中国東北部と旧ソビエト連邦＝現ロシアほか）国境方面に出征した。

（知得の2）

一九三八年五月二日頃、山口歩兵第四十二連隊に召集された兵のうち、三か月間の訓練を終えて架橋工事の演習から帰営した約六百五十名は、補充隊として同年九月上旬頃、山口駅発の列車で中支方面（現・中国中央部）へ出征した。

また同連隊から出征した坂田部隊（大場部隊）は同年九月頃には青島（現・中国）に駐屯している

（知得の3）

一九三八年五月初め頃、三、四日間にわたって山口歩兵第四十二連隊では補充兵千五百名から二千名の補充兵を臨時召集している。そのうち約一割は病気が見つかったため即日帰郷を命じられている。

（知得の4）

一九三八年六月十四日頃、広島野砲隊は現地に出征し、同日頃部隊補充のために野砲兵を召集した。

（知得の5）

一九三八年六月下旬頃、弘前騎兵部隊は中支（現・中国中央部）あるいは満州（現・中国東北部）方面に出征する予定になっている。

（知得の6）

一九三九年八月二十一日、月寒連隊に補充兵が約千六、七百名召集されて一個中隊に約百三十名づつ配属された。

（知得の7）

一九三九年十月上旬頃、月寒連隊のうち、歩兵部隊合計約四百名が中国東北部のノモンハン方面に出征した。

（知得の8）

一九三九年十一月二十九日頃、月寒連隊の歩兵部隊約三百名は、三分の一は銃を携帯し、その他は銃を携帯せずに札幌駅発の函館経由で現地へ出征した。

＊以上の「知得」八件については、判決文での区分順序にかかわらず、各事項中の日時順に並べ替えてある。おおむね発生順とみてよい。

判決では以上八件について、すべて「偶然の原由により知得した」とあり、「探知」したものではないことを明示している。したがって探知罪に問われることはなく、「知得罪」はないので、「軍事上の秘密」なるものを知った（知得）こと自体は罪にならない。

その限りにおいて出所の特定は不要といえば不要だが、判決では十八件すべてについて、どのようにして知り得たのかの判示はない。

しかし、刑罰を科して保護すべき「軍事上の秘密」か否かを証明する上で、出所の特定は重要になる。中で出所がはっきりしているのは「知得の6」と「知得の7」で、この二件は次の「丸山護の件」で出てくる丸山護から渡邊勝平へ漏泄されたとされる件で証明される。

丸山護は、その判決によると、一九三九年年八月二十一日に徴兵され、札幌・月寒歩兵第二十五連隊に配属されて同年十一月に北支（現・中国北部）に動員され、一九四一年五月二十三日に召集解除・除隊となっている。

渡邊勝平は、この友人である丸山護を月寒の軍面会所に訪ねており、このときの会話が「知得の6」と「知得の7」の基になっているのだろう。


「僕ら、こんどの補充兵は千人以上になるかなあ」

「そうか、大動員だったんだねえ」

「一個中隊百二、三十人ってとこかな」

「やっぱり、北満か」

「そうだろな、先月下旬には四百人くらいがノモンハンへ行ったようだ」

――と、こんなぐあいだったに違いない。

ありきたりの面会風景であり、当時、身内や友人、知人を徴兵で持って行かれた身内や周辺では、必ず交わされた会話だった。このやりとりの、どこに統帥にかかわる「高度の秘密」があるというのか――。

改めて、

「軍に於ける秘密中　統帥事項又は統帥と密接なる関係を有する事項に関する高度の秘密をいうのであります　即ち尋常一様の手段では探知収集することは出来ませぬ、不正手段を以て是等の秘密を探知収集する者を処罰する」（前出）

――を思い起こすまでもない。

「知得の8」は、こうして前線へ送り込まれていった丸山護らの姿を駅頭で見送った渡邊勝平の目撃談に他ならない。

それは、相被告となるポーリンの判決（書写）のこの項にある「被告人自身も目撃」の注釈によっても確かめられる。

渡邊勝平は相身互い身、そういう心根優しい友人だったと想像される。

おそらく、丸山護だけでなく、他の友人、知人も見送ったのだろう。その痕跡が「知得の1」から「5」だったのかもしれない。判決は出所を特定していないが札幌、弘前、広島、山口と多方面にわたっているのはその故とも思われる。

中で、山口連隊は渡邊勝平の本籍地でもあるから当人応召の可能性もなくはないが、判決に示された経歴の中では、一九三八年から一九三九年の時点で応召期間があったとみるのは難しい。判決に残された痕跡から検証するのは困難となっている。

罰条では、「軍機保護法」第五条第一項及び「軍機保護法施行規則」（陸軍）第一条第一項ほかを適用している。

加えて見落とせないのは「漏泄罪」で罰しながら犯意（動機）の明示がないことだ。判決の文脈からすれば、日頃「レーン夫妻の感化を受け　欧米崇拝の思想乃至反戦的思想を抱懐」していた故に、たまたま知ってしまった「軍事上の秘密」を頼まれもしないのに、べらべらレーン夫妻にしゃべった——と読めないことはないが、それで断罪されたのではたまらない。宮澤弘幸の「歓心を購わんが為」と同じだ。

以上、「知得」八件への判決は、仮にも刑罰を科す上で欠かしてはならない「犯罪事実」「動機」「犯情」ともども事実審理に欠け、特定すべきが特定されることなく断罪に至った疑いが濃い。

被告人は判決に服しているので、上告審での判断はない。服役後の消息も途絶えている。

丸山護にかかる件

犯罪事実

判決によると、

・一九三三年（昭8）頃、札幌市立商工夜学校に通学中、私立北海中学校の編入試験を受けようと志望し、ポーリン・ローランド・システア・レーンから英語の個人教授を受けたが、以来、「同夫妻に傾倒し　其の歓待に応じて屡同夫妻方に出入して親交を結び来りたる」が、一九三六年年頃、渡邊勝平が同夫妻宅に出入するようになってからは渡邊とも親交を重ねるようになった。

・一九三九年八月二十一日、徴兵を受けて札幌・月寒歩兵第二十五連隊に入隊し、同年十一月、北支（現・中国北部）に動員され、翌々四一年五月二十三日、召集解除となって復員した。

・この間、「軍動員並編制実施の状況及出征軍隊に関する事項等を見聞し　其の軍事上の秘密たることを諒知し乍ら」、渡邊勝平ならびにレーン夫妻に対し、「其の質問に応じ」て各申し告げ、「以て偶然の原由に因り知得したる軍事上の秘密を他人に漏泄し」た、

――と断じている。また従軍中の見聞を誇張して放言したとして「造言飛語」でも断罪している。

知得事項

（知得の1）

一九三九年八月二十一日、北海道札幌郡月寒に駐屯する陸軍歩兵第二十五連隊に千名以上の補充兵が召集され、一個中隊に約百三十名が配属された。

（知得の2）

陸軍歩兵第二十五連隊は四個大隊編成で、うち一個大隊は特科隊である。

また一個大隊は三個中隊で編成され、一個中隊は二百五、六十名で編成されている。

（知得の3）

一九三九年九月下旬頃、陸軍歩兵第二十五連隊のうち予後備兵約四百名が「ノモンハン」方面に出征した。

（知得の4）

陸軍北支派遣藤井部隊に所属する兵等約八百名は、一九四一年五月二日に北支（現・中国北部）の臨邑を出発し、同月七日に塘沽を出港し、同月十四日に大阪へ上陸、同月十八日に原隊である旭川師団に帰還し、同月二十三日に召集解除となる

以上、「知得」四件は、先行の渡邊勝平の件で検証したものと同内容であり、（旧）陸軍による徴兵を受けた丸山護の兵役そのものに基づく軍歴によっている。したがって検挙された時点で詳細な供述を求められ、裏付け捜査もなされたに違いないから、外形事実において相違なく、争いもなかったと思われる。

容疑構造は宮澤弘幸の場合の「知得の1」から「4」と同じで、当人の日常体験の中で知り得た事柄だから「探知」とはならず、すべて「知得」で、外形上は争いようがなく、これを漏泄したか否かの次元で犯罪として取り扱われることになる。

そこでまず検証すべきは、「知得」の中の何が「軍機保護法」による「軍事上の秘密」にあたるかで、判決によると、

「応召中　軍動員並編制実施の状況及出征軍隊に関する事項等を見聞し」

――とあり、罰条は渡邊勝平の場合と同じ、軍機保護法第五条第一項、同法施行規則第一条第一項等が科されている。

つまり、応召中に見聞した「軍動員並編制実施の状況及出征軍隊に関する事項」が「国防」、「作戦」、「用兵」のいずれか、あるいは複数、あるいは全部にあたり、それは「軍事上の秘密」だ

――という判示になる。

しかし、宮澤弘幸の件および渡邊勝平の件で検証したように、軍機保護法の原理、法理に基づけば、軍機保護法によって保護される「軍事上の秘密」＝軍の統帥を左右する高度の秘密＝には到底当らない。身に降りかかった動静を、身内や親しい者に、ありのままに話したに過ぎないからだ。

罰条（適条）においても、渡邊勝平と同じく、第五条は、「偶然の原由に因り」知得したものであり、軍隊生活の中での見聞に拠っている経緯からすれば「業務に因り」知得した第三条の適用もありうる。

もちろん罰条の重い第三条を被告人の側から求めることはないが、適条に於ける犯情の判示もない。同様、施行規則の適条でも渡邊勝平の場合と同じ問題を内蔵している。

丸山護も同じく一審判決に服しているので、上告審での判断はない。服役後の消息も途絶えている。

黒岩喜久雄にかかる件

犯罪事実

判決によると、

・長野県立長野中学校（旧制）卒業後、一九三六年（昭11）四月、北海道帝国大学予科農類に入学し、同四一年十二月、同大農学部農学科を卒業したが、三七年頃からレーン夫妻の「歓待に応じて屡々同夫妻方に出入し漸次同夫妻と親交を重ぬるに至り」となっていた。

・この間、三九年八月上旬から同年九月下旬にわたって同大農学部教授・菊地武直夫らの引率による、日本の委任統治下にある南太平洋の島嶼への見学旅行に参加したが、この中で見聞した日本海軍の飛行場の建設状況について、「軍事上秘密を要する事項なることを諒知し乍ら」、同年十月中旬頃、レーン方に於いて「同夫妻に対し其の質問に応じ」て申し告げ、「以て偶然の原由に因り知得したる軍事上の秘密を他人に漏泄した」

——と断じている。

ところが、黒岩喜久雄当人は、この旅行での見聞が「犯罪事実」だったとの認識はもっていなかったことは先にも触れている。

知得事項

（知得の1）

南太平洋パラオ諸島の「コロール」島に隣接する通称「アラカベサン」島には海軍飛行場が建設されているが、いまだ飛行機が飛来したことなく使用するに至っていない。

（知得の2）

南太平洋マリアナ諸島の「サイパン」島には甘藷畑を買上げて建設した海軍の飛行場があるが、いまだ飛行機が飛来したことなく使用するに至っていない。

以上、「知得」二件は、判決（書写）によると「見学旅行を為したる際……見聞したる」もので、「軍事上秘密を要する事項なることを諒知し乍ら」も、「偶然の原由に因り知得したる軍事上の秘密を他人に漏泄した」と断じている。

と、いうより、これが全てで、刑罰をもって漏泄を防止しなければならない秘密であるとの証明をはじめ、漏泄に至る犯罪事実を特定し、客観的な証拠をもって証明するものは何もない。

本件においても、書写の際に「証拠」「適条」の部分が欠落したと思われるが、先の例に照らせば客観証拠と言えるものがあったかどうか、であろう。

罰条（適条）については、その態様から宮澤弘幸の「上敷香飛行場」「松輪飛行場」「根室飛行場」の件と同様であったと推定される。

つまり軍機保護法施行規則（海軍）第一条第七号が想定されるが、この条文は宮澤弘幸の件で検証したように、一九四〇年十月の改定だから一九三九年八～九月「知得」の本件には遡及適用はされない。他の罰条だったのか、誤適用だったのか検証しえないが、事実はそうなっている。

一九四二年十二月二十四日に判決公判があり、懲役二年執行猶予五年の刑に服したことは既に触れた。

石上茂子にかかる件

石上茂子については「嫌疑なし」で釈放されている。しかし、開戦当日にレーン夫妻と共に検挙されてから翌年三月十日の釈放まで拘留されていたことは、先に明かした。厳冬期を含む丸々三か月間におよんでおり、事実上、禁錮三か月に等しい。

記録に残っているのは『外事警察概況』に記載されている「開戦時に於ける外諜容疑一斉検挙者」一覧表の当該項だけで、そこには、

「検挙一六、一二、八　送局一七、三、二五　釈放一七、三、一〇　嫌疑なし」

——と、あるが、これ以上のことは全く知れない。

三か月間、いったい何を調べ、あげくなぜ嫌疑なしとなったのか。おそらくは、右の黒岩喜久雄の件と同じく、レーン夫妻をスパイに仕立てるための「証言」が欲しかったに違いなく、検挙そのものが違法の影濃いと言わざるをえない。

まとめ

以上、探知および知得にかかる各「事実」について一通りの検証を試みた。資料が破棄隠滅されている中

で、大審院判決は貴重な手掛かりであり、中でも原文のまま引き写されているとみてよい「上告趣意書」部分は問題点を知る上で第一級の資料であり、ほぼ全体像を網羅している。改めて柱を列挙すれば、

第一点　原判決には　罪とならざる事実を有罪に断じたる違法あり
第二点　原判決は　重大なる事実誤認に伴う擬律錯誤の違法あるものなり
第三点　原判決は　証拠に拠らずして断罪したるの違法あり
第四点　原判決には　重大なる事実の誤認あり
第五点　原判決は　罪とならざる事実を有罪に認定したる違法あり
第六点　原判決は　犯意なき行為を有罪に断じたる違法あり
第七点　原判決には　理由不備審理不尽の違法あり
第八点　原判決は　刑の量定著しく重きに過ぐるものあり

――となる。

一貫しているのは、犯意（動機）、ないし故意は存在しない、との主張だ。これは刑法総則に基づいていると同時に、法の上において「犯罪」として存在しない、との主張になる。先にも明かしたように、弁護人による上告趣意書（院写）は検察側の立てた「犯罪事実」を外形として認めたうえで、その事実には犯罪性のないことを論証し、判決の誤り、矛盾を衝く弁論になっている。

皮（外形）を切らせながら骨を砕くの論旨で、これはなかなかに鋭くしぶとい。骨とは「犯罪事実」の核心である「探知」に他ならない。

もともと「探知」と「知得」の境目はあってなきであり、犯意（動機）があるのが「探知」、ないのが

「知得」と分ける定説にのる他ないが、肝心な「犯意」を客観的に証明するのは簡単でない。この点で、一審判決（書写）は唯むやみに「探知だ」と決めつけるだけで、何らの客観証明をしていないのだから、ここを衝くのは極めて正道であり、的確な判断だったといえる。

加えて「探知」の対象となる「軍事上の秘密」を線引きし、定義することは更に簡単ではない。本来、立憲法治国であるなら、法によって線引きし、定義すべき事柄であるにもかかわらず、曖昧模糊とした条文ですり替え（軍機保護法第一条第一項）、実際の決定権を陸海軍大臣の命令という「人治」にすり替えた（同条第二項）ところに、悪法たるの根源がある。

しかし、その上で、法案審理の過程で軍当局が明かした

「本案（軍機保護法）第一条に謂う所の軍事上の秘密は、軍に於ける秘密中　統帥事項又は統帥と密接なる関係を有する事項に関する高度の秘密をいうのであります、即ち尋常一様の手段では探知収集することは出来ませぬ、不正手段を以て是等の秘密を探知収集する者を処罰するの意味であります、而して省令で示す事項でも　軍より公表したるものは秘密に属しませぬ」（前出＝陸軍政務次官・加藤久米四郎の答弁）

――は重要であり、核心中の核心となる。

言えば、軍機保護法が出動するような事態は滅多に起きない、ということだ。逆に言えば、滅多に起きるようでは軍として困るわけで、建前として、困る事態が起きないように、抑止力として軍機保護法を整備する、という説法になる。

この建前としての説法は抽象論議の議会では説得力をもち、実際これが議会・付帯決議に結実して、法案

成立の決め手にもなった。

だが、統帥事項とは、いったい何か。水戸黄門の印籠に似て、何だかよくわからなくても納得させせられてしまう、反論しえなくなってしまう、そんな性格が臭っている。

たまたま法案審議の直前、盧溝橋の一件が引き起こされたとき、おりからの閣議で拓務大臣の大谷尊由が

「陸軍は一体どこまで進むのであるか」

と質問したのに対し、陸軍大臣・杉山元は

「このような席で軍の作戦行動を語ることはできぬ」

と突っぱねている。

閣議を「このような席」云々という是非はともかく、ここに軍部の考え方、というより感性の一端は明快に現われている。

当時、中国大陸は、大陸を簒奪しようという列強がひしめき、そこへ後から割り込んだ日本の国内には競合する思惑がせめぎ合い、当の中国は政治も軍事も分立しているという、いわば火薬庫だらけだった。

その中で、軍中央の統制が利かない関東軍がどこまで攻め入って占領地域を広げるのか、それを軍中央がどこまで制御できるのか、これは列強の利害、中国の利害、それ以上に日本国内各勢力の利害に直結している。これぞ統帥事項に直接かかわる高度の秘密なのだろう。進軍作戦の実際が公になれば蜂の巣となり、今度は軍の思惑が思惑通りにいかなくなるのは必至という関係になる。

これが閣議問答の核心だ。軍機保護法改定の総帥でもあった陸軍大臣・杉山元が、閣議とはいえ、この秘密を明かせば杉山元自身が軍機保護法違反に問われかねない。というより、軍機保護法の抜本改定が議会で成立していない段階において既に、統帥権に伴う軍秘密は閣議にも明かさないという鉄壁の防護が施されて

いるということだ。

逆に拓務大臣がそれでも知ろうとするなら、その鉄壁の軍の防護を破らねばならず、尋常一様の手段ではかなわない。といって違法行為を犯すわけにもいかない。印籠のなせるわざである。

実際、総理大臣・近衛文麿にして、一件の閣議問答に際し何ら発言しなかっただけでなく、一件にかかる全「作戦行動」について何ら知らされることなく経過したのだから、総理大臣すら印籠の前には黙るほかなかった存在になる。

この寓話もどきの閣議話は何を物語るのだろう。軍にとって統帥にからむ「秘密」は法の有無、云々にかかわりなく、常に超法規なのだ。閣議、総理大臣、まして人権など物の数ではない。

天皇の名による統帥権は至高であり、守るとなったら守る。武力を持って守る。朕は国家ならぬ軍機なのであり、朕が秘といったら秘なのである。人治の極み、といっていい。

したがって「高度の秘密」は、法があってもなくても軍（国家）として守り通す秘密であり、法があっても漏泄すれば軍として元も子もなくす秘密といっていい。実際、戦争現場にあっては「保護法」とは何の関係もなしに、敵国との間で「極秘軍事機密」の奪い合いをやり合い勝負を決している。よって、ここにおいて閣議問答の核心は軍機保護法の核心も衝くことになる。

言い方を換えれば、軍機保護法の真の目的は、そういう尋常一様の手段や不正の手段を用いなければ探知できない「高度の秘密」を保護するところにはない、ということだ。それ以下の「低度の秘密」のところでいちいち印籠を振り回すことなく手軽にひれ伏せさせてしまう法律がほしいということに他ならない。

さらに言葉変えれば、民衆取締法規、戦争推進法規となる。それを何よりも明らかにしているのが、陸海軍の各省令による「軍機保護法施行規則」の条条であり、そこに網羅・列挙されている「要秘密」は「何もかも」であり、明示のないところでも洗いざらい秘密になる余地を開いている。
それは、「その他の軍事施設」に「石油タンク」を押し込み、どのように防護しても周知の存在となってしまう飛行場の存在までも「尋常の手段では探知できぬ高度の秘密」に列挙していることで明らかだ。
そしてこれは検挙第一主義で手ぐすね引く捜査現場の感性とも一致する。もし議会答弁通りの適用を迫られたら窮屈過ぎて現場は音を上げるところであり、実際現場では「軍事上の秘密」であるか否かの判断は軍に丸投げして、ただただ検挙の実績を上げることに勤しんでいたのが実態だ。（58ページ参照）
実は、軍・国家には議会審議での低姿勢とは裏腹に、「自然秘」なる印籠級の持論がある。
たとえば
「誰が見ても、自然に見て、作為しない前に其の秘密其のものが客観的に存在をして居る、それだから、是は国家の機密であるかどうかと云うことを大臣が告示すると云うような、其の手続をする前に、既に国家の極めて秘密なるものが存在して居るのであるから、之を自然秘と云うのである」（一九四一年二月二十六日の貴族院本会議での国防保安法案特別委員会・林委員長の発言から）
「其事柄は陸海軍大臣が省令に依って規定をして、初めて決まるのではなしに、其事項或は物件は　本質的に軍事上所謂此法案で申します軍事上の秘密と云う性質を持って居る訳であります　定むとありますが是は寧ろ平たく申しますれば、之を公示すると云う風に御解釈下さった方が宜い」（海軍中将・豊田副武の答弁から）
「陸海軍大臣が決めたものに依って、軍事上の秘密になると云うことでなしに、軍事上の秘密は　軍の方で自ら決って居るのであります」（司法省刑事局長・松阪広政の答弁から）
「『軍事上の秘密』は統帥作用及び統帥に密接なる関係ある作用の本質的性質即ち属性で、陸軍大臣又は海軍大臣が省令に於て定むるに因りて始めて『軍事上の秘密』と為るものではなく、本来存する軍事上の秘密に属する事項又は図書物件の種類範囲を示すに過ぎない。即ち、省令に規定せらるるが故に『軍事上の秘密』たるに非ずして『軍事上の秘密』たるものの種類範囲を省令を以て単に明示するに過ぎぬのである。（日高巳雄著『改訂　軍機保護法』１４９ページ）

――等々と、いう「証言」があり、

一言でいうと、大臣が軍機保護法に基づいて指定したから「秘密」になるのではなく、もともと軍（国家）の「秘密」は厳として本来独立して存在するものであって、それを大臣が軍機保護法の上でも明示するだけのことだというのである。

もっと一言でいえば軍が「秘密」だといえば「秘密」だ、というのである。朕は即ち国家・軍であり、その意の一例が「施行規則」に過ぎないということになる。

しかも、この「自然秘」なるものの存在も内容も統帥事項そのものだから、軍以外に口ばしを入れさせないこと、先の閣議の例の通りであり、軍独善で仕切りきっている。

それでは議会答弁はどうなるのか、付帯決議はどうなるのか、明快に「付帯決議を守る」といった陸軍大臣たる杉山元の政治責任はどうなるのか、ということになるが、これはもう公然と二重基準を弄する詐術というしかない。

法を成立させるための議会答弁と法を執行する施行規則の使い分けであり、議会の付帯決議は議決までの方便であって、成立してしまえば六法全書には載らない。

一方文字化された条文は施行規則に至るまで字面のままに六法全書に載って徹底され、個々の条文は法によって明示された制限規定以外の如何なる約定にも拘束されない。

そう、押し通すのである。

残念なことに、これに全面無条件の墨付きを与えたのが裁判所、中でも大審院判決だった。知れば「探知罪」、話せば「漏泄罪」は裁判官をも例外としない。法律家として、そう受け止めたのだろう。裁判官といえども触らぬ神にたたりなし、起訴状のままに通しておけばよい。そうとでも考えなければ辻褄が合わない。

と、いうより、裁判自体が「秘密」に対し「不可侵」の姿勢で臨んでいる。

対する上告趣意書（院写）は、戦時下にあって、精いっぱい頑張っている。野放図に広げられる恐れのある施行規則に対して果敢にして論理的に踏み込んでいる。

施行規則は、あくまで軍機保護法第一条の定義に基づくものであり、その定義は立法審議を通して限定され、付帯決議で明確にされているとの法理に基づき正面から踏み込んでいる。

この上告趣意書（院写）と正面から向き合うならば、正面から応えざるを得なくなるわけで、没論理、理不尽は通らなくなる。結果、全て認めるのほかはなく、そうなると本件がひっくり返るだけでなく、軍機保護法の存在そのものさえ危うくなると恐れたのであろう。

この過程で、もう一つ悪法に輪をかけたのが、再三触れている「戦時刑事特別法」の存在だ。開戦三か月を経ずしてばたばたと成立した法律で、中でも大審院の裁判官を金縛りにしたのは第二十九条の

「上告裁判所　上告趣意書其の他の書類に依り　上告の理由なきこと明白なりと認むるときは　検事の意見を聴き　弁論を経ずして　判決を以て　上告を棄却することを得」

――だったと思われる。

法の成り立ちとして、あくまで条文は「――することを得」であり、独立した裁判官の判断において厳正に事実および法理を審査したうえで、当条文を適用するのが妥当と判断したときには「適用も可」との趣旨

だ。だが、戦時下の裁判官には「だらだらやらず、さっさと片付けろ」と強迫される思いだったのだろう。ましして、案件はスパイ罪である。国家が国民あげての総力戦をけしかけて日々に戦っているとき、一方で敵国スパイの言い分を一々聴いて、その裏付けに手間取っている風景は、法の世界といえども許されるのか——との強迫だ。

もとより、これは仮説であり、裏付ける文献等はなにもない。しかし、いったん「二十九条」の枠に入れば、その適用要件である「上告の理由なきこと明白」の呪縛から外れるわけにはいかない。争点となる事実関係、法理には一切耳目を閉ざし、「上告の理由なきこと明白」の結論に持って行けるように、外形を備えることだけに汲々としている、といって言い過ぎではない。

書式どおりに「検事〇〇〇〇（ハロルドの場合は岸本義廣）の意見を聴き判決すること左の如し」から始まって「本件上告は其の理由なきこと明白なりと認むるを以て　戦時刑事特別法第二十九条に則り主文の通り判決したり」で結ぶ定型化された文脈からは、かえって責任回避の情がにじんで感じられる。

それにしても、一審、最終審ともども裁判官の姿勢は悪過ぎる。

事実・実態を見極め真実を求めようとする姿勢がない。

立法の目的、学説、法理に目を向けようとする姿勢がない。

罰せられる側の状況に思いを致す姿勢がない。

少なくとも、人の命を左右する決定にあっては、もっと誠実であってほしい。

たとえ苛酷な刑を宣告するとしても、事実については細大もれることなく調べ、法理を極め、条理と情理を尽くして信念をかける、それくらいの姿勢はあってほしい。

一審裁判官の一人・宮崎梧一は弁護士・上田誠吉の調査に協力しながら「当時のことはほとんど覚えてい

ない」と答えている。記憶したくなくて忘れたのか、本当にぼんやりやり過ごして覚えていないのか、しっかり記憶しておいてもらいたかったと思う。

刑罰法規であるスパイ摘発法（軍機保護法）は、それ自体が国民の人権、権利を抑圧する機能を持っている。そういう、ややもすると法規制を知らずに、あるいは不用意に法違反となる行為から国民を守ろうとすれば、予め何が違法行為で、何が秘密なのかを明示することによって冤罪を防ぐ措置が不可欠になる。だが、その明示措置をとれば、その途端に当の秘匿すべき秘密自体を公にしてしまう矛盾を伴っている。

したがって、その上でなお規制法を作ろうとすれば、抑圧と秘匿の間の妥協点を厳しく求めることになるが、法を欲しがる権力の側は「秘密」の領域を狭めようとはしない。

結局は、多少の綱引きはあっても、「抑圧」を合法化し、「犯意」などという恣意の入りやすい判断基準を弄して「犯罪者」をつくることになる。法そのものが冤罪をつくりだす構造の所以だ。

本来、国の主権者たる国民が国政を決していくにあたって「秘密」があってはいけないし、作ってはいけない。

しかし現に国家間に利害が存在し、軍が存在すれば、少なくとも経過措置としての「秘」は必要だとの意見がわき出て、防止法をつくりたがるようになる。だが、ひとたび、これを許すと、法は独り歩きし、「秘密」の範囲を押し広げ、国民の権利を抑圧し、権力は独裁にひた走る。最後の歯止めとなりうる大審院もその役割を果たさなかった。

それどころか、冤罪の仕上げ人となったのが大審院であり、それが戦争国家の一翼を担う大審院の役割だったと言える。この史実は忘れてはならず、とりわけ司法の関係者は肝に銘じなければならない。

第二章 漏泄の部

ここから後半の課題である「漏泄」の流れの検証に入るが、その前に、前述「探知の部」冒頭で明かしたレーン夫妻にかかる「探知」について検証しておかなくてはならない。

本件全体像は、判決に投影された検察の見立てによると、夫妻の教え子である宮澤弘幸ら四人がそれぞれに探知・知得した「軍事上の秘密」を同夫妻に漏泄し、これを再探知した同夫妻がアメリカ大使館付武官に再漏泄した——という流れになる。

つまりレーン夫妻自身には、独自に探知・知得した「軍事上の秘密」はなく、全て四人からの「漏泄」を受けて探知したものであり、流れとしては単なる仲介役を果たしたことになる。

したがって、本稿「探知の部」では、同夫妻にかかる検証を全く行ってこなかったのだが、判決では、夫妻による四人からの「探知」を強引なまでに割り込ませている。

これはいったい、何を意図するのか。まったくもって、ややこしい話ではあるが、判決に織り込まれている以上は、これの検証もしておかなければならない。

レーン夫妻の探知

ハロルドの一審判決（書写）によると、

「予て自宅に出入し親交ありたる北海道帝国大学工学部学生宮澤弘幸、同学部助手渡邊勝平其の他　被告人方に出入し居たる者をして、旅行談、視察談等を為さしめ
其の間　右ポーリンと交々軍事々項に付
質問詮索するの方法に依り
当時　被告人が居住し居たる札幌市北十一条西五丁目北海道帝国大学官舎に於て
宮澤弘幸に就て（中略）　渡邊勝平に就き（中略）　丸山護に就き（中略）　黒岩喜久雄に就き（中略）
夫々軍事上の秘密を探知し」

――となっている。

つまり自宅に訪ねてきた親交ある者たちに、旅行談をさせ、その中で事改めて「質問詮索」し、よって「軍事上の秘密」を探知した――というのが骨子だ。

まさに木に竹を接いだ骨子、とでもいうのだろう。

繰り返すが、「探知」とは、厳重に防護された秘密を「尋常一様の手段では探知収集することは出来ませぬ、不正手段を以て」探り出す行為である。

既に旅行談として「聞いてくれます？」とばかりに、問わず語り始めている人を相手に、いったいどんな尋常一様ならざる手段を弄しようというのだろう。

「やっぱりね、同じことでも当の軍人から聞くと違いましてね、」
「おい、ちょっと待て、それ勝手にしゃべるな」
「えっ？」

「いや、いまから私が質問詮索するから、それから答えてくれ」

「あ、はい」

まったくもって間が抜けた話になる。こんなちぐはぐな「探知」風景が果たして想像できるだろうか。

相被告の一人・宮澤弘幸の一審判決（書写）に至っては「同夫妻の歓心を購わんが為　我軍事上の秘密を探知して」とまで断じている。

これは「漏泄」する側による一方通行を意味している。話した内容云々はともかく、渡邊勝平、丸山護、黒岩喜久雄にしても、身内が身内に語るが如く何の邪気も駆け引きもなく話したくて話したこと、そして聞き流すは聞き流したことに過ぎない。

しかもこれは、被告側の主張ではなく、他ならぬ判決が断じている「事実」なのだ。一方の判決では「歓心を購わんが為」の「漏泄」と決めつけ、一方では不正不法行為を前提とする「探知」を働いたと決めつける。木に竹を接ぐ術でも心得ていなければ出来ない感覚だ。

しかし、本件では何が何でも夫妻に「探知」罪を付けたかったのだろう。そう考えなければ理解の出来ない絶対矛盾というほかない。

改めておさらいすると
第四条　軍事上の秘密を探知し又は収集したる者　之を他人に漏泄したるときは無期又は二年以上の懲役に処す
軍事上の秘密を探知し又は収集したる者　之を公にし又は外国若は外国の為に行動する者に漏泄したるときは死刑又は無期若は三年以上の懲役に処す

第五条　偶然の原由に因り　軍事上の秘密を知得し又は領有したる者　之を他人に漏泄したるときは六月以上十年以下の懲役に処す
偶然の原由に因り　軍事上の秘密を知得し又は領有したる者　之を公にし　又は外国若は外国の為に行動する者に漏泄したるときは無期又は二年以上の懲役に処す

つまり、知得は知得しただけでは罪にならず、知得したものを漏泄して初めて漏泄罪で罰せられる。初めに罰条ありき――、それが司法権力の露骨な意図に他ならなかった。相被告となる宮澤弘幸に「探知―漏泄」の罰を科す以上、均衡を図る上でも主犯格の罰条がこれを下回る「知得―漏泄」では具合が悪いと考えたのかもしれない。

先に科すべき罰と刑があり、無理やり押し込んだあとが歴然であり、しかも「質問詮索」なる語句を挟むことで、ただ聞くだけではなく「犯意」があったと見せかける小細工を施すなど、人を罰するに姑息にすぎる。「質問詮索」の語句をもって「探知罪」に置き換えようと図るスパイ裁判―冤罪の、常識を超える実相がここにも如実に現われている。冤罪の怖さだ。

漏泄事実の全体像

スパイ罪は、漏泄があって初めて完結する。スパイとしての意味を持ち、利益を得る、と言い換えてもいい。罪となる対象を小分けして、殊更に探知罪を設けているのは罰則主義か取締り側の点数主義にほかならず、単に探知しただけでは猫に小判、宝の持ち腐れであり、活用しうる者の手に漏泄されて初めてスパイとしての目的を果たすことになる。

本件、宮澤弘幸らが「探知」あるいは「知得」したとされる「軍事上の秘密」なるものは、はたしてどのように流れ、誰の手にわたって、いかなる目的（利益）を達成したのか。一審判決が判示した流れの上で、この点に集中して検証しておくことにしよう。

ただ「漏泄」は一旦、「漏泄した」と決めつけられると、これを「なかった」と証明するのも難しい。図書や文書などの物証の残るものが対象ならばともかく、「千島に飛行場があった」というような伝聞漏泄の場合は、「言った」「言わない」「聞いた」「聞かない」の水かけになる。証人・松本松太郎が典型だ。しかも行きつく先が敵国ないし仮想敵国の大使館関係者となれば証言が取れなくて当たり前となる。

したがって、ここでは「漏泄」の事実があったか否かの究明とは別建てに、判決が「あった」と判示するのなら、一応はその判示された「流れ」にそって、その整合性を検証することによって、そこから見えてくるであろう真実の全体像を見極めることにする。

ポーリンの犯罪事実

一件、相被告の中で、最初に漏泄を受けたと判示されているのがポーリンなので、検証の流れとして、まずポーリンに判示された「犯罪事実」から入ることにする。

判決によると、一九三八年（昭和13）四月頃、自宅で夫・ハロルドから

「駐日米国大使館武官陸軍大尉ペープより　米国の為　対日諜報活動に従事し　日本に於ける軍事施設、軍動員計画実施の状況等に関する軍事上の秘密を　探査提供せられ度旨の請託を受け承諾した」

――と打ち明けられ、

・「右諜報活動に加担協力せられ度旨　慫慂せらるるや之を承諾し」

・以後、夫・ハロルドと意思を通じ、

「予て頻繁に自宅に出入し居たる北海道帝国大学々生宮澤弘幸、同黒岩喜久雄、知人なる丸山護及同大学工学部助手渡邊勝平等をして　座談旅行談等を為さしめ　其の間、堪能なる日本語を駆使して巧に軍事々項に付質問詮索するの方法に依り」

・宮澤弘幸らから自宅において

「各聴取し　以て外国に漏泄する目的を以て　軍事上の秘密を探知し」、

・これを

「外国の為に行動する者及び他人に漏泄した」

――と断じている。

これに対しポーリンは、自分自身で書いた「上告趣意書」（院写）の中で

「私は神様の前で真実に正直に　決して何人にも　わざと尋ねたことがない　そしてそう云う情報を大使館に知らせたことも決してないのです」

――と、探知、漏泄とも全否定している。

同様、ハロルドも、同「上告趣意書」（院写・要約）の中で、

「自分は軍事秘密と称せらるる事項に付ては　全く興味なかりしのみならず　斯る事柄を収集聴取せんと努力したることもなし」（前出）

――と、同じく全否定している。（ハロルドに対する「犯罪事実」は前出）

また、宮澤弘幸については、「伝説」という言葉を用いて、判示にある「事項」を夫妻に伝えるという外形については一部認める形をとっているが、犯意は否定し、漏泄罪の成立は認めていない。

以下、漏泄の受け手とされるレーン夫妻の全否定を踏まえ、その上で一審判決（書写）に判示された「漏泄」の流れと照らし合わせ、その整合性を検証する。

夫妻に「漏泄した」とされる相被告人は、宮澤弘幸、渡邊勝平、丸山護、黒岩喜久雄の計四人で、各対象ごとに各検証する。宮澤弘幸以外の三人については一審判決に服しているので、法の上では有罪を認めた形となっている。

宮澤弘幸にかかる件

関係各被告人の一審判決（書写）を「漏泄」を軸にして読み返し、整理し直してみると、宮澤弘幸の場合は「探知」ないし「知得」した「軍事上の秘密」事項を計五回に分けてポーリン、ハロルド、あるいは夫妻に「漏泄」したとなっている。

うち二回がポーリン単独、一回がハロルド単独、二回が夫妻同席と読める。

いずれも漏泄場所は北大外国人官舎の夫妻宅だから、単純に読み解けば、五回のうち三回は夫妻のどちらかが不在だったと解される。

第一回（一九三九年＝昭和14＝八月十九日頃）
宮澤判決（書写）に右と同日付で「『ポーリン・レーン』に対し（申告げ＝漏泄）」とあり、同日付でポーリン判決（書写）に「各聴取し以て外国に漏泄する目的を以て軍事上の秘密を探知し」
――とあるから両者整合する。

内容は、宮澤弘幸の区分で「探知の1」から「探知の5」まで、つまり樺太・大泊での労働実習から上敷香旅行までの一件で、これもポーリン判決（書写）の当該分と整合している。
時期は、探知したのが実習・旅行中の同年七月二十一日から同八月九日頃までの間だから、旅から帰って程ない十日程度後のことだった。

第二回（一九三九年＝昭和14＝十月上旬頃）
宮澤判決（書写）に「同年十月上旬頃『レーン』夫妻に対し（申告げ＝漏泄）」とあり、
ポーリン判決（書写）に「前記宮澤に就き……同年十月上旬頃……各聴取し以て外国に漏泄する目的を以て軍事上の秘密を探知し」とあり、
またハロルド判決（書写）に「宮澤弘幸に就て（1）昭和十四年十月始頃……夫々軍事上の秘密を探知し」
――とある。「上旬頃」と「始頃」で表記が少々異なるが、三者整合とみてよいだろう。
内容は、第一回のポーリン単独対象のものと全く同じ事柄で、樺太・大泊での労働実習から上敷香旅行までの一件、三者各判決（書写）の当該分と一致している。
ただこれは、いったいどういうことなのだろう。常識の目にはなんとも不思議な出来事だ。全く同一内容の事柄をなぜ一か月半後に再度「質問詮索」してまで「漏泄」させ、「探知」しているのか。この不可思議を説明する判示はない。
夫妻は同一官舎で生活し、本件においては共謀関係にあると判示しているのだから、八月十九日の第一回探知の時点で入手した事柄はポーリンからハロルドに即刻「漏泄」され共有されていると判断するのが常識だろう。

加えて言えば、既に漏泄を受けて夫妻で共有されている事柄を改めて「探知」と判示するのも理解を超える話だ。

繰り返すが、探知とは「尋常一様の手段では探知収集することは出来ませぬ、不正手段を以て」探り知るということである。重罰を科す判決にして、もし見過ごしというなら、あまりに無責任で残酷な誤判といえる。

なお、この第二回には同じ日付、場所、対象者で、判決上は別枠のもう一件がある。宮澤弘幸の区分でいうと、「知得の1」つまり「海軍軍事思想普及講習会」での一件だ。

この日に漏泄された事柄の中で、これだけが宮澤弘幸において「知得」された「軍事上の秘密」だったことから「探知」分とは別建てに区分けしたということだろう。漏泄事項ということでは宮澤弘幸区分で計六件ということになる。

第三回（一九四一年＝昭和16＝五月二日頃）
宮澤判決（書写）に右と同日付で「前記『レーン』方に於て同夫妻に対し（申告げ＝漏泄）」とあり、
ハロルド判決（書写）に「宮澤弘幸に就て……（5）昭和十六年五月始頃……夫々軍事上の秘密を探知し」
——とある。「五月二日頃」と「始頃」で表記が異なるが、まあ両者整合とみてよいだろう。
内容は、宮澤弘幸の区分で「知得の2」、つまり千葉戦車学校で催された機械化訓練講習会での一件だ。
両判決文とも当該部分は長文ながら同文脈で、おそらく判決文起案者において突き合わせがあったものと思われる。

一方、ポーリン判決（書写）には本件記載がない。宮澤判決（書写）には「夫妻」に漏泄とありながら、相方の一人の判決では「なかった」と判じていることになる。それとも照合の際に見落としたとでもいうのだろうか。それとも他に理由があるのか、判断つきかねるが、事実はそうなっている。

なお細かい詮索をすればハロルド判決（書写）で「歩兵が肉弾戦」とあるところが宮澤判決（書写）では「砲兵が肉弾戦」となっている。「歩兵」が正しいが、書写の際の誤記あるいは誤植なのか、もともと誤記だったのかの判断もつきかねる。

第四回（一九四一年＝昭和16＝七月中旬頃）

宮澤判決（書写）に右と同年付で「七月中旬頃同夫妻に対し……各申告げ以て右探知に係る軍事上の秘密を他人に漏泄し」とあり、

ハロルド判決（書写）に「宮澤弘幸に就て……（4）昭和十六年七月中旬頃……夫々軍事上の秘密を探知し」とあり、

またポーリン判決（書写）に「前記宮澤に就き……（3）昭和十六年七月中旬頃……各聴取し以て外国に漏泄する目的を以て軍事上の秘密を探知し」

――とあるから三者整合する。

内容は、宮澤弘幸の区分で「探知の6」から「探知の12」まで、つまり灯台船「羅州丸」に便乗（七月二日～十六日）して千島ほかを巡った一件だ。

ただし、ポーリン判決（書写）には「探知の9」と「探知の10」の記載はない。松輪島の飛行場と幌筵島の陸軍による工事等の件だ。これも、漏泄側において、同席夫妻の一人にあって一人にないというのだからおかしな話になる。ポーリンだけが途中で席を外したとでもいうのだろうか。

もっとも、それなら別の意味合いでつじつまが合っているともいえる。もともと旅行談の披露があったとしても、それは屈託のない和気藹藹の中だから途中で用事ができて中座してもいっこう構わないし、宮澤・上告趣意書（院写）の中では

「千島方面を守備して居る兵隊の中で　一番偉い人の名前や階級や飛行場の事も聞いたかも知れません　が　覚えて居りません」（前出）

――と、気を入れて聞いていた話ではなかったことを強調しているのだから、皮肉にもこれを裏付けることになる。

第五回（一九四一年＝昭和16＝九月二十四日頃）

宮澤判決（書写）に右と同日付で「前記『レーン』方に於て同夫妻に対し（申告げ＝漏泄）」とあり、ポーリン判決（書写）に「前記宮澤に就き……（4）同年九月二十四日頃……各聴取し以て外国に漏泄する目的を以て軍事上の秘密を探知し」とある。

だが、ハロルド判決（書写）には対応する記載が全くなく、ポーリン判決（書写）でも一部のみの記載となっている。

つまり、宮澤判決（書写）では宮澤弘幸の区分で「知得の15」と「知得の16」（旧満州＝現・中国東北部＝から中国中央部を旅行したときの一件）を夫妻に漏泄したことになっているが、肝心の受け手の方ではポーリン判決（書写）に「知得の16」の中の前半部分「中文派遣軍の司令部存在し……」のみが記載されて

いるだけで、あとはないということだ。
これはどう理解すればいいのだろう。「容疑なし」と判じたのか、内務省が書写の際に見過ごしたのか、あるいは意識して割愛したとでもいうのだろうか。判決相互に整合性を欠いている。

渡邊勝平にかかる件

渡邊勝平への判決によれば、漏泄した「軍事上の秘密」はすべて「偶然の原由により知得」したものであり、「レーン方居宅に於て同夫妻」に対し「申告げ＝漏泄」た、となっている。

第一回
一九三八年（昭和13）三月十七日頃＝三月上旬の札幌・月寒歩兵第二十五連隊の移動
第二回
一九三八年五月六日頃＝三月初頃の山口歩兵第四十二連隊の臨時召集の動静
第三回
一九三八年六月十六日頃＝六月下旬頃の弘前騎兵部隊の移動予定
第四回
一九三八年六月十七日頃＝六月十四日頃の広島野砲隊の移動など
第五回
一九三八年九月十七日頃＝五月二日頃からの山口歩兵第四十二連隊の移動および動静など

第六回
　一九三九年十月十五日頃＝十月上旬の札幌・月寒歩兵第二十五連隊の移動および補充兵の召集など
第七回
　一九三九年十一月二十九日頃＝十一月二十九日頃の札幌・月寒歩兵第二十五連隊の移動
＊第六回の「移動」と「召集」は判決の上では別建てになっているが、同日付なので一回にまとめてある。

——以上、判決からは、渡邊勝平がこれら「知得」した事柄を入手した後、あまり日を置かずにレーン夫妻に「申告げ＝漏泄」ていたことになる。当時、渡邊勝平がそれほど頻繁に出入りしていたのか、「申告げ」るためにわざわざ出向いたのか、そのへんの判示はない。判決は、この複数回「申告げ」をもって「犯意継続」と判示している。

　一方、これを夫妻への判決（書写）でみると、「漏泄された事柄」を全て「知得」したのではなくて「探知した」ということになっている。

　ただし「第一回」については、ハロルド、ポーリンともに対応する「探知」の記載がない。せっかく渡邊勝平が「申告げ＝漏泄」たのに夫妻は探知も知得もしなかったということなのか。漏泄を受けた者が存在しないのだから、漏泄自体も存在しなかったことになる。

　夫妻の判決（書写）は原物ではないので、誤記、誤植、欠落の可能性がないではないが、項目ごとに通し番号が付されているので欠落は考えられない。

　第二回については、漏泄の日付が異なっている。これも誤記、誤植の可能性がないではないが、渡邊判決が「六日頃」としているのに対し夫妻の方は、共に「五日頃」となっている。「頃」がついていれば一日や二日違ってもいいということか。仮にも犯罪事実の特定にあたってそんなことは許されない。

同様、第三回も、渡邊判決が「六月十六日頃」なのに対し、ハロルドは「十五日頃」になっており、第四回も、渡邊判決の「六月十七日頃」に対しハロルドは「六月中」になっており、さらに第五回では、渡邊判決の「九月十七日」に対しハロルドは「九月二日」になっている。

これは明らかにハロルド判決（書写）の方の誤りだ。渡邊判決では

「同年五月二日頃　山口歩兵第四十二連隊に召集せられたる兵の内　三ケ月の訓練を終え架橋演習より帰営したる約六百五十名は補充隊として同年九月上旬頃山口駅発列車にて中支方面に出征し……」

――とあり、列車の発った「九月上旬」を「九月二日」と解しても、当時の通信事情を考えれば翌二日にレーン夫妻に「申告げ」るには無理がある。

ちなみにポーリン判決（書写）では、この「九月上旬」部分が「九月八日午前九時四十分」となっていて、妙に詳しい。

その経緯は判示されていないが、これに誤りがなければいよいよ「漏泄」日を「二日頃」とするのはありえない。ポーリン判決（書写）では「九月中旬」としており、同じ異なるにしても、これの方が渡邊判決に近い。

なお、この件ではポーリン判決（書写）にも誤りがある。「五月二日」が「九月二日」になっている。原本の誤りか書写の際の誤記、誤植か、いずれにしても誤りになる。

第六回は「十月十五日頃」で三者一致しているが、動員の時期が渡邊判決の「十月上旬」に対し、夫妻のは「九月下旬」となっており、動員兵力が渡邊判決の「四百人」に対しハロルドは「六百人」になっている。

また、補充兵召集の時期が渡邊判決の「八月二十一日」からポーリン判決（書写）では「三十一日」に

なっている。これは次の丸山護の件の丸山護自身の召集にかかわる日だから各所に引用があり、「二十一日」の方に誤記、誤植はありえない。

多少の数値の違いは罪刑には影響がないとでもいうのだろうか。仮にも人を裁き、人の自由を奪い、罰を負わせるのである。誠実さに欠けること、あってはならない。

犯罪を裁くにあたって、犯罪事実の特定は最も重要であり、裁判官はじめ本件関係者がこの点で見過ごしているとすれば裁判全体への責任を欠くことになる。

丸山護にかかる件

丸山護の場合は、軍の徴兵による服務中の見聞が「偶然の原由により知得」した「軍事上の秘密」と断じられた。

判決によると、その見聞が「軍事上の秘密」であることを諒知しながら友人の渡邊勝平に「申告げ」、またレーン夫妻に対し「其の質問に応じ」て「申告げ」、漏泄したとされている。

第一回＝一九三九年（昭和14）十月十五日頃＝札幌・月寒歩兵第二十五連隊面会所に於いて、渡邊勝平に対し、補充兵召集の件、連隊編制の件、ノモンハン出征の件

第二回＝一九三九年十月末頃＝札幌・レーン夫妻宅に於いて、同夫妻に対し、月寒連隊補充兵召集の件、同ノモンハン出征の件

第三回＝一九四一年五月末頃＝札幌市内で、渡邊勝平に対し、北支派遣藤井部隊の移動と召集解除の件

第四回＝一九四一年六月上旬頃＝北支派遣藤井部隊の移動と召集解除の件

右の四回のうち、第一回は先の「渡邊勝平の件」での第六回と日時、内容ともまったく同一のものだ。つまり丸山護の面会日に渡邊勝平が出向き、その足でレーン夫妻を訪ね、「質問詮索」に応じ「申告げ」た、と解される。

そうなると、第二回はどういう位置づけになるのだろうか。レーン夫妻は既に渡邊勝平を「質問詮索」して丸山護が「知得」した「秘密」を「探知」して「収集」していたのである。

にもかかわらず、重ねて丸山護から同じことを「質問詮索」して「探知」する意味はいったいどこにあるのだろう。

ありていに理解すれば、丸山護は徴兵された後、面会日に渡邊勝平と身辺雑談し、半月後の外出許可日にレーン夫妻を訪ね、同じ雑談をした、であろう。

既に「秘密」ではなくなっているのだから、これを犯罪に仕立てたとすれば、これぞ冤罪にほかならない。

第三回と第四回の関係も、第一回と第二回の関係と全く同じ構造だ。異なるのは渡邊勝平が第一回のときのようにレーン夫妻に「漏泄」したとの記載がないだけで、流れとしての構造には異なるところはない。

つまり、仮に判決通りの「漏泄」があったとして、実質は徴兵入隊のときと解除復員のときの二回だけ、二つの事柄だけということだ。

この為に、ほぼ一年間勾留し、さらに計二年間の懲役を科す裁判というのは、いったいどういう法感覚なのだろう。同じ罪で二倍の罰を科す不当な見せかけと言うほかはない。

なお、四回とも相被告である渡邊勝平、ハロルド、ポーリンの判決（書写）と日時、内容とも整合はしている。

黒岩喜久雄にかかる件

黒岩喜久雄の場合は、全部が全部いいがかりのようなものであり、一九三九年（昭和14）十月中旬頃レーン夫妻宅で「同夫妻に対し其の質問に応じ」、海軍の飛行場の建設状況について、「軍事上秘密を要する事項なることを諒知し乍ら」、申し告げ、「以て偶然の原由に因り知得したる軍事上の秘密を他人に漏泄した」と断じているのが全てで、日時の特定さえなされていない。

一方、ハロルドの判決（書写）では、「十月十五日頃」とし、ポーリンの判決（書写）では「中旬」のまま、内容も黒岩判決文通りの記載でやり過ごしている。検証しようにも痕跡すらないというのが実際だ。

ハロルドにかかる件

漏泄の件で最も肝心なのは、「軍事上の秘密」がハロルド、あるいはポーリンから如何にして誰の手に渡ったか、になる。ハロルド、あるいはポーリンはあくまで「中間の存在」であって、「軍事上の秘密」を活用する立場にはないからだ。

そこで判決（書写）を見ると、

第一回（一九三九年＝昭和14＝六月十日頃）

札幌・北星女学校に於いて、フィリピン駐在アメリカ陸軍武官陸軍少佐ヘンリー・マックリアンと密かに会合し、渡邊勝平から探知した前記事実を漏泄。

＊前記とは渡邊勝平の「漏泄」区分で

第二回＝一九三八年五月六日頃＝三月初頃の山口歩兵第四十二連隊の臨時召集の動静

第三回＝一九三八年六月十六日頃＝六月下旬頃の弘前騎兵部隊の移動予定

第四回＝一九三八年六月十七日頃＝六月十四日頃の広島野砲隊の移動など

第五回＝一九三八年九月十七日頃＝五月二日頃からの山口歩兵第四十二連隊の移動および動静など

――の四回四件にあたる。

第二回（一九四〇年＝昭和15＝四月二十四、五日頃）

札幌・北星女学校に於いて、在日アメリカ大使館附陸軍武官陸軍大尉ベープの紹介による同大使館付海軍中尉トーマス・マッキー及び外交官補デイクソン・エドワードと密かに会合し、宮澤弘幸、渡邊勝平、黒岩喜久雄から各探知した各事実を漏泄。

＊各事実とは宮澤弘幸の区分で

（探知の1）＝樺太大泊町の海軍大泊工事場に於ける海軍大湊要港部主管の油槽を築造中の件

（探知の2）＝樺太大泊町の海軍大泊工事場に於ける築造計画の油槽の容量の件

（探知の3）＝樺太大泊町の海軍大泊工事場に於ける築造中の油槽の進捗状況等

（探知の4）＝樺太・上敷香の海軍飛行場に於ける建造物および滑走路の状況

（探知の5）＝樺太・上敷香の海軍飛行場の北五キロの地点に於ける建造物等

（知得の1）＝海軍大湊要港部に配置されている敷設艇の装備および機能

――の計六件（ハロルド区分では五件＝各被告人の判決によって内容事項の組み合わせが若干違っている）

渡邊勝平の区分で
第二回＝一九三八年五月六日頃＝三月初頃の山口歩兵第四十二連隊の臨時召集の動静
第三回＝一九三八年六月十六日頃＝六月下旬頃の弘前騎兵部隊の移動予定
第四回＝一九三八年六月十七日頃＝六月十四日頃の広島野砲隊の移動など
第五回＝一九三八年九月十七日頃＝五月二日頃からの山口歩兵第四十二連隊の移動および動静など
――の計四件（内容は第一回のヘンリー漏泄と完全重複）

黒岩喜久雄の区分で
（知得の１）＝南太平洋パラオ諸島の「コロール」島に隣接する通称「アラカベサン」島の海軍飛行場。
（知得の２）＝南太平洋マリアナ諸島の「サイパン」島の海軍飛行場。
＊ハロルドの区分では「１」と「２」と合わせ一項目に合わせられている。

――の計二件（ハロルド区分では一件）

以上、改めて見直せば、判決の主犯格ハロルドが「漏泄」したのは、ただの二回だけになる。件数も三人からの合計で十六件、重複を省き、ハロルドの区分に直すとただの十件になる。

事は数の問題ではないと言えばその通りだが、内容においても軍の統帥、国の命運を左右する軍機保護法本来の目的に沿う「軍事上の秘密」がただの一件でもあったといえるだろうか。

それは縷々検証したところだが、すくなくとも杉山元が閣議で黙秘した程度の秘密もなかった。中身を精査すれば、枝葉末節と言っていい断片がただの十件だった。これが全体を俯瞰し直して見えてきた漏泄の実態にほかならない。

＊宮澤弘幸らが「探知」し、ハロルドらがアメリカ大使館員らに「漏泄」したとされる「軍事上の秘密」が、軍あるいは国家に与えた実害の程度については、宮澤弘幸の「上告趣意書」（院写）の中で詳細に検証し、国家を揺るがすには程遠い実害であることを実証している。同趣意書は、一審判決が断じている犯罪事実の外形は認める立場にたっているが、実態追及は厳しく鋭い。

間抜けた漏泄

本件「漏泄」をもって、仮にスパイ事件というのなら、スパイが聞いてあきれるに違いない。本来なら関連被告人相互に整合されていて当然の判示内容がいくつもの齟齬、矛盾を露にしているだけでなく、何よりもスパイ事犯に肝要のスピード感に欠けている。探知から漏泄までの時間が最短でも半年を超えている。こんなスパイが、はたしてスパイといえるのだろうか。戦線は日々に動いているのだ。

もちろん、それは宮澤弘幸やレーン夫妻の行為を指し「間が抜けている」といっているのではない。仮にもスパイ行為と判示するなら、これほど中身の薄い、これほど間延びのしたスパイ行為をてらいもせずに「犯罪事實」と断じて判決文を書き、懲役十五年の重刑を科している裁判官と裁判そのものへの怒りだ。

ハロルドにかかる第一回の場合は「渡邊漏泄＝ハロルド探知」が「一九三八年五～九月」でヘンリーに漏

泄されたのが「一九三九年六月」だから、実に一年を経過している。

仮想敵国アメリカはこの一年前の一地方の徴兵動員の様子を聞き、どんなに欣喜雀躍したことか、ひょっとして、戦後になって戦史詳述に大いに寄与したことだろう。

同第二回の「宮澤漏泄＝ハロルド探知」は「一九三九年十月上旬」であり、トーマスへの漏泄は「一九四〇年四月二十四、二十五日」だ。優に七か月後に近い。

「黒岩漏泄＝ハロルド探知」にしても「一九三九年十月十五日」だから六か月を超えている。「渡邊漏泄＝ハロルド探知」の重複に至ってはなんと二年後に近づいている。

繰り返すが、これは間延びを嗤っているのではない。この程度の事実認定をもって断罪する裁判とはいったい何なのか。

法廷に出された証拠の上からは、まるで仕方なくとばかり、この程度までにしか判示し得なかったというのか、それとも中身などは最初からどうでもよいという手抜き、さらには姿勢のいい加減さからきているのだろうか、常識ではとても判別しがたい。

しかも、この二回十件以外の「探知」あるいは「知得」されたとされる事柄の大半は、ハロルドの手元に止まったきりで、肝心な仮想敵国には「漏泄」されなかったことになっている。明文・判決の上では、そうなっている。

これをもって国防を危うくするスパイ事件と本当に思ったのだろうか。これをもって懲役十年を越す重罪を三人に科すに足るほどの国益を損なったと判じたのだろうか。

判決は、さすがに具合悪いと考えたのだろう。判決（書写）では項を改め、もう一項目を設けている。

北星女学校に於ては　予て毎週金曜日を在宅日とし　同校英語教師「モンク」「ヘレフォード」「シュミット」等を中心とし　宣教師「レーク」夫妻等の米国人及被告人夫妻其の他　札幌市在住の欧米各国人相寄り社交会を開催し来りたるが、
昭和十三、四年頃より　同会に於ては　主として我国の軍事並に経済上の諸情勢が話題に供せらるるに至り
其の際の話題は　右「レーク」「モンク」等を通じて　駐日米国大使館員及在京米国総領事館員等に通報せらるるものなることを予想し乍ら
昭和十三年五月頃より昭和十六年九月上旬頃迄の間　数十回に亙り　之に出席し、
其の間　前記探知に係る事項を　夫々探知の直後　同会に於て　右「レーク」「モンク」等に申し告げ
以て　軍事上の秘密を外国の為に行動する者に漏泄したるものなり。

——である。

なんとも苦し過ぎる。「通報せらるるものなることを予想し乍ら」「夫々探知の直後」に「申し告げ」たというのだ。スパイ行為にあって、こんなあやふや、あいまいが通用すると本気で思っているのだろうか。言えば、これは有罪を強いる側、判決文を書く側にとっては書き得の話だ。大使館関係の者にしろ、北星女学校の外国人教師にしろ、みな既に日本国外に出ていて、何をどう書こうと反駁されることはない。

しかし、それでもなお、ここまでにしか強弁しえないと判断したのだとすると、これはかえって良心だったのかもしれないとさえ言いたくなる。

だが、これによって被告たちは皆有罪に陥れられたのだ。重きは戦時下の懲役十五年にはめこまれたのである。許せる話ではない。

なお、ヘンリー、およびトーマスらへの「漏泄」はハロルドの判決（書写）にあるだけで、ポーリンの判決（書写）にはない。ポーリンの場合は、北星女学校・社交会での「漏泄」だけで、直接、外国に漏泄したことは一件もないという判示だ。

言い方を変えれば、果して漏泄になったのか否かさえはっきりしないあやふやでもって懲役十二年を科されたのだ。もしかして、ハロルドの十五年との差「三年」はヘンリー、トーマスへの漏泄分ということになるのだろうか。

さらに、漏泄によって軍の、あるいは国の何が失われたかの実証も全くなされていない。断罪を下す側にとって、「漏泄」はもう、どうでもよいことだったのだろうか。相被告間の事実照合も粗雑で齟齬の多いこと既にその都度指摘してある。判決に当って気を入れていないことおびただしい。

もちろんあきれて済ませられる事ではない。これによって六人が有罪を宣告され、最長懲役十五年の刑に服させられている。このことに、裁判官は改めて思いを致さなければならないと重ねて思う。

*北星女学校＝一八八〇年（明治13）アメリカ人サラ・クララ・スミス創設のミッションスクール。スミスはニューヨーク州エルマイラー市の第一長老教会の所属で長老派海外伝道協会の派遣で来日し、各地で伝道の後札幌に落着き北星女学校を開いた。札幌におけるプロテスタント系キリスト教徒の長老的存在だったようだ。

ハロルドの一審判決にある「モンク」はアリス・モード・モンクで宣教師にして同校教師、校長も務めた。開戦前の一九四一年九月、日本人理事のみで開いた同校理事会の善意の勧告に従い、スミス、ヘレフォード、マクローリーと共にアメリカへ帰国している。（『北星学園百年史』および『戦時下の北星女学校』＝同窓会編＝に詳しい）

ミッションスクールは特高の標的にされ、北星女学校の教職員、生徒もしつこく付きまとわれている。教義が天皇を神とする「國體」に反すること、欧米崇拝の思想を振りまくこと、が理由とされ外国人教師は「要視察外國人」に指定されていた。

冤罪の構図

軍機保護法が保護する「軍事上の秘密」を定かにし、「探知」の条条、「漏泄」の条条、そして「量刑」の実際を明らかにし、改めて「冤罪の構図」に戻る。

だが既にして検証したところをまとめるだけだから、くどく重ねることはない。正確を期すための補足説明は省き、箇条書きに並べたほうが分かりいいだろう。

一、軍機保護法が罰則をもって保護する「軍事上の秘密」とは
統帥に伴う高度の秘密で、不正不法の手段を用いなければ探知できない秘密をいう。

一、軍機保護法で罰する「探知」とは
それが「軍事上の秘密」だと知っていて、不正不法な手段を用いて探知、収集する行為をいう。

一、軍機保護法で罰する「漏泄」とは
軍機保護法が罰則をもって保護する「軍事上の秘密」を公開したり、自分以外の者に伝説する行為をいう。

この三か条が、軍機保護法を抜本改定するにあたっての軍の立法趣旨であり、議会の議決を経た法理であり、司法執行にあたっての前提であり、法解釈の根拠となる。

ひらたく言い直せば、国家の根幹を揺るがす悪行を取り締まるのが目的であり、万一犯す者がいたならば重く罰し、よって、そのような悪行を抑止し、国家の安寧を図る、ということになる。

ところが、ハロルドらが検挙され、断罪された件の判決では
一、根室飛行場の存在に代表されるように、公然周知の構造物や出来事や伝聞が「軍事上の秘密」と判示され、厳罰の対象とされた。
一、根室飛行場の伝聞に代表されるように、それが「軍事上の秘密」だと知らずに、見たり、聞いたり、知ったりした日常の行為が「探知」と判示された。
一、根室飛行場の見聞に代表されるように、旅の印象として屈託なく話したことが「漏泄」と判示された。
もちろん、これら判示の行為は、各被告人が自ら自供した言動ではなく、拷問等によって押し付けられた「行為」だが、もう一つ大事なことは、これら判決がいう「探知」行為において全く不正不法な行為を伴っていないことだ。

　金庫を壊したこともなく、管理人に暴行傷害を加えたこともなく、立ち入り禁止区域に不法侵入したこともない。軍機保護法が保護し罰するにあたっての最重要要件である「不正不法」の手段とは全く無縁であることを、判決そのものが認めている。

　中でもハロルド、ポーリンにかかる「探知」は、宮澤弘幸らが「聞いて、聞いて」というのを「ハイ、ハイ」といって聞いたり、聞き流しただけなのだから「不正不法」の絡める余地は全くない。

　さらに、「探知」から「漏泄」に要した時間が年月単位で間が空いているとなると、スパイ事件が呆れるほかなく、肝心の国益や軍の作戦への被害については何の言及もない。これらはいかにも恥ずかしく過ぎて言及できなかったのかもしれない。

　法は法として独り歩きする、とはいえ、これほど立法の趣旨、法理と百八十度違う運用がまかり通る

となると恐ろしい。

さらに駄目を押せば、法の手続きにおいて、意図して点検機能を外している。

一、秘の決定権を軍の専権とし、歯止めを外している。

一、秘密保護を理由に、裁判を非公開とし、自白のみで判決を下し、客観的な裏づけを外している。

一、戦時を理由に、検察権を拡充し、三審制を二審制に短縮し、最終審での公判外しを合法化している。

法治を建前としながら、運用においては、権力（人治）に任せ、嫌疑を受けた者の反論反証権を奪い、被告人は一度、嫌疑をかけられると四方八方塞がれ、冤罪におとしめられるほかはない。

この建前と実際の落差は、「立法の趣旨、法理と独り歩きする法の狭間で無実の衆生が生贄となった」という程度の反省では到底、済まされない。

表を飾った理念のひけらかしと、裏で欲しいままを通した本音と、全くの二律背反がまかり通っているのが、軍機保護法の実相であり、それに絶大の墨付きを与えたのが公正公平であるべき裁判官であり、なかんずく大審院判決だった。秘密を裁かないことをもって裁判官の使命とした、のである。

国家犯罪による冤罪といわざるを得ない所以だ。

それが軍、それが軍の秘。だが、議論がそこで終わっては、この先何も進まない。ハロルドらにかけられた重刑がなぜだったのか、何だったのかの解明もなされない。

答えははっきりしている。被害者・宮澤弘幸は、いみじくも喝破している。科された罪は「大東亜戦争への破壊工作の罪」だった――と。戦争こそが、軍＝国家の横暴、理不尽を可能にする巨悪。この事実を改めてしっかりと認識し直し、かつ、その横暴、理不尽を押し止める覚悟の結集が大事になると考える。

再審（名誉回復）と顕彰――あとがきに代えて

再審は難しい。それが、弁護士・上田誠吉さんはじめ、本件・冤罪に関わってきた法律家たちの共通理解です。理由は「証拠」が消されていること、です。

既に本稿で検証したように、国家権力が有罪の証拠として法廷に出したのは被疑者の「自白調書」「予審訊問」だけでしょう。これらは全て廃棄され、さらに公判記録も、一審判決も（渡邊勝平、丸山護の分を除いて）廃棄されています。これら法廷で扱われた一切の「証拠」「証言」を抜きにして白紙、更地から「スパイではない（軍機保護法等違反の事実はない）」と所定の法手続きに沿って再審を請求するのは、確かに至難と同意せざるを得ません。

半面、かろうじて残された大審院判決の本体原本と、不完全ながら掘り起こされた一審判決の書写によって国家権力が仕立てた「事件の全体像」と、これに対する被告・弁護団の反論・反証の大要は明らかとなっています。つまり、「事件」の全体像は見えているのです。検察の仕立てがいかに粗雑、乱暴であるか、被告・弁護団の論旨がいかに緻密で論理立っているか、本稿でも明らかにできたと思います。

実は、本書の願うところ、ここにあります。再審をまるまる諦めるのではなく、あるいは法手続きの上で無理あるとしても、実質、民衆法廷のような場で、国家が仕立て上げた「事件」が「冤罪」であったと証明し、国家をして二度と同じ罪を犯させないよう断罪する。それが可能なのではないか、そのための「準備書面」あるいは「再審請求書」たるの思いを込めての一書です。

名誉回復の願いでは、再審とは別にもう一つの側面があります。冤罪の被害者たちの、冤罪を闘い抜いた生涯の顕彰です。中でも「戦争への破壊工作が罪とされた」と総括して、事実上獄死した北大生・宮澤弘幸の北大生としての名誉回復を実現させたい、そう念願しています。

宮澤弘幸らが「戦争と秘密」の被害者に嵌められたとき、北大当局が何ら手を延べなかったこと本稿に検証した通りです。そして、その姿勢は冤罪法・軍機保護法が廃止された戦後も引き継がれ、北大構内で起きた冤罪事件とその被害者を無視してきました。北大が冤罪の事実と宮澤弘幸の名を北大史の中に記載したのはようやく二〇〇一年発行の『北大の125年』が最初であり、それも十数行のことです。

それでも記述に踏み切ったのは、一九八〇年代の「国家秘密法」阻止の運動をはじめ、世の目があったからでしょう。

そして遅ればせながら、北大内部からの調査の機運も生まれ、『調査報告＝宮澤弘幸・レーン夫妻軍機保護法違反冤罪事件再考――北海道大学所蔵史料を中心に――』（『北海道大学大学文書館年報・第5号』所載2010年3月刊）が発表されるに至っています。

ただ、この調査にしても、同大学文書館長である逸見勝亮が一学究として調査・発表した形をとったもので、北大当局としては腰の引けたものであり、冤罪に言及するくだりも、上田誠吉・弁護士の著作をなぞるに止まる記述となっています。この調査・報告にして二〇一〇年代に入ってのことでした。

この姿勢に強い刺激を差し込んだのが、二〇一二年十月の遺族による「北大生・宮澤弘幸のアルバム寄贈」です。宮澤弘幸の所持するアルバム類は検挙の際に多く押収されたり破損されたりしたのですが、事前の機転で大事な何冊かを友人らに預け置いたものが遺族の手に戻り、これを妹・秋間美江子さんの手から北大当局に寄贈するはこびとなったのです。その心の内を、秋間さんは

「私も歳です（当時85歳）。もしかすると今回が最後（の帰国）かもしれない。兄・弘幸の北大時代のアルバムを北大に寄贈して、スパイの家族に一区切りをつけたい」

――と話しています。

これを聞いた、のちに「北大生・宮澤弘幸『スパイ冤罪事件』の真相を広める会」（以降＝「真相を広める会」）の代表を務めることになる山野井孝有が、「アルバム寄贈だけで、美江子さんの苦悩が消えるわけではない」と直感し、「もし北大がアルバム寄贈を受けるなら、弘幸さんの退学処分を取り消させるべきだ」と踏み込み、秋間さんも本心を開いて納得しました。

この寄贈申し出は北大の受けるところとなり、十月二十四日に実現しました。こうして北大生時代の点景を写し取ったアルバムは北大副学長・新田孝彦教授らに手渡され、秋間さんは「両親は当時の総長に何度も息子を救って欲しいと訴えたのに何もしてくれませんでした。大学側は退学届を出したと言っていますが、そんなはずはありません。私は悔しいです」と改めて胸の内を訴えました。

続けて山野井孝有は「大学として正式に調査し、退学処置を撤回し、名誉を回復して欲しい」と駄目を押し、北大も、「さらに客観的資料を集めて調査したい。大学の企画展などでアルバムを公開し、学生に広く伝えたい」と約束、この状景は、同席した新聞記者らによって広く全国に報じられました。ここに名誉回復と顕彰を話し合える場が予感されたといっていいでしょう。

同時に、「真相を広める会」結成の機運が起こり、翌二〇一三年一月二十九日、札幌集会での発足となりました。折から、二〇一二年師走の総選挙で多数を占めた自民・公明両党は、「憲法改悪」「集団的自衛権行使」を掲げて暴走する安倍内閣を発足させています。一九八〇年代の国民運動の高まりで鳴りを潜めていたスパイ法もにわかにうごめき始めたのです。

会則の「目的」では北大に宮澤弘幸の名誉回復を求めると共に「二度と国家による非道が起こらないようにするため秘密保全法の立法策動を阻止することを目的とする」を高く掲げました。会には、スパイ冤罪事件に関心を持ち、安倍内閣に危機感を持った有志たちが結集、会員はいま三〇四人に達しています。代表には山野井と共に上田弁護士の調査を手伝った在札幌の山本玉樹が就いてます。

運動は山坂ですが、一つ一つ成果も積んでいます。対北大では、謝罪と名誉回復を求める「申入書」を手始めに、繰り返し対応を求めたのに対し、初めはなしのつぶての連続でしたが、やがて「退学願」など、実質、名誉回復にかかる学内資料の洗い出しと、その報告書（『北海道大学大学文書館年報・第9号』）の刊行を見るに至り、その延長で「宮澤記念賞」創設の回答を得るに至っています。

これは国立大学法人北海道大学総長・山口佳三の名で、秋間美江子宛てに文書で届いたものですが、同文の写しが「真相を広める会」へも届いていますから、本会への回答でもあると受け止めました。

これには、①宮澤氏に関する歴史的な出来事を風化させないこと、②この視点で報告書（『北海道大学大学文書館年報・第9号』のこと）を執筆させていること、③北大創基百五十年の正史刊行でも同趣旨の見解を掲載すること、④既に北海道大学総合博物館において「宮澤・レーン事件」を伝えるパネルを展示しているのに加えて、⑤百年記念会館でも宮澤氏についての展示を組むこと、⑥さらに寄贈受けたアルバム類については大学文書館の独立館新築計画と合わせ常設展示コーナーを設けること――などを約束。

これら北大としての取組みにたって、語学力に優れ国際親善の精神を備えていた宮澤弘幸を讃える「宮澤記念賞」を設け、毎年、ふさわしい北大生に授与するというものです。

名誉回復の明言、冤罪を無視してきたことへの謝罪はないものの、名誉回復と顕彰に一歩踏み込んできたことは明らかでしょう。「真相を広める会」としては、この「回答」を客観化する場を持つよう求め、五月七日に実現しました。

この席では、総長から一任されたという副学長・三上隆教授が出席。冤罪と認識したうえでの「宮澤記念賞」であると明言、また「大学文書館年報・第9号」の記述が大学見解に準ずることも認め、その上での諸施策であることを明言しました。一歩踏み出したことは間違いありません。「真相を広める会」として、同席の秋間美江子さんともども、「宮澤記念賞」について同意することを伝えました。

同時に、「真相を広める会」として、かねて提起してきた「顕彰碑」の建立地として、北大構内の外国人教師官舎跡を無償提供してくれるよう正式に要請しました。

この「顕彰碑」は、冤罪を闘い抜いた人、その心を前後ろから守り続けた人たちを顕彰する証しです。官舎跡は本稿本文で紹介した「心の会」の記念地です。顕彰碑の建立地として、最もふさわしく、しかもいま小さな林となって残っているのです。北大には既にレーン先生を讃える「レーン賞」があるので、「宮澤賞」とも合わせ名誉回復と顕彰を全うする文字通りの礎となるでしょう。

時流は厳しく対峙しています。安倍政権は、国会多数をかさに秘密保護法に続き「集団自衛権行使」の閣議決定を強行するなど「戦争の出来る国」へと舵を切り込み、しかし「平和に生きよう」と願う人たちが理を尽くし情を新たにたゆまず頑張っています。

「真相を広める会」の願いは「二度と国家冤罪を起こさせない」「戦争を起こさせない」です。「顕彰碑」運動はその証であり、本会を超える大きな運動に広がるよう念じています。

今回、本書は、このような中での刊行でした。本会には発足以来、刊行を重ねてきた四つの冊子がありま す。『真相を知ってほしい』『冤罪の構図』『引き裂かれた青春』『北大のとった処置と責任』です。時の展開に備え、これら四つをどう生かすかと思案のところ、「ならば一冊に」と受けてくださったのが花伝社さんです。願ってもないことです。花伝社は、「宮澤・レーン・スパイ冤罪事件」の古典というべき『ある北大生の受難』を復刻し、『人間の絆を求めて』を刊行した出版社です。先人の成果を継承し、その後見つかった資料や明らかとなった理解をふまえ「決定版に」と思い膨らませた次第です。

思えば、「真相を広める会」の結成から、さまざまな偶然の出会いのスタートでした。その一つ一つは割愛しますが、大げさに言えば、歴史の必然だったのかもしれません。本書の刊行で改めて実感です。偶然を引き寄せ、あるいは直感的に見抜く感覚と良心を持った人々に出会えたことを嬉しく思います。佐藤恭介さんはじめ花伝社のみなさんに感謝です。

本稿多くの引用にあたっては、その都度、個々の出典を明示しましたが、そのほか多くの基礎事実については『ある北大生の受難』『人間の絆を求めて』のほか『北の特高警察』（荻野富士夫・1991年新日本出版社刊）『フォスコの愛した日本』（石戸谷滋・1989年風媒社刊）『武田弘道追悼集—会議は踊る—ただひとたびの』（1985年ミネルヴァ書房刊）を底本としています。ありがとうございます。

秘密保護法、解釈改憲の先には憲法九条改悪と戦争への道が間違いなくうごめいていると恐れます。施行を阻止し廃棄への道を開かなければなりません。

最後に、わたしたち「真相を広める会」の代表・山本玉樹の言を紹介して、「あとがき」に代えさせていただきます。

平和と真理について
Be Ambitious でなければならない。
真理を壊す者に対して
闘っていかなければならない。

資料編

ハロルド　一審判決（書写）
ポーリン　一審判決（書写）
宮澤弘幸　一審判決（書写）
丸山　護　一審判決
渡邊勝平　一審判決
黒岩喜久雄　一審判決（書写）
ハロルド　上告審（大審院）判決
ポーリン　上告審（大審院）判決
宮澤弘幸　上告審（大審院）判決
軍機保護法
関係年表

一件記録で、原物があるのは、渡邊勝平及び丸山護にかかる一審判決の判決書が各一点。ハロルド及びポーリン、宮澤弘幸にかかる大審院の判決書が各一点。いずれも故上田誠吉氏が収集（原物複写）し、遺族が北海道大学大学文書館に寄贈しており、本稿収録もこれによった。

ほかにハロルド、ポーリン、宮澤弘幸、渡邊勝平、丸山護、黒岩喜久雄にかかる一審判決のうち「犯罪事実」に関する部分だけを書き写したとみられる「書写」が各一点。これは内務省『外事月報』昭和十八年二月分に所載のもので、本稿収録もこれによった。（但し渡邉、丸山分は除く）

現在、存在が確認されているのは、この書写判決文を含め計十一点で、戦後一九八〇年代に上田氏が全貌調査のため保存義務のある札幌警察署をはじめ各捜査、司法、法務（刑務所）当局へ閲覧申請を出したのに対し、右原物五点の他はすべて「存在せず」の回答だった。

気になるのは書写の真正度だが、幸い、渡邊勝平と丸山護の分については原物と書写の両方が存在しているので照合できる。その結果からいうと、若干の抜け落ちや端折り等があるなど、一部に写し損じや誤記誤植の類はあるものの、ほぼ忠実に引き写されている。

ただ残念なことに、「書写」には証拠の採否にかかる部分、および罰条適用の部分が欠落している。これは丸山護、渡邊勝平の原物には法定通りにあって、「書写」にはないことからも欠落とわかるのだが、内務省にとっては必要のない部分だったのだろう、せっかくの資料が不完全なものとなった。

◇

「軍機保護法」は、一九三七年の抜本改定された「軍機保護法改正法律（昭和十二年八月十四日法律第七十二號）」を「官報昭和十二年八月十四日第三千百八十五號」によって収録した。但し一九四一年の法律第五十八號改正部分も織り込んである。

宮澤・レーン冤罪事件 一審・上告審（大審院）判決全文

一審の丸山護と渡邊勝平、および大審院の判決書は、手書き楷書で、旧仮名遣い。旧漢字が主体だが、現用漢字と同じ簡略体、それに異体字、偽字、誤記も混在している。特に丸山護と渡邊勝平の判決書では混在している。

本稿では原則原文どおりとし、手書きで一般化している略字や書きぐせによる偽字については作字せず、活字体に置き換えた。

中には「説明」を「設明」、「受容」を「愛容」、「冷淡」を「冷談」、「塘沽」を「塘沾」、「探知」を「深知」など一見して誤記と推認できるものもあるが、訂正はせず原文のままとした。

ほとんどが句読点、改行のない長い文なので、適宜、改行を入れ、句読点に代わる一字分の空間を開けた。

旧漢字のうち、使用頻度の高い文字については、豫→予のように現用漢字との照合を余白部分に付記した。

各判決書での仕様は次のようになっている。

㋑渡邊勝平、丸山護にかかる判決書は「裁判用紙　裁判所」の印字がある三三五×二四五ミリの縦書き二十行の罫紙。担当裁判官が毛筆で署名押印している。

㋺宮澤弘幸らの大審院判決書は「裁判用紙　裁判所」の印字がある「国定規格Ｂ４」の縦書き二十四行の罫紙。宮澤弘幸分が五十四枚、ハロルド分が八枚、ポーリン分が六枚。

㋩『外事月報』所載は、Ｂ５判印字印刷で、句読点付き平仮名に置き換えられ、構成も　１判決言渡月日　２刑罰　３犯罪事実――に再編されている。ハロルド、ポーリン、宮澤弘幸、渡邊勝平、丸山護、黒岩喜久雄の順で収録されている。

ほぼ忠実に書写されているが、用字送り仮名には、一部、書写者の慣用がみられ、これらも含め書写のままとした。

各冒頭に、被告人の住所の頭に（一）（二）とあるのは『外事月報』の仕様で、各人判決の掲載順を表すものと思われるが、これも原文のままとした。

※参考＝右『外事月報』の所載判決文での写し間違いは渡邊勝平の分で十六か所（いずれも一字程度の誤記誤植脱字）、丸山護の分で十一か所（十一字の文と二十三字の文が欠落の他は一字程度の誤記誤植脱字）あるが、いずれも不注意ないし思い込みと校正不足によるもので、文意や事実関係を読み違える虞はない。

ハロルド　一審判決（書写）

（一）北海道札幌市北十一條西五丁目
元北大豫科英語教師　米國人
ハロルド・メシー・レーン　當五十二年

1　判決言渡月日　昭和十七年十二月十四日
2　刑罰　懲役十五年、訴訟費用被告負擔
3　犯罪事實

昭和十二年七月支那事變の勃發するや　同事變を目するに我國の反人道的侵略行爲なりと妄斷し　同事變の推移に伴ふ日米國交の動向より兩國の開戰を豫想するに至りし折柄
昭和十三年四月七日
在東京米國領事館を訪問し　副領事「リチヤードソン」に面接したる際
同人より
北海道に關する軍事竝に經濟上の情報を聽取せられたる上引續き之が探知提供方の依賴を受け、
次で同月二十日頃　在東京米國大使館に於て　同大使館付武官陸軍大尉「ペープ」より
北海道方面に於ける要塞、飛行場、海軍基地、軍需工場及び軍動員等に關する我國の軍事上の祕密を探知提供すべき旨の依賴を受けて
承諾し、
爾來　外國又は外國の爲に行動する者に漏泄する目的を以て自宅に出入する學生等を懷柔利用し　又は新聞、地圖を精査し或は距離測定器付自轉車を以て　札幌市近郊のハイキングを爲し　軍事上の祕密を探知せんことを企て
第一、
妻「ポーリン・ローランド・システア・レーン」が廣範圍なる交友關係を有し　且我國語に堪能にして座談に長ぜるより同人と意思を通じ
豫て自宅に出入し親交ありたる　北海道帝國大學工學部學生宮澤弘幸、同學部助手渡邊勝平　其の他被告人方に出入し居たる者をして、
旅行談、視察談等を爲さしめ
其の間　右ポーリンと交々軍事々項に付　質問詮索するの方法に依り
當時被告人が居住し居たる　札幌市北十一條西五丁目北海道帝國大學官舍に於て
一、宮澤弘幸に就て
(1)　昭和十四年十月始頃
（イ）樺太大泊町に於て　大湊要港部大泊工事場は大湊要港部主管の貯油タンクを築造工事中にして　佐々木組が請負ひ三百人位の募集人夫が稼働中なる旨

(ロ)右工事場に於て　築造計畫に係るタンクは大、中、小の三箇にして　大は重油二萬噸容れ、中は重油一萬噸容れ、小は石油二千噸容れにして　同工事は昭和十五年秋頃完成豫定なる旨

(ハ)右工事場は大泊町外に在りて　右貯油タンク中、大は地下に於て組立中、中は穴を掘鑿中、小は場所選擇中にして　給油方法は大泊棧橋對岸棧橋にて給油する計畫を以て目下工事中なる旨

(ニ)大泊の築港工事は　樺太廳關係の工事なるも　工事完成後には築港の一部を海軍に提供し　給油基地となす計畫なる旨

(2)　同日頃

樺太上敷香飛行場には　二百七十名收容の兵舍一棟、戰鬪機四機入格納庫四棟、爆彈庫二棟、指揮所一棟　及十字滑走路の各存在する旨

及同飛行場の北五粁の地點に電氣通信所一棟、其の東には　高射砲數門を設備したる防空燈臺一基　各存在し　目下工事中にして　昭和十五年中に完成の豫定なる旨

(3)　同日頃

大湊要港部に於ける敷設艇は　爆雷投下設備を具有し投下せられたる爆雷は　其の爆雷に附着せる落下傘により徐々に沈下し　一定の水深に達したるとき水壓に依りて爆發する裝置なる旨

(4)　昭和十六年七月中旬頃

(イ)北海道宗谷郡所在岬燈臺には　軍艦との通信の爲光源を遮蔽する特殊板を設備したる海軍關係の信號設備の存在せる旨

(ロ)前掲大泊貯油タンク工事は三箇共完成し居りたるが給油設備は工事中にして　昭和十七年春頃完成の豫定なる旨

(ハ)千島幌莚島柏原灣には二箇の海軍砲臺存在し　一基はカムチヤツカの中部を　一基は柏原灣沖を通過する敵艦を射擊する設備なる旨

(ニ)千島松輪島に海軍飛行場の存在する旨

(ホ)昭和十五年九月漁夫の引揚後　千島占守島片岡灣及幌莚島柏原灣に　軍徵用に係る技術者竝に職工來島し昭和十六年七月頃　陸軍關係の軍事施設を築造し居りたる旨　及其の頃　柏原灣に軍輸送船十隻入港し居たる旨

(ヘ)北海道根室郡根室町には海軍飛行場存在し　同飛行場の兵舍には兵曹長が指揮に當り居る旨

(ト)千島占守島方面に駐屯せる陸軍部隊は内田部隊にして　隊長は小林少佐なる旨

(5)　昭和十六年五月始頃

日本陸軍の一般的戰術としては　先づ飛行機にて敵陣に打擊を與へ、次で砲兵が敵の火力を沈默せしめ　砲兵の掩護下に戰車と歩兵が肉彈戰を展開す、

又日本軍の戰車は（イ）十噸以下の小型戰車（ロ）十噸以上二十噸迄の中型戰車（ハ）二十噸以上の大型戰車の三種に別れ、

小型戰車には一名又は二名、中型戰車には四名、大型戰車には四名以上乘組み　無線電信裝置は大型及中型戰車に限られ　小型戰車には其の裝置なし、

ノモンハン事件の經驗に依り日本軍の作戰としては小型戰車を最大限度に活用せんとする方針なる旨

二、渡邊勝平に就き

(1)　昭和十三年五月五日頃

同年五月初頃三、四日に亘り　山口歩兵第四十二聯隊に補充兵約千五百名乃至二千名　臨時召集を受け　其の中約一割は病氣の爲卽日歸鄕を命ぜられたる旨

(2)　同年六月十五日頃

弘前騎兵部隊は同年六月下旬頃　中支或は滿洲方面に出征すべき旨

(3)　同年六月中

廣島野砲隊は同年六月十四日頃現地に出征し　同日頃之が補充の爲　野砲兵の召集せられたる旨

(4)　同年九月二日頃

山口歩兵第四十二聯隊に召集せられたる兵の内　三ケ月の訓練を終へた約六百五十名は補充隊として　同年九月上旬頃　山口驛發列車にて中支方面に出征し、

又同聯隊より出征したる坂田部隊（大場部隊）は同年九月頃　青島に駐屯し居る旨

(5)　昭和十四年十月十五日頃

月寒聯隊より歩兵部隊約六百名が　同年九月下旬頃　札幌發「ノモンハン」方面に出征したる旨

(6)　前同日頃

同年八月二十一日頃　月寒聯隊に補充兵約千七百名召集せられ　一個中隊に約百三十名宛配屬せられたる旨

(7)　同年十一月二十九日頃

月寒聯隊の歩兵部隊約三百名が　其の中約三分の一は銃を携帶し、其の餘りは銃を携帶せず（以上は被告人直接目擊す）して同日頃　札幌驛發函館經由現地に出征したる旨

三、丸山護に就き

(1)　昭和十四年十月末頃

月寒聯隊より歩兵部隊約六百名が　同年九月下旬頃　札幌發「ノモンハン」方面に出征したる旨

(2)　昭和十六年六月上旬頃

中支派遣藤井部隊所屬兵等約八百名は　同年五月二日頃北支臨邑出發　同月七日頃塘沽を出發　同月十四日頃大阪上陸　同月十八日頃原隊たる旭川師團に歸還し　同月二十三日頃　召集解除となりたる旨

四、黑岩喜久雄に就き

昭和十四年十月十五日頃

サイパン島に海軍が甘蔗畑を買上げ飛行場を建設し居るも
未だ飛行機の飛來したることなく使用するに至らざる旨
及コロール島に隣接する島の通稱「アラカベサン」なる土人部落附近に　海軍飛行場建設せられ居るも　未だ飛行機の飛來したることなく使用するに至らざる旨
夫々軍事上の祕密を探知し

第二、

一、昭和十四年六月十日頃
札幌市南五條西十七丁目北星女學校に於て　比律賓駐在米國陸軍武官陸軍少佐「ヘンリー・マックリアン」と密に會合し
同人に對し
渡邊勝平に就き探知したる
前記第一の（二）の（1）乃至（4）の事實を

二、昭和十五年四月二十四、五日頃
同所に於て
前記「ペープ」の紹介に依り、駐日米國大使館附海軍中尉「トーマス・マッキー」及外交官補「デイクソン・エドワード」と密に會合し
同人等に對し
⑴　宮澤弘幸に就き探知したる
前記第一の（一）の（1）の（イ）乃至（ハ）及（2）（3）掲記の各事實を
⑵　渡邊勝平に就き探知したる
前記第一の（二）の（1）乃至（4）の各事實を
⑶　黒岩喜久雄に就き探知したる
前記第一の（四）掲記の各事實を
申向け
夫々軍事上の祕密を外國に漏泄し

第三、

右北星女學校に於ては　豫て毎週金曜日を在宅日とし　同校英語教師「モンク」「ヘレフオード」「シユミット」等を中心とし　宣教師「レーク」夫妻等の米國人　及被告人夫妻　其の他札幌市在住の歐米各國人相寄り社交會を開催し來りたるが、
昭和十三、四年頃より　同會に於ては　主として我國の軍事竝に經濟上の諸情勢が話題に供せらるるに至り
其の際の話題は右「レーク」「モンク」等を通じて　駐日米國大使館員及在京米國總領事館員等に通報せらるるものなることを豫想し乍ら
昭和十三年五月頃より昭和十六年九月上旬頃迄の間　數十回に亙り之に出席し、
其の間　前記探知に係る事項を夫々探知の直後　同會に於て右「レーク」「モンク」等に申し告げ
以て　軍事上の祕密を　外國の爲に行動する者に漏泄したるものなり。

ポーリン　一審判決（書写）

（二）北海道札幌市北十一條西五丁目
元北大豫科英語教師　米國人
ポーリン・ローランド・システア・レーン　當五十一年

1　判決言渡月日　昭和十七年十二月二十一日
2　刑罰　懲役十二年
3　犯罪事實

第一、
昭和十三年四月頃
札幌市北十一條西五丁目北大官舎なる被告人の居宅に於て夫「ハロルド・レーン」より其の頃　同人が駐日米國大使館武官陸軍大尉「ペープ」より米國の爲對日諜報活動に從事し　日本に於ける軍事施設、軍動員計畫實施の狀況等に關する軍事上の祕密を　探査提供せられ度旨の請託を受け　承諾したるを以て
右諜報活動に加擔協力せられ度旨慫慂せらるるや　之を承諾し　茲に　夫「ハロルド・レーン」と意思を通じ　右「ペープ」大尉等に通報漏泄する目的を以て　我國の前記軍事上の祕密事項を探知せむことを決意し、
豫て頻繁に自宅に出入し居たる北海道帝國大學々生宮澤弘幸、同黑岩喜久雄、知人なる丸山護及同大學工學部助手渡邊勝平等をして座談旅行談等を爲さしめ
其の間、堪能なる日本語を驅使して巧に軍事々項に付　質問詮索するの方法に依り　孰れも被告人の前記居宅に於て

一、前記宮澤に就き
(1)　昭和十四年八月十九日頃及同年十月上旬頃の二回に亙り
（イ）樺太大泊町大泊海軍工事場に於ては　大湊要港部主管の油槽所を築造中にして　佐々木組が請負ひ三百人位の募集人夫が稼働し居る旨
（ロ）右工事場に於て　築造計畫に係る油槽は大中小三個にして、大は重油二萬噸容れ、中は重油一萬噸容れ、小は石油二千噸容れにして　同工事は昭和十五年秋頃完成せる旨
（ハ）右工事場は大泊町外れに存在し　右各油槽は孰れも工事中なるが　大は地下に於て組立中、中は穴を掘鑿中、小は場所選擇中にして　給油方法は大泊桟橋、對岸桟橋にて爲す計畫にして　目下工事中なる旨
及大泊の築港工事は　樺太廳關係の工事なるも　工事完成後は　築港の一部を海軍に提供し　給油基地と爲す計畫なる旨
（ニ）樺太上敷香海軍飛行場には　二百七十名收容の兵舎一棟、戰闘機四機容れ格納庫四棟、爆彈庫二棟、指揮所一棟　及十字滑走路の各存在する旨
（ホ）同飛行場の北五粁の地點に電氣通信所一棟　其の東

には　高射砲數門を設備したる防空燈臺一基　各存在し目下工事中にして　昭和十五年中に完成の豫定なる旨

(2)

同年十月上旬頃

大湊要港部に於ける敷設艇は　爆雷投下設備を具有し投下せられたる爆雷は　夫れに附着せる落下傘に依りて徐々に沈下し　一定の水深に達したる時　水壓に依りて爆發する裝置なる旨

(3)

昭和十六年七月中旬頃

（イ）北海道宗谷郡所在宗谷岬燈臺には　軍艦との通信の爲　光源を遮蔽する特殊板を設備したる　海軍關係の信號施設の存在する旨

（ロ）前記大泊海軍工事場に於ける油槽工事は　三個共完成し居たるが　給油設備は工事中にして　昭和十七年春頃完成の豫定なる旨

（ハ）千島幌莚島柏原灣には　二個の海軍砲臺存在し　一基は「カムチヤツカ」の中部を　一基は柏原灣沖を通過する敵艦を射撃する設備なる旨

（ニ）千島占守島に駐屯する陸軍部隊は内田部隊にして隊長は小林少佐なる旨

（ホ）北海道根室郡根室町には海軍飛行場存在し　同飛行場の指揮には兵曹長が當り居る旨

(4)

同年九月二十四日頃

同年九月頃南京には中支派遣軍の司令部存在し　ホテル首都飯店を宿舍に充て居りたる旨

二、前記渡邊に就き

(1)

昭和十三年五月五日頃

同年五月初頃三、四日間に亙り　山口歩兵第四十二聯隊に補充兵約千五百名乃至二千名臨時召集を受け　其の内約一割は病氣の爲　即日歸鄕を命ぜられたる旨

(2)

同年六月十六日頃

弘前騎兵部隊は　同年六月下旬頃　中支或は滿洲方面に出征すべき旨

(3)

同月十七日頃

廣島野砲隊は　同年六月十四日頃現地に出征し　之が補充として同日頃野砲兵のみ召集せられたる旨

(4)

同年九月中旬頃

同年九月二日頃　山口歩兵第四十二聯隊を召集せられたる兵の内　三月の訓練を受けたる約六百五十名は補充隊として　同年九月八日午前九時四十分　山口驛發列車にて中支方面に出征せる旨

及　同聯隊より出征したる坂田部隊（大場部隊）は　同年九月頃　青島に駐屯し居る旨

(5)

昭和十四年十月十五日頃

同年八月三十一日　月寒歩兵第二十五聯隊に補充兵千名以上召集せられ一個中隊に約百三十名宛配屬せられたる旨

同年九月下旬頃　同聯隊より豫備兵約四百名が「ノモン

ハン」方面に出征したる旨

(6) 同年十一月二十九日頃

同聯隊の歩兵部隊約三百名は　其の三分の一は銃を携帯し　其の餘は銃を携帯せずして（以上被告人自身も目撃）同日頃　札幌驛發函館經由現地に出征したる旨

三、前記丸山に就き

(1) 昭和十四年十月末頃

前記（二）の（5）と同旨

(2) 昭和十六年六月上旬頃　北支派遣藤井部隊所屬兵約八百名は　同年五月二日北支臨邑を出發し　同月七日塘沽出發同月十四日大阪上陸　同月十八日原隊たる旭川師團に歸還し　同月二十三日召集解除となりたる旨

四、前記黒岩に就き

(1) 昭和十四年十月中旬頃

（イ）「コロール」島に隣接する通稱「アラカベサン」なる土人部落ある島内には海軍飛行場建設せられ居るも　未だ飛行機の飛來したることなく　使用するに至り居らざる旨

（ロ）「サイパン」島には海軍が甘蔗畑を買上げて飛行場を建設し居るも　未だ飛行機の飛來したることなく　使用するに至り居らざる旨

各聽取し

以て外國に漏泄する目的を以て　軍事上の秘密を探知し

第二、

札幌市南五條西十七丁目北星女學校に於ては　久しき以前より毎週金曜日を在宅日と定め　同校英語教師米國人「モンク」「ヘレフオード」「シユミツト」等を中心として　同市居住の米國人宣教師「レーク」夫妻　其の他同市在住の外國人（主として米國人）相寄り社交會を開催し來りたる處

被告人は

右「レーク」及「モンク」が豫て駐日米國大使館員等より對日諜報活動に服すべき旨の指令を受け居ることの情を知り乍ら昭和十三年五月頃より同十六年九月頃迄の間　數十回に亙り右會合に出席し

前記探知に係る事項を　夫々探知の直後

右「レーク」「モンク」其の他出席の米國人等に申し告げ

以て　軍事上の秘密を　外國の爲に行動する者及他人に漏泄したるものなり。

新旧漢字照合①

豫→予　學→学　條→条　體→体　從→従　處→処　覺→覚
國→国　當→当　實→実　變→変　斷→断　關→関　竝→並
經→経　濟→済　續→続　圖→図　轉→転　圍→囲　廣→広
畫→画　擇→択　對→対　廳→庁　點→点　氣→気　數→数
臺→台　燈→灯　壓→圧　發→発　號→号　藏→蔵　歸→帰
驛→駅　團→団　會→会　聽→聴　總→総

宮澤弘幸　一審判決（書写）

（三）本籍　東京市世田谷區代田三丁目九六三
　住居　札幌市南八條西八丁目藤田方
　北海道帝國大學工學部學生
　宮澤弘幸　當二十四年

1　判決言渡　昭和十七年十二月十六日

2　刑罰　　懲役十五年

3　犯罪事實

被告人は

昭和十二年三月　東京府立第六中學校を卒業して　同年四月北海道帝國大學豫科に入學し　現在同大學工學部電氣工學科に在學中の者なるが、

豫科入學後間もなく　孰れも米國人にして同大學豫科英語教師たりし「ハロルド・メシー・レーン」及其の妻「ポーリン・ローランド・システア・レーン」と相識り

毎週金曜日同夫妻の開催する英語個人教授會に出席して　英語會話の教授を受けたることありて以來　同夫妻に心酔して親交を重ぬるに及び、漸次其の感化を受け　極端なる個人自由主義思想及反戰思想を抱懐するに至り、遂に我國體に對する疑惑乃至軍備輕視の念を生ずるに至れる處、

右「レーン」夫妻が　旅行談を愛好し　就中軍事施設等に關する我國の國家的機密事項に亙る談話に興味を抱き居るを看取するや

第一、

同夫妻の歡心を購はんが爲　我軍事上の祕密を探知して　之を同夫妻に漏泄せしむることを企て

一、昭和十四年七月二十一日頃より同年八月九日頃迄の間

同大學學生課の斡旋に依り　夏期勞働實習の爲　樺太大泊町大湊要港部建築部大泊工事場に於て稼働したる際、

同工事場係員等より聽取し　又は自ら目撃して

（イ）前記大泊工事場に於ては　大湊要港部主管の油槽を築造中にして　佐々木組が請負し三百人位の募集人夫が稼働し居る旨

（ロ）右工事場に於て　築造計畫に係る油槽は大中小三個にして　大は重油二萬噸容れ、中は重油一萬噸容れ、小は石油二千噸容れにして　同工事は昭和十五年秋頃完成の豫定なる旨

（ハ）右工事場は大泊町外れに存在し　右各油槽は孰れも工事中なるが、大は地下に於て組立中、中は穴を掘鑿中、小は場所選擇中にして　給油方法は大泊棧橋對岸棧橋にて爲す計畫にして目下工事中なる旨

及　大泊の築港工事は樺太廳關係の工事なるも　工事完成後は　築港の一部を海軍に提供し給油基地と爲す計

畫なる旨

二、同年八月十三、四日頃　右大泊工事場係員より　樺太上敷香海軍飛行場工事場係員宛の紹介狀を貰ひ受けたる上同飛行場に赴き

右工事場係員より聽取して

(イ) 同飛行場には　二百七十名收容の兵舍一棟、戰闘機四機容れ格納庫四棟、爆彈庫二棟、指揮所一棟　及十字滑走路の各存在する旨

(ロ) 同飛行場の北五粁の地點に　電氣通信所一棟　其の東には高射砲數門を設備したる防空燈臺一基各存在し目下工事中にして　昭和十五年中に完成の豫定なる旨

三、昭和十六年七月二日頃より同月十六日頃迄の間　札幌遞信局長遠藤毅の斡旋に依り　遞信省燈臺監視船羅州丸に便乘し、樺太及千島列島方面に於ける各燈臺を巡航したる際、燈臺係員其の他より聽取し　又は自ら目撃して

(イ) 北海道宗谷郡所在宗谷岬燈臺には　軍艦との通信の爲　光源を遮蔽する特殊板を設備したる海軍關係の信號施設の存在する旨

(ロ) 前記大泊工事場に於ける油槽工事は三個完成し居たるが、給油設備は工事中にして　昭和十七年春頃完成の豫定なる旨

(ハ) 千島幌莚島柏原灣には二個の海軍砲臺存在し　一基は「カムチヤツカ」の中部を　一基は柏原灣沖を通過する敵艦を射撃する設備なる旨

(ニ) 千島松輪島に海軍飛行場の存在する旨

(ホ) 昭和十五年九月漁夫の引揚後　千島占守島片岡灣及　幌莚島柏原灣に軍徵用に係る技術者竝職工來島し昭和十六年七月頃　陸軍關係の軍事施設を築造し居たる旨　及　其の頃　柏原灣に軍輸送船十隻入港し居たる旨

(ヘ) 千島占守島に駐屯せる陸軍部隊は内田部隊にして隊長は小林少佐なる旨

(ト) 北海道根室郡根室町には海軍飛行場存在し　同飛行場の指揮には兵曹長が當り居る旨

各軍事上の祕密を探知し

第二、

札幌市北十一條西五丁目なる前記「レーン」方に於て

一、昭和十四年八月十九日頃「ポーリン・レーン」に對し同年十月上旬頃「レーン」夫妻に對し

前掲第一の(一)の(イ)乃至(ハ)及(二)の(イ)(ロ)の事項を

二、昭和十六年七月中旬頃　同夫妻に對し

前掲第一の(三)の(イ)乃至(ト)の事項を

各申告げ

以て　右探知に係る軍事上の祕密を他人に漏泄し

第三、

孰れも軍事上の祕密たることを知悉し乍ら　前記「レーン」

方に於て　同夫妻に對し

一、昭和十四年十月上旬頃

其の頃　被告人が　大湊要港部に於て催されたる海軍軍事思想普及講習會に參加したる際　見學知得したる處に基き、

大湊要港部に於ける敷設艇は　爆雷投下設備を具有し投下せられたる爆雷は　夫れに附着せる落下傘に依りて徐々に沈下し　一定の水深に達したる時　水壓に依りて爆發する装置なる旨

二、昭和十六年五月二日頃

其の頃　被告人が　千葉戰車學校に於て催されたる機械化訓練講習會に參加したる際　聽講知得したる處に基き

日本陸軍の一般的戰術は　先づ飛行機にて敵陣に打撃を與へ　次で砲兵が敵の火力を沈默せしめ　砲兵の掩護下に戰車と砲兵が肉彈戰を展開す

又日本軍の戰車は　十噸以下の小型戰車、十噸以上二十噸迄の中型戰車、二十噸以上の大型戰車の三種に分れ　小型戰車には一名又は二名、中型戰車には四名、大型戰車には四名以上乘組み　無線電信の装置は大型及中型戰車に限られ　小型戰車には其の装置無く

「ノモンハン」事件の經驗に鑑み日本軍の作戰としては小型戰車を最大限度に活用せむとする方針なる旨

三、昭和十六年九月二十四日頃

其の頃　被告人が　滿支方面を旅行したる際　目撃知得したる處に基き

（イ）同年八月頃　對蘇關係緊迫し　蘇滿國境全線に亙り日本軍兵力及軍需品が輸送せられ居たる旨

（ロ）同年九月頃　南京には中支派遣軍の司令部存在しホテル首都飯店を宿舎に充て居り

又　上海には日本軍多數駐屯し居り　崇明路には日本憲兵隊本部の存在せる旨

各申告げ

以て　偶然の原由に因り知得したる軍事上の祕密を　他人に漏泄したるものなり。

新旧漢字照合②

擔→担　稱→称　檢→検　勞→労　與→与　應→応　證→証
據→拠　盡→尽　縣→県　從→従　傳→伝　聲→声　辯→弁
醫→医　假→仮　釋→釈　藝→芸　勵→励　舊→旧　觸→触
區→区　價→価　圓→円　寫→写

丸山　護　一審判決

昭和十七年十二月十六日宣告
裁判所書記　岩崎　岩崎印　宮崎印

判決

本籍　札幌市北十八條西四丁目二十一番地
住居　同市北十二條西四丁目五番地　佐瀬介治方
會社員
十七　十二　十六　丸山護　當二十九年

右者ニ対スル　軍機保護法竝陸軍刑法違反被告事件ニ付　當裁判所ハ　検事向江菊松関與審理ヲ遂ケ　左ノ如ク判決ス

主文

被告人ヲ懲役二年ニ處ス
未決勾留日數中三百日ヲ　右本刑ニ算入ス

理由

（事實）

被告人ハ　昭和八年頃　札幌市立商工夜學校ニ通學中　私立北海中學校ノ編入試験ヲ受ケムコトヲ志望シ　之カ受験準備ノ為　北海道帝國大學豫科英語教師タリシ米國人「ハロルド・メシー・レーン」ノ妻「ポーリン・ローランド・システア・レーン」ニ就キ　英語ノ個人教授ヲ受ケタルコトアリテ以来　同夫妻ニ傾倒シ　其ノ歡待ニ應シテ　屢同夫妻方ニ出入シテ　親交ヲ結ヒ来リタルカ

昭和十一年頃　渡辺勝平カ同夫妻方ニ出入スルニ及ンテ　渡辺ト相識リ　漸次　同人トモ親交ヲ重ヌルニ至リタル處

偶　昭和十四年八月二十一日　支那事変ニ應召　月寒歩兵第二十五聯隊ニ入隊シ

同年十一月　北支ニ出征シテ　昭和十六年五月二十三日　召集解除ト為リタルカ

第一

右應召中　軍動員　竝軍編制實施ノ狀況　及出征軍隊ニ関スル事項等ヲ　見聞シ

其ノ軍事上ノ秘密タルコトヲ諒知シ乍ラ

（一）渡辺勝平ニ対シ

（イ）昭和十四年十月十五日頃

北海道札幌郡月寒歩兵第二十五聯隊面會所ニ於テ

(1)　同年八月二十一日　同聯隊ニ補充兵千名以上召集セラレ　一個中隊ニ約百三十名宛配属セラレタル旨

(2)　同聯隊ハ　現在四個大隊ニシテ　内一個大隊ハ特科隊ナルカ　一個大隊ハ三個中隊ニ分レ　一個中隊ハ二百五、六十名ヲ以テ編制セラレ居ル旨

(3)　同年九月下旬頃　同聯隊ヨリ豫後備兵約四百名カ

「ノモンハン」方面ニ出征シタル旨
（ロ）昭和十六年五月末頃
札幌市北十四條西二丁目江幡幸子方ニ於テ
北支派遣藤井部隊所属兵等約八百名ハ　同年五月二日
北支臨邑ヲ出發シ　同月七日塘沽出港　同月十四日大阪
上陸　同月十八日原隊タル旭川師團ニ歸還シ　同月二十
三日　召集解除ト爲リタル旨
各申告ケ
（二）札幌市北十一條西五丁目ナル前記「レーン」方ニ於テ
同夫妻ニ対シ　其ノ質問ニ應シ
（イ）昭和十四年十月末頃
前記第一ノ（二）ノ（イ）ノ(1)　(3)ノ事項ヲ
（ロ）昭和十六年六月上旬頃
前記第一ノ（二）ノ（ロ）ノ事項ヲ
各申告ケ
以テ　偶然ノ原由ニ因リ知得シタル軍事上ノ秘密ヲ
他人ニ漏泄シ
第二
支那事変下ナル昭和十六年五六月頃　札幌市内ニ於テ
前記渡辺勝平ニ対シ
事實ヲ殊更誇張シテ　戰地ニ於テハ　支那兵ノ捕虜ハ穴ヲ掘
ツテ生埋メニシ　スパイ等ハ聞ク丈ケ聞イテ　日本刀ノ試斬リ
ニスル旨　放言シテ
以テ　軍事ニ関シ造言飛語ヲ爲シタルモノニシテ
右第一ノ各漏泄ノ所爲ハ　犯意継續ニ係ルモノナリ

（證據）

被告人ノ當公廷ニ於ケル供述ノ外
尚判示第一ノ冒頭ノ事實ニ付　被告人ニ対スル豫審第三回訊
問調書中　第四十一及第四十二問答　同第四回訊問調書中　第
五十四問答
ノ各記載
判示第一ノ（一）ノ事實ニ付
一、被告人ニ対スル豫審第四回訊問調書中　第四十二問答ノ
記載
一、渡辺勝平ニ対スル豫審第四回訊問調書謄本中　第三及第
九問答ノ記載
判示第一ノ（二）ノ事實ニ付
一、「ポーリン・ローランド・システア・レーン」ニ対スル
豫審第四回訊問調書謄本中　第十及第十一問答ノ記載
一、「ハロルド・メシー・レーン」ニ対スル豫審第四回訊問
調書謄本中　第十五問答ノ記載
判示第二ノ事實ニ付
渡辺勝平ニ対スル豫審第四回訊問調書謄本中第九問答ノ記載
犯意継續ノ事實ニ付
被告人カ短期間内ニ同種行爲ヲ反覆累行シタル事蹟

（適條）

軍機保護法第五條第一項　第一條昭和十二年陸軍省令第四十三號同法施行規則第一條第一項　刑法第五十五條　昭和十七年法律第三十五號ニ依ル改正前ノ陸軍刑法第九十九條（犯罪後罰則ノ改正アリタルモ刑法第六條第十條ニ依リ旧法適用）　刑法第四十五條前段　第四十七條　第十條　第二十一條

昭和十七年十二月十六日

札幌地方裁判所刑事部

裁判長判事　菅原二郎　印

判事　松本重美　印

判事　宮崎梧一　印

渡邊勝平　一審判決

昭和十七年十二月十八日宣告　松本印

裁判所書記　岩崎　岩崎印

判決

本籍　山口縣防府市東佐波令百番地

住居　札幌郡白石村字上野幌　宇都宮勤方

北海道帝國大學工學部　助手

渡邊勝平　當二十六年

昭和十七年十二月十九日確定

上訴権抛棄

右ノ者ニ対スル軍機保護法違反被告事件ニ付　當裁判所ハ検事向江菊松関與ノ上審理ヲ遂ケ　判決スルコト左ノ如シ

主文

被告人ヲ懲役二年ニ處ス

但シ未決勾留日數中三百日ヲ右本刑ニ算入ス

理由

被告人ハ富裕ナル家庭ニ生レタルモ　父母ノ離婚ニヨリ　幼少ノ頃ヨリ　母ジユンノ再婚先ナル徳田鐵三方ニ引取ラレ　逆境裡ニ生立チ

昭和十年三月　私立曉星中學ヲ卒業シタルトコロ　ジユントノ折合悪ク　同年六月頃　徳田方ヲ出テ　兄孝彦ヲ頼リテ札幌ヘ来リ　同人ノ紹介ニ依リ　豫テジユント交際関係アリシ北海道帝國大學豫科英語教師米國人ハロルド・メシー・レーン及同人ノ妻ポーリン・ローランド・システア・レーント相識ルヤ　同市北十一條西五丁目　同大學官舎ナル同人方ニ寄寓シ　ポーリンの盡力ニ依リ　昭和十二年十月　北海道農事試験場雇トナリ　次テ　同人ノ斡旋ニ依リ　昭和十三年十月　北海道帝國大學工學部臨時雇ヲ　昭和十四年五月　同學部助手ヲ命セラレテ現在ニ及ヒタルトコロ

右レーン等ト親交ヲ重ネルニ及ヒ　漸次　同夫妻ノ感化ヲ受ケ　歐米崇拜ノ思想　乃至反戰的思想ヲ抱懐スルニ至リタルカ

昭和十三年三月以降　右レーン方居宅ニ於テ
同夫妻ニ対シ
偶然ノ原由ニヨリ知得シタルトコロニ基キ　何レモ我國ノ軍
事上ノ秘密ナルコトヲ知悉シナカラ　犯意継續ノ上
第一
出征軍隊ノ行動ニ関シ
（一）昭和十三年三月十七日頃
「月寒歩兵第二十五聯隊ノ歩兵部隊ハ　昭和十三年三月上
旬頃月寒出發　同月九日頃朝鮮羅津ニ上陸　列車二日間ノ
行程ヲ経テ　滿蘇國境方面ニ出征シタル」旨
（二）同年六月十六日頃
「弘前騎兵部隊ハ　同年六月下旬頃中支或ハ滿洲方面ニ出
征スヘキ」旨
（三）同年六月十七日頃
「廣島野砲隊ハ　同年六月十四日頃現地ニ出征シ　同日頃
之カ補充ノ為　野砲兵ノミノ召集カアリタル」旨
（四）同年九月十七日頃
「同年五月二日頃　山口歩兵第四十二聯隊ニ召集（應召の
應を二本線で消し集を挿入＝本稿注）セラレタル兵ノ内
三ケ月ノ訓練ヲ終ヘ架橋演習ヨリ歸營シタル約六百五十名
ハ　補充隊トシテ　同年九月上旬頃　山口駅發列車ニテ中
支方面ニ出征シ　又同聯隊ヨリ出征シタル坂田部隊（大場
部隊）ハ　同年九月頃ハ青島ニ駐屯シ居ル」旨
（五）昭和十四年十月十五日頃
「月寒聯隊ヨリ歩兵部隊合計約四百名カ　同年十月上旬
「ノモンハン」方面ニ出征シタル」旨
（六）同年十一月二十九日頃
「月寒聯隊ノ歩兵部隊約三百名ハ　三分ノ一ハ銃ヲ携帶シ
其ノ他ハ銃ヲ携帶セスシテ　同日頃　札幌驛發函館経由現
地ニ出征シタル」旨
申告ケ
第二
軍隊動員計畫實施ノ狀況ニ関シ
（一）昭和十三年五月六日頃
「同年五月初頃三、四日間ニ亘リ　山口歩兵第四十二聯隊
ニ　補充兵約千五百名乃至二千名臨時召集ヲ受ケ　其ノ内
約一割ハ　病気ノ為即日歸郷ヲ命セラレタル」旨
（二）昭和十四年十月十五日頃
「同年八月二十一日　月寒聯隊ニ補充兵約千六、七百名召
集セラレ　一個中隊ニ約百三十名宛配屬セラレタル」旨
申告ケ
以テ　偶然ノ原由ニ因リ知得シタル軍事上ノ秘密ヲ他人ニ漏
泄シタルモノナリ
證據ヲ案スルニ
判示冒頭ノ事實ハ
一　被告人ノ當公廷ニ於ケル供述

一　被告人ニ対スル豫審第二回訊問調書中　第十八問答
　及　同第四回訊問調書中　第十四問答
ノ記載ヲ綜合シテ　之ヲ認メ
判示第一ノ各事實ハ
一　被告人ノ當公廷ニ於ケル供述ニヨリ
判示第二ノ（一）ノ事實ハ
一　被告人ノ當公廷ニ於ケル供述
同（二）ノ事實ハ
一　被告人ニ対スル豫審第四回訊問調書中　第三問答ノ記載
ニヨリ　之ヲ認メ
犯意継續ノ點ハ
被告人カ短期間内ニ同種行爲ヲ反覆累行シタル事跡ニ徴シ
之ヲ認ム
法律ニ照スニ　被告人ノ判示各所爲ハ
軍機保護法第五條第一項
第一條昭和十四年陸軍省令第五十九号ニ依ル改正前ノ昭和十
二年陸軍省令第四十三号軍機保護法施行規則第一條第一項
刑法第五十五條
ニ該當スルヲ以テ　所定刑期範圍内ニ於テ
被告人ヲ懲役二年ニ處スヘク
刑法第二十一條ニ從ヒ　未決勾留日數中三百日ヲ右本刑ニ算
入スヘキモノトス
本件公訴事實中　被告人カ前記レーン方居宅ニ於テ　同人等
夫妻ニ対シ　偶然ノ原由ニ因リ知得シタルトコロニ基キ　我國
ノ軍事上ノ秘密ナルコトヲ知悉シナカラ
（一）昭和十六年六月上旬頃
「中支派遣藤井部隊所屬兵等合計約八百名ハ　同年五月二
日　北支臨邑出發　同月七日塘沽ヲ出發　同月十四日大阪
上陸　同月十八日原隊タル旭川師團ニ歸還シ　同月二十三
日召集解除トナリタル」旨
（二）昭和十四年十月十五日頃
「現在月寒歩兵第二十五聯隊ハ　歩兵三個大隊特科一個大
隊ニシテ　一個大隊ハ三個中隊　一個中隊ハ約二百五十名
ヲ以テ編制セラレ居ル」旨
ヲ申告ケ
以テ　偶然ノ原由ニ因リ知得シタル軍事上ノ秘密ヲ
他人ニ漏泄シタルモノナリ
トノ事實ニ付キテハ　犯罪ノ證明ナキモ　右ハ判示犯罪事實ト
連續犯ノ関係アリトシテ　公判ニ付セラレタルモノナルヲ以テ
特ニ主文ニ於テ　無罪ノ言渡ヲ爲サス
仍テ主文ノ如ク判決ス

昭和十七年十二月十六日
札幌地方裁判所刑事部
裁判長判事　菅原二郎　印
判事　松本重美　印
判事　宮崎梧一　印

黒岩喜久雄　一審判決（書写）

（六）本籍　長野縣長野市大字南長野北堂町一、四五四
住所　北海道札幌市南大通西十一丁目林方
無職（北大卒）
黒岩喜久雄　當二十五年

1　判決言渡月日　昭和十七年十二月二十四日
2　刑罰　懲役二年但し五年間執行猶豫
3　犯罪事實

被告人は長野縣立長野中學校卒業後　昭和十一年四月北海道帝國大學豫科農類に入學し　同十六年十二月同大學農學部農學科を卒業したるものなる處、

昭和十二年頃より孰れも米國人にして同大學豫科英語教師たりし「ハロルド・メシー・レーン」及其の妻「ローランド・システア・レーン」の歡待に應じて屢〻同夫妻方に出入し　漸次同夫妻と親交を重ぬるに至り居りたる折柄、

偶〻昭和十四年八月上旬より同年九月下旬に亙り　同大學農學部教授菊地武直夫等に引率せられて　我が委任統治下の南洋群島に見學旅行を爲したる際　同群島に於ける海軍飛行場の建設狀況に付見聞したるが、

右は軍事上祕密を要する事項なることを諒知し乍ら　同年十月中旬頃　札幌市北十一條西五丁目同大學官舍なる右「レーン」方に於て　同夫妻に對し　其の質問に應じ

一、「コロール」島に隣接する通稱「アラカベサン」なる土人部落ある島内には海軍飛行場建設せられ居るも　未だ飛行機の飛來したることなく使用するに至らざる旨

二、「サイパン」島には海軍が甘藷畑を買上げて飛行場を建設し居るも　未だ飛行機の飛來したることなく使用するに至らざる旨

申告げ

以て　偶然の原由に因り知得したる軍事上の祕密を　他人に漏泄したるものなり。

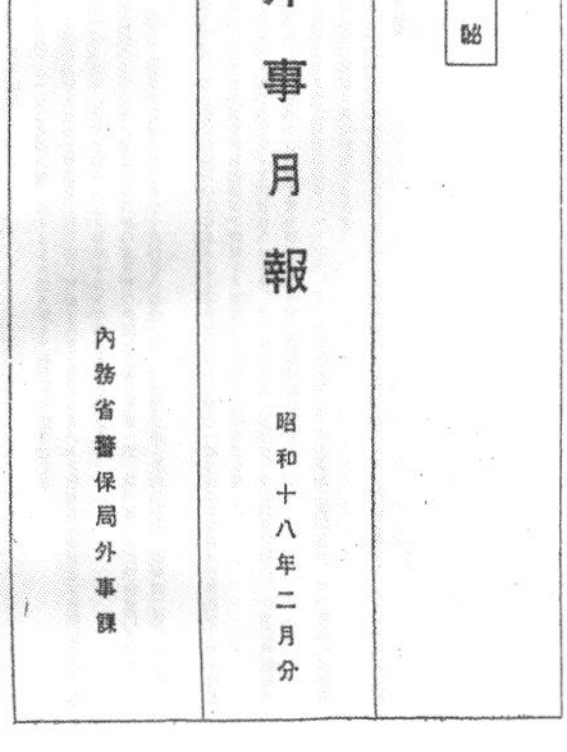

外事月報表紙

ハロルド　上告審（大審院）判決

昭和十八年六月十一日宣告
裁判所書記　　　印
昭和十八年（れ）第二一七號

判決書

國籍　北亜米利加合衆國
住居　不定
元北海道帝國大學豫科英語教師
ハロルド・メシー・レーン　當五十二年

右軍機保護法違反被告事件ニ付　昭和十七年十二月十四日札幌地方裁判所ニ於テ言渡シタル判決ニ對シ　被告人ハ上告ヲ為シタリ

因テ本院ハ　檢事岸本義廣ノ意見ヲ聽キ判決スルコト左ノ如シ

本件上告ハ之ヲ棄却ス

理由

昭和十八年二月二十三日附及同年四月二十二日附被告人ノ各上告趣意書ノ全文ヲ通讀シ　刑事訴訟法第四百五十三條ノ法意ニ則リ　其趣旨ヲ要約スレハ

自分ハ軍事秘密ト稱セラルル事項ニ付テハ全ク興味ナカリシノミナラス　斯ル事柄ヲ蒐集聽取セント努力シタルコトモナシ

自分ハ宮澤弘幸カ千九百三十九年樺太へ　千九百四十一年千島へ旅行シタルコトニ付テモ　殆ト想起スルコト能ハサル位ニテ

同人ヨリ　宗谷燈台ニ於ケル特殊ナル或ル種ノ装置　幌莚ニ於ケル軍港、兵隊、砲台、松輪島ニ於ケル海軍飛行場、千島以外ノ場所ニ於ケル軍隊等ニ付

如何ナルコトモ聞キタルコトナシ

自分ハ警察ニテハ　特殊ノ食物、休養ノ不足、留置場ノ不潔等ニテ極端ニ疲勞シ居リ　係官ノ訊問ノ趣旨スラ十分之ヲ理解スル能ハス　只早ク訊問ヲ終リ家庭ニ歸リ度サニ出鱈目ノ供述ヲ為シタリ

檢事ノ取調ハ　急速ニシテ公正ヲ缺キシモ　當時自分ハ疲勞シ切ツテ居リシ為　氣休メニ聽取書ニ署名シタル迄ナリ

右ノ如ク司法警察官及檢事ニ對シ虚偽ノ陳述ヲ為シタルコトニ付テハ御寛恕ヲ乞フ

自分ハ原判決ノ如ク　軍事上ノ機密ヲ探知シ之ヲ外國ニ漏泄シタル覺ナキニ　懲役十五年ノ刑ヲ科スルハ　公正ナラスト云フニ在リ

辯護人稲村眞介上告趣意書

一、原判決ハ被告人ノ判示所為ニ對シテ懲役十五年ヲ科シタノテアリマス

被告人ハ米國民テアリ　ソノ米國ハ今ヤ帝國百年ノ敵テアリマス　從テ　コノ敵國人タル被告人ノカカル犯行ニ科刑スルニ死刑ヲ以テ臨ムモ尚軽シトスルハ帝國臣民トシテハ自然ノ感情テアリマス

然シ　被告人モ一個ノ人間テアリ　人ノ親テアリ子テアル立場カラ考ヘレハ　亦自ラ別ノ感情モ湧イテ来マス

從ツテ刑事裁判ニ於テ　被告人ノ性格ヤ経歴　身的事情　凡ユル事情カ斟酌セラレテ　刑ノ量定ニ付テモ深甚ノ考慮カ拂ハレル所以テアリマス

二、今　本件ニ付之ヲ見ルニ　被告人ハ　大正十年九月以来我國ニ渡来シ　北海道帝國大學ノ豫科英語教師トシテ　我國教育界ニ盡シテ来タ者テアル

其ノ間　昭和三年中ニハ一時歸國セル事カアリマスカ　翌四年ヨリ十七年三月末マテノ長キニ亘リ　其ノ職ニ在リテ　教育ノ事ニ當ツテ来タモノテアリマス

而シテ本件公判調書ニヨレハ　被告人宅テハ昔カラノ習慣テ毎週金曜日ヲ在宅日ト定メ　被告人ノ家庭ニ平素カラ良ク出入シテ居タ北海道帝國大學ノ學生ヲ集メテ

學生カラ其ノモノ等ノ旅行談ヤ運動競技ニ関スル話トカ學校ノ講義等　其時々ニ於ケル最モ興味アル事物ヲ話題ノ中心トシテ會談シテ居タモノテアリマス

斯ル會合カ教師ト其學生トノ間ニナサレル事ハ　世ニ其ノ例ノアル事テアリマス

殊ニ學生宮澤弘幸ナトハ　毎日被告人宅ヘ来テミルクヲ飲ンテ居タ程ノ親密ナ間柄テアリマス

カウシタ師弟間ノ深イ交際カラ　不注意ナ學生カ　不識ノ裡ニ　被告人ニ帝國ノ軍事上ノ秘密ヲ話シタ事ニ因ツテ　被告人ハ之ヲ探知シタモノテアリマスカ

果シテ本件被告人ニ　計畫的ニ重大ナル犯意ヲ以テ帝國ノ軍事上ノ秘密ヲ探知シ収集スヘク　之ヲ實行シタモノテアルカト云フ点ニ至ルト　其犯意ノ点ニ於テ疑問ニ思ハレルモノガアリマス

結果カラ考慮セハ　被告人カ學生カラ聽取シタ事實ヲ敵國米國民間ニ漏泄シタ事ニナリマス

シカシ其動機タルヤ　計畫的テナク　不注意ニ口ニシタ學生カラ探知シタ事實ヲ　不識ノ裡ニ友人ノ武官ニ話シタモノノテアルト考ヘラレル点カアリマス

計畫的ニ行動シタ者テアルナラハ　モット被告人自身ニ於テ積極的ニ深知収集行為ヲ為シタテアラウト　考ヘラレルモノテアリマス

被告人ハ　公判廷ニ於テハ警察検事豫審等ニ於ケル調ヘノ際ノ自白ヲ飜シ　公訴事實ノ大部分ヲ否認シテ居リマスカ　シカシコノ否認ハ採用シ難イモノト考ヘルカ

シカシ被告人カ　傳統ノ異ナル他國人テアル点ハ　眞實發見

ノ為ニ深ク意ヲ用ヒルヘキテアルト信シマス

被告人ハ　公判廷ニ於テ「日支事変勃發迄ノ被告人ノ日本國及北海道帝國大學ニ對シ如何ナル感情ヲ持ツテ居タカ」トノ問ニ對シテ「親愛ナ感情ヲ懐イテ居リマシタ　私ハ北大ニハ二十年間モ置イテ貰ヒマシタカラ　當然北大ヲ愛シテ居リマシタシ其間札幌ニ住居シタノテスカラ　札幌ヲモ亦愛シテ居ルノテアリマス」

ト答ヘテ居リマスカ

コノ言葉ハ　現在ハ敵國人テアリマスカ　教育者トシテ亦人間トシテノ眞實ノ聲テアルト考ヘマス

コ、ニ人トシテノ眞ノ姿カアルト考ヘマス

四、今ヤ帝國ハ　御稜威ノ下　皇軍將兵ノ奮戰ニ依リ赫々タル戰果ヲ擧ケ　絶對不敗ノ地位ヲ確立セラルルニ立至ツテ居ルノテアリマス

被告人ノ本件犯行タルヤ　其ノ招来スヘキ結果ノ重大ナルハ尚辯護人モ之ヲ認メルモノテアリマスカ

其犯行ノ動機タルヤ　私利私慾ヲ目的トセルモノテハナイノテアリマシテ　在日二十年ニ亘リ我國ノ教員界ニ盡セル功績ハ之ヲ認メサルヲ得ナイノテアリマス

シカシテ被告人ハ　日米両國開戰ノ結果　今ハ自己ヲ辯護スルニ有利ナル資料アリトスルモ　之ヲ提供スル術ナキ地位ニ在リ　心カラ被告人ヲ援助スル者ナキニ至レル被告人ノ現在ノ立場ヲ考フルトキ　被告人ノ本件犯行ニ對シ科スルニ懲役十五年ヲ以テスルハ刑ノ量定甚シク不當ナリ

ト思料スヘキ顕著ナル事由アルモノト考ヘマス

ト云フニ在レドモ、

原判決擧示ノ証據ヲ綜合スレバ、被告人ガ判示ノ如ク軍事上ノ機密ヲ探知シ　之ヲ外國ニ漏泄シタル事實ヲ認ムルニ足リ

記録ヲ精査スルモ　所論聴取書中ノ被告人ノ供述ガ所論ノ如キ事情ニ基因スル虚偽ノ自白ナリトノ証跡ナク

原判決ニハ事實ノ誤認アルコトヲ疑フニ足ルベキ顕著ナル事由ナシ、

又記録ニ現ハレタル各般ノ事情ヲ斟酌スルモ　原判決ノ量刑甚シク不當ナリト認ムルヲ得ザルヲ以テ

論旨ハ孰レモ理由ナシ。

右ノ如ク本件上告ハ　其ノ理由ナキコト明白ナリト認ムルヲ以テ　戰時刑事特別法第二十九條ニ則リ

主文ノ通リ判決シタリ

昭和十八年六月十一日

大審院第三刑事部

裁判長判事　三宅正太郎　印

判事　神原甚造　印

判事　江國龜　印

判事　佐伯顕二　印

判事　伏見正保　印

ポーリン 上告審（大審院）判決

昭和十八年五月五日宣告
裁判所書記 根岸龜太郎 根岸印
昭和十八年（れ）第二一八號

判決書

國籍 米國
住居 不定
元北海道帝國大學豫科英語教師
ポーリン・ローランド・システア・レーン 當五十二年

右軍機保護法違反被告事件ニ付
昭和十七年十二月二十一日 札幌地方裁判所ニ於テ言渡シタル判決ニ對シ 被告人ハ上告ヲ爲シタリ
因テ本院ハ 検事田口環ノ意見ヲ聽キ
判決スルコト左ノ如シ

本件上告ハ之ヲ棄却ス

理由

被告人上告趣意書

千九百四十一年十二月八日ニ 私カ札幌警察署ニ連レテ行カレタ時ニ 如何ナル譯カハ分リマセンテシタ
米國ニ送ラレル迄 或ハ戰爭ノアル間保護サレルト云フコトヲ知ラセラレル爲ト思ヒマシタ
私共ハ 北海道帝大官舎テアル自分ノ家庭ニ 年寄ツタ病氣ノ父ヘンリーレーン八十三歳ト娘トラテア、カサリン各十二歳カアツテ 之レト別レテ警察ニ入レラレテ 父カ千九百四十二年一月十九日ニ札幌天使病院ニテ病死スル迠 私共カ警察ニ引致サレタコトカ 何故テアルカ判ラナイテ居リマシタ
ソレカラ警察ノ御役人サンカラ 永イ調ヲ受ケ始メマシタ彼等ハ叮寧テアリマシタケレ共 私ノ知ラナイコトヲ知ツテ居ルト強要シマシタ 三月ニハ 私ハ肉係的ニ心理的ニ悪イ狀態ニアツタ爲ニ 検事サンカラ調ヘラレタ時ニ デタラメニ物ヲ書イタリ言ツタリ致シマシタ 主人ト子供ニ會ヒル望ミノタメニ
自分ノ室ニ歸ツタ時ニ 数時間休ンテカラ 自分ハ誠テナイコトヲ云ツタトイフコトヲ意識シマシテ 次ニ検事サンニ御會ヒスルトキニ告白スルト決心シマシタ ソレテ 其通リニ向江検事サンニ申シマシタカ 聽入レテクレマセンテシタ
後ニ豫審判事サンニソノ事ヲ話シマシタ
其後 米國ヘ歸リタイカト尋ネラレタ時ニ 主人ト私ハ子供ノ爲ニ大キナ責任カアルト思ヒマスノテ 若シ皆一緒ニ行カレルナラハ行キタイケレト 主人一人ヲ置イテハ行キタクナイト

申シマシタ　二人ノ子供ハ交換船テ送ラレ　札幌ヲ千九百四十二年六月四日ニ立チマシタ

　千九百四十二年八月三十一日　豫審判事ノ調カ全部終ツテカラ　私共ハ　突然九月二日ニ出ル交換船ニ送ラレルト申サレ八月三十一日晩札幌ヲ立チ　九月二日横濱ニ着キマシタ

　船ノ出ルノカ延ヒタト聞キマシタ　バントホテルテ　外ニ十九名ト船ノ出ルノヲ待ツテ居マシタケレ共　九月二十一日ニ無期延期ニナツタカラシテ　當分札幌へ歸レト云ハレマシタ

　ソレテ又九月二十二日　札幌大通刑務支所へ入レラレマシタ

　私ノ裁判ハ十二月二十一日ニ終ツテ　秘密ノ情報ヲ學生或ハ家ニ出入シテ居ル人カラ集メテクレト頼マレテ　ソシテ其情報ヲ大使館ニ知ラセタト申サレマシタ　主人カ大使館ノ役人ニ非公式ニタノマレタト云ハレマシタ

　裁判ノ言渡ハ有罪テ十二年ノ懲役テシタ

　私ハ神様ノ前テ　眞實ニ正直ニ　決シテ何人ニモワサト尋ネタコトカナイ　ソシテソウ云フ情報ヲ大使館ニ知ラセタコトモ決シテナイノテス　若シモ私共カ、ソウ云フ情報ヲ集メタリ大使館ニ知ラセテ居タノナラハ　タシカニ千九百四十一年ニ米國人カ　大使館カラ歸ルコトヲ眞面目ニ考ヘルコトヲ注意サレタ時ニ　歸ルノテアツタテス

　千九百四十一年七月ニ　此處ニ居ル或ル日本ノ友人カ　米國へ歸ルコトヲ注意シテ下サツテ　私ノ年寄ツタ米國ニ居ル母ヘレン　ローランド七十八歳ト一人ノ兄カ　數年前カラ子供ノ教育ノ爲ニ歸ツタラトウカト云ツテ居マシタカラ　私共ハ其問題ヲ眞面目ニ考ヘマシタ

　然シ　北海道帝國大學豫科テ英語ヲ教ヘルト云フ契約カ　千九百四十二年ノ七月迄テシタコトト　父カ非常ニ早クヨワツテ居テ夏迠六ケ敷イト醫師ニ注意サレタ爲　契約ノ終ル迄居ルト決メマシタ　千九百四十一年ノ八月ニ　スク歸ル様ニトノ電報カ米國ノ兄カラ來マシタケレトモ　契約カ終ル迄居ルツモリタト返電ヲ出シマシタ

　モシモ私共ハ　假リニ悪イコトヲシテ居タノナラ　父ノ狀態カ悪クテモ　契約ヲ破ツテモ　米國ニ就職ノ目當カナクテモタシカニ歸ルノテアリマシタ

　私ハ生涯ノ多イ部分ハ日本ニクラシテ居マシタ　ソシテ多クノ友人カココニアツテ　親交ヲ結ンテ居テ　大切ニ思ツテ居リマス

　主人ト私ハ誠ニ眞面目ニ日米両國ノ平和ト親交ノタメニ　少サイナカラテモ　盡サシテ預キタイト思ツテ居マス

　私共ノ學生ト友人ノ信頼ヲ裏切ルコトハ　決シテ出來ナイコトテス　取調ノ役人様カ裏切ツタトトウシテ考ヘタカワカリマセン

　閣下ノ公平ト公正ヲ信頼シテ　私共ハ罪カナイト神様ハ御存シテアルカラシテ

　無罪ノ裁判ヲシテ下サイ

ト云フニ在レトモ
原判決ノ援用シタル證據ヲ綜合スルトキハ　判示ニ係ル被告人ノ犯罪事實ハ　孰レモ其ノ證明十分ナリト爲スニ足リ
記録ヲ査閲スルモ　警察官又ハ検事ニ對スル被告人ノ供述カ所論ノ如キ　肉体的若ハ心理的悪情態ノ下ニ爲サレタル不實ノモノナルコトヲ徴スヘキ　何等ノ證迹ナク　原審ノ事實認定ニ重大ナル過誤アルコトヲ疑フヘキ事由ハ一トシテ存在スルコトナシ
従テ　被告人ヲ軍機保護法違反罪ニ問擬シ判示ノ如キ擬律ニ依リテ處断シタル原判決ハ相當ニシテ　毫モ違法アルモノニ非サルヲ以テ　論旨ハ理由ナシ
右ノ理由ナルニ依リ　戦時刑事特別法第二十九條ニ則リ主文ノ如ク判決ス

昭和十八年五月五日

大審院第二刑事部
裁判長判事　沼義雄　印
判事　駒田重義　印
判事　日下巖　印
判事　久礼田益喜　印
判事　荻野益三郎　印

宮澤弘幸上告審（大審院）判決

昭和十八年五月二十七日宣告
裁判所書記　印
昭和十八年（れ）第二一六號

判決書

本籍　東京市世田谷區代田三丁目九百六十三番地
住居　札幌市南八條西八丁目藤田方
北海道帝國大學工學部學生
宮澤弘幸　當二十五年

右軍機保護法違反被告事件ニ付　昭和十七年十二月十六日札幌地方裁判所ニ於テ言渡シタル第一審判決ニ對シ　被告人ハ上告ヲ為シタリ
因テ本院ハ　検事熊谷誠ノ意見ヲ聴キ
判決スルコト左ノ如シ

本件上告ハ之ヲ棄却ス

理由

辯護人鈴木義男斎藤忠雄上告趣意書

第一点　原判決ニハ　罪トナラサル事實ヲ有罪ニ断シタル違法アリ

原判決ハ　其ノ事實理由第一ノ（三）ノ（ト）トシテ　被告人ガ燈台監視船羅州丸ニ便乗シテ千島巡歴ノ歸途　北海道ノ汽車車中ニ於テ　乗客ヨリ

根室町ニハ海軍飛行場存在シ　其ノ指揮ニハ兵曹長カ當リ居ル旨　聞知シタル事實ヲ　軍事上ノ秘密ヲ探知シタルモノトシ

同第二ニ於テ　昭和十六年十月頃　レーン夫妻ニ右事實ヲ傳説シタル事實ヲ以テ

探知ニカカル軍事上ノ秘密ヲ漏泄シタル罪ト認定シ　軍機保護法　及海軍省令軍機保護法施行規則ノ各法條ヲ適用　處断シタリ

然レトモ　本件ノ如キハ先ツ探知ニ属セス

軍機保護法ニ所謂探知トハ　通常知リ得ヘキ事實ノ知得ニアラスシテ　特殊ノ手段方法ヲ講シテ　始メテ知得領有スルコトナリ

コノ事ハ學説判例ノ一致スル所ニシテ　軍機保護法制定ニ際リテモ　衆議院ノ同法案審議委員會ガ

特ニ

「本法ニ於テ保護スル軍事上ノ秘密トハ　不法ノ手段ニヨルニ非サレハコレヲ探知収集スル事ヲ得サル高度ノ秘密ナルヲ以テ政府ハ本法ノ運用ニ當リテハ　須ク軍事上ノ秘密ナル事ヲ知リテコレヲ侵害スル者ノミニ適用スヘシ」

ナル附帯決議ヲ附シ

政府モ之ヲ承認シタル事實ニ徴スルモ明ナリ

本件ノ如キ　偶然車中ニ乗リ合セタル人カ問ハサルニ語リタルヲ聞キ居リタル結果知得シタルカ如キハ　決シテ探知ト云フヘキニ非スシテ　之ヲ探知罪ニ問擬スルハ當ラス

更ニ軍機保護法ハ　偶然知得シタル事實ト雖ソガ軍事上ノ秘密ニ属スル以上ハ　之ヲ他人ニ傳説スルコトヲ禁シ　犯ス者ヲ漏泄罪ヲ以テ處罰スルコトハ争ハサル所ナリ

サレド　本件カ軍事上ノ秘密ニ該當スルヤ否ヤハ慎重ニ検討セラレサルヘカラス

軍機保護法並ニ軍機保護法施行規則ハ　一般的抽象的ニ軍事上ノ秘密ナルモノヲ指定シ　其ノ中ニ海軍飛行場ナルモノヲ揚クルト雖　コレアルカ故ニ飛行場ノ存在ハ悉ク軍事上ノ秘密タルニ非ス

其ノ中　具体的ニ何レノ飛行場カ秘密ニ属スルカハ　條理ニ基キ決定セラルヘキモノト信ス

軍機保護法第一條第二項ニハ

「前項ノ事項又ハ圖書物件ノ種類範圍ハ　陸軍大臣又ハ海軍大臣命令ヲ以テ之ヲ定ム」

ト規定シ　該規定ニ基キ　軍機保護法施行規則制定セラレ夫々秘密事項ノ指定シタリ

然レトモ　秘密事項ヲ具体的ニ指示スルコトハ　夫レ自体又秘密ノ一部ヲ漏泄スル結果トナルヲ以テ　其ノ表示ハ極メテ概

括的抽象的ナルハ當然ノコトトス

従ツテ　具体的事實ヲ右規定ニ照シテ適用スルニ當リテハ开カ軍機保護法ノ精神並ニ條理ニ照シテ　果シテ軍機ノ秘密ニ属スルヤ否ヤニ付テハ個々ニ別ニ決セラレサルヘカラサルモノト信ス

之ヲ判定スルニ當リテハ　先ツ其ノ事實カ國内ニ於テモ國外ニ對シテモ　秘匿セラレ居ルモノナラサルヘカラス

而シテ　犯罪トシテノ漏泄トナル為メニハ　其ノ存在　位置内容ニ付テ相當程度ノ正確サト詳密サトヲ以テ傳説セラレサルヘカラス

今　問題トナリ居ル飛行場ニ付テ見ルモ　同種ノ秘密保護ノ法律タル軍用資源秘密保護法カ刑罰ヲ以テ防止シ居ル軍用資源秘密ノ中ニ　軍用ニ供スル重要ナル飛行場又ハ其ノ附属設備ニ関スル重要ナル記録圖表及其ノ内容（同法第二條第十號）ナル項目ヲ掲クルヲ以テ見ルモ　凡テノ飛行場ヲ指スニ非ス

重要ナル飛行場ニ限リ　シカモ其ノ漏泄ハ漠然タル位置存在等ノ表示ヲ以テハ足レリトセス　重要ナル記録圖表及詳密ナル内容ノ表示ヲ必要トスル趣旨ナルコト明ナリ（之ヲ専門家ニ聞クモ　戰闘上實益アル飛行場位置ノ表示ハ　單ニ何々郊外近郊ト云フカ如キヲ以テハ着陸襲撃等ニ資スルモノニ非ス　東西経何度南北緯何度ト云フカ如ク表示スルニ非サレハ實效ナキモノナリト云フ）

昭和十二年海軍省令第二十八號軍機保護法施行規則第一條ニハ　軍機保護法第一條第二項ノ規定ニ依ル海軍ノ軍事上秘密ヲ要スル事項又ハ圖書物件ノ種類ヲ擧ケ

第七號軍事施設ニ関スル事項中　其ノ（一）ニ　海軍大臣所管ノ飛行場……ノ位置員数編制又ハ設備ノ狀況ナルモノヲ擧示スルカ故ニ　一應飛行場ノ所在ヲ語ルコトハ軍機保護法ニ觸ルルカ如シト雖　其ノ飛行場ノ存在並ニ位置カ既ニ屢々新聞雜誌書籍上等ニ於テ宣傳セラレ　國内ニ於テハ公知ノコトニ属シ又何等カノ理由ニヨリテ　外國ニ於テモ公知ノ事實ニ属スルカ如キ場合ニ在リテハ　今更之ヲ秘密ニセントスルモ不能ニシテ傳説スルコトニヨリテ　漏泄セラルヘキ秘密存在スルコトナキ筋合ナリ

又實際上モ　實害ノ増大ヲ致スヘキ筈ナシ

本事實ニ付テ之ヲ見ルニ　我カ北海道根室町ニ帝國海軍飛行場ノ存在スルコトハ　今ヨリ約十年前　北米合衆國ノ飛行王ト稱セラルル　リンドバーグ大佐カ　アリユーシヤン群島ヲ經テ我國ニ飛来シ　根室ニ着陸シタルトキ以来　我國ノ新聞雜誌上ニ於テモ　北米合衆國並ニ全世界ノ報道機関ニ於テモ　一躍有名トナリ　公知ノ事實トナリタルコトハ蔽ヒ難キ所ナリ

更ニ昭和十五年　大阪毎日東京日々新聞社ノ「日本號」ノ世界一周ノ飛行企圖實施セラルルヤ　東京出發最初ノ着陸地点トシテ根室飛行場選ハレタル為メ　當時ノ新聞雜誌上ニ再ヒ喧傳セラレ　再確認セラレタル所ナリ（昭和十五年刊大阪毎日新聞社東京日々新聞社編ニツポン世界一周大飛行ニハ隨所ニ根室飛

行場ノ記事アリ　例第九頁第一〇頁第一一頁等参照）

而シテ本件ハ　恰モコノ事實ヲ外國（北米合衆國）ノ為メニスト認メラルル　レーン夫妻（但シ被告人カ傳説スルニ當リテ外國ノ為メニスル者ニ傳説スルノ意思アリシコトハ　原判決ノ認メサル所ナリ）ニ傳説シタル場合ニシテ

被傳説者タル　ハロルド・レーンハ既ニコノ事實ヲ知得シ居リタルコトハ勿論　北米合衆國トシテモ　假リニ　レーンヨリ報告セラレタリトスルモ　之ニヨリテ何等新シキ認識ヲ得ルモノニアラス

現ニ被傳説者タル　ハロルド・レーンモ豫審判事ヨリ　コノ点ニ関スル訊問ヲ受ケ

「宮澤ハ根室ノ飛行場ノ話ヲシナカツタカ」

ト問ハレタルニ對シ

「答シタカモシレマセンガ　ヨク記憶シテ居リマセン　併シ私ハ　同所ニ海軍飛行場ノ在ル事ヲ　十年程前ニ　リントバーグガ来タトキカラ知ッテ居リマシタ」（豫審第三回十七問答添附記録四五丁）

ト答ヘ居ル所ニシテ　被告人ニヨリテ始メテ知得シタル認識ニ非サルコト明ナリ

而シテ　當時軍事ニ関シテ特別ノ関心ナカリシ　レーンニシテ既ニリントバーグト関聯シテ認識シタル位ナレハ　飛行場所在地トシテノ根室ノ名ハ北米合衆國殊ニ其ノ軍方面ニ周知セラレタルヘキコトハ容易ニ想定シ得ル所ナリ

他ノ諸外國ニ對シテモ　事ハ畧同様ナリ

果シテ然ラハ　根室ニ海軍飛行場アルノ事實ハ公然性ヲ有スルモノニシテ　最早ヤ軍事上ノ秘密ニ非ス

之ヲ傳説スルモ　秘密ヲ漏泄シタルモノト云フヘカラス

従ツテ　軍機保護法ヲ以テ處断スルハ該ラス

或ハ　原判決ハ　被告人ノ罪責ニ附加シテ　同飛行場ノ指揮ニハ兵曹長カ當リ居ル旨傳説シタル事實ヲ擧クル如シト雖　飛行場ノ存在カ公然タル以上　其ノ指揮官ガ何人ナリヤハ獨立ニ軍事上ノ秘密ヲ構成スル筈ナク　又　指揮官ノ階級ヲ示スコトハ　軍事施設ノ強度ヲ漏泄スルニ當ルモノニ非ス

殊ニ　コノ事實ノ如キハ　被傳説者タル　ハロルド・レーンニセヨ　ポーリン・レーンニセヨ　何等意ニ留メタル形跡ナキコト明ニシテ　現ニ　ハロルド・レーンハ「宮澤カ同飛行場ノ指揮官ハ兵曹長タト云ツタカドウカハ　ヨク覺エテ居リマセンガ　或ハ申シタカモ知レマセン」（同人豫審第三回十七問答記録四五丁）

ト云フ程度ニシテ

ポーリン・レーンニ至リテハ　千島旅行ノ土産話ヲ一括シテ「千島方面ヲ守備シテ居ル兵隊ノ中テ　一番偉イ人ノ名前ヤ階級ヤ飛行場ノ事モ聞イタカモ知レマセンガ　覺ヘテ居リマセン」（同人ノ豫審第三回二十二問ノ答記録一三九丁裏）ト云フ程度ニシテ（其ノ供述ノ眞實ナルコトハ同人等ノ他ノ供述ニ照シテ明ナリ）

両人トモ　コノ点ニ関シテハ　何等特別ノ関心ヲ持チタル形跡ナク　記憶ニ留メタルコトモ之レアルコトナク　従ツテ　之ヲ大使館附武官等ニ傳説シタル形跡モ之レアルコトナシ

従テ　コノ点ハ　被告人カ語リタリトスルモ相手方ニ通セサリシ場合ニシテ　漏泄ト云フハ該ラス

以上　如何ナル観点ヨリ之ヲ見ルモ　根室飛行場ニ関スル事實ハ　軍機保護法上ノ軍事上　秘密ノ探知並ニ漏泄ニ該當スルモノニ非ス

然ルニ　コノ点ヲ看過シ　有罪ニ断シタル原判決ハ　重大ナル事實ノ誤認ニシテ　破毀セラルヘキモノト信ス

加之少クトモ　國内ニ於テ公知ノ事實ハ　之ヲ同胞タル内國人ニ告クルモ秘密ヲ漏泄シタルモノニ非サルヤ明ナリ

而シテ本件ニ在リテハ　被告人ハ　外國ノ為メニスル者ニ告クルノ意識ナカリシモノニシテ　同胞ニ語ルノ意識ナリシコトハ別項述フル所ノ如ク　原審モ亦認ムル所ナリ

果シテ然ラハ　根室飛行場ノ存在ノ如キハ　之ヲ同胞タル内國人タル他人ニ傳説スルモ　罪トナルヘキモノニ非サルコト明ニシテ　原審カ　コノコトヲ認定シ乍ラ　猶軍機保護法違反ヲ以テ處断シタルハ　事實ノ認定ト擬律トノ間ニ齟齬アルモノニシテ　破毀ヲ免レサルモノト信ス

ト云フニ在レトモ

軍機保護法ニ所謂軍事上ノ秘密トハ　同法第一條第一項所定ノ事項又は圖書物件ヲ指稱シ　之等事項　又ハ圖書物件ノ種類範圍ハ陸海軍大臣命令ヲ以テ定ムルモノナルコト　同條第二項ノ示ス所ナルカ

昭和十二年海軍省令第二十八號軍機保護法施行規則ハ　第一條ニ於テ　右事項又ハ圖書物件ノ種類範圍ヲ列擧シ　其ノ第七號軍事施設ニ関スル事項中ニ

海軍大臣所管ノ飛行場電氣通信所（中畧）其ノ他ノ軍事施設ノ位置員数編制又ハ設備ノ状況ナル事項ヲ掲ケアルヲ以テ　原判示中　所論海軍飛行場ニ関スル事實ハ右規定ニヨリ　軍事上ノ秘密ニ属スルモノナルコト　正ニ明ナリト謂フヘク

而モ　右軍事上ノ秘密ハ　法規若ハ官報ヲ以テ公示セラレ或ハ海軍ニ於テ公表セラレサル限リ　依然保持セラレサルヘカラサル趣旨ナルコト　同條第二項ノ規定ニヨリ　是亦明白ナルカ故ニ

右飛行場ニ関スル事項ニ付　前記公示或ハ公表ノ事實ナキ以上　縦令　一部ノ者ニ於テ之ヲ知リ居タリトスルモ　固ヨリ其ノ軍事上ノ秘密タルコトニ　何等ノ消長ヲ来タスコトナク

該秘密ハ　軍機保護法ニヨリ保護セラルルモノタルハ言ヲ俟タサル所ニシテ　右飛行場ノ存在カ公知ノ事實ナル旨ノ主張ハ記録ニ基カサル獨自ノ見解ニシテ　之ヲ郤ケサルヘカラス

而テ　軍事上ノ秘密知得ノ為ニ為サルル一切ノ行為ハ　其ノ手段方法ノ如何ヲ問ハス　總テ軍機保護法ニ所謂探知ニ該當スルモノト解スルヲ相當トスルカ故ニ　探知ヲハ　秘密知得ノ手

段方法自体不正ナルモノニ限定セントスルハ失當ナリ

蓋シ　軍事上ノ秘密ハ他ヨリ容易ニ知得シ難キ性質ノモノナルコト寔ニ明ナリト雖　之ヲ知得スルノ方法手段タルヤ素ヨリ千差万別ニシテ　之ヲ不正違法ノモノニ限定セントスルカ如キハ　探知禁止ノ法意ニ反スルモノナレハナリ

原判決ニ依レハ　被告人ハ判示第一（三）冒頭記載ノ手段方法ヲ以テ　所論飛行場ニ関スル前示秘密事項ヲ探知シタルモノナルカ故ニ　右説明ニヨリ　該所為カ軍事上ノ秘密探知ニ該ルコト勿論ナルノミナラス

苟モ　軍事上ノ秘密ヲ　其ノ秘密ノ情ヲ知リテ他人ニ申告クルニ於テハ　直ニ秘密漏泄罪ヲ成立スヘク

其ノ申告ケタル秘密事項ノ正確又ハ詳密ノ程度如何ハ　該罪ノ成否ニ影響アルモノニ非ス

被告人ハ　前示自己ノ探知シタル秘密ヲ他人ニ申告ケタルコト　原判示ノ如クナルヲ以テ　之カ秘密漏泄罪ヲ構成スルコト疑ナシトス

之等原判決ノ認定事實ハ　其ノ証據説明ニヨリ其ノ証明十分ニシテ　記録ヲ精査スルニ此ノ点ニ関スル原審認定ニ重大ナル誤認アルコトヲ疑フニ足ルヘキ顕著ナル事由ナク

偶然ノ知得ニ係ルコトハ之ヲ認ムルニ由ナク　又相手方ハ判示秘密ノ漏泄ヲ受ケサリシモノト云フハ　原判示ニ副ハサル事實ヲ主張スルモノニシテ採ルヲ得ス

原判決ニハ認定事實ト擬律トニ齟齬アル所アルヲ見サルノミナラス　所論ノ違法一トシテ存スルコトナク論旨總テ理由ナシ

同第二点　原判決ハ　重大ナル事實誤認ニ伴フ擬律錯誤ノ違法アルモノナリ

原判決ハ　判示第一ノ（一）（イ）（ロ）（ハ）　同（二）ノ（イ）（ロ）（三）ノ（イ）（ロ）（ニ）（ト）ノ各事實ヲ以テ　夫々軍事上ノ秘密トシ　之ヲ他人ニ漏泄シタルモノトシテ凡テ軍機保護法違反罪ニ問擬シタリ

然レトモ　右ノ各事實ハ軍機ノ秘密ニ非スシテ　其ノ設備ニ着眼シテ保護セラルヘキモノニシテ　軍用資源秘密ト思料ス

軍機保護法上ノ秘密ト軍用資源秘密保護法上ノ秘密トハ　競合スルコトアランモ　具体的問題ノ對象トシテ認定スルニ當リテハ　其ノ立法ノ趣旨ニ鑑ミ　用兵作戰上秘匿スヘキカ　戰闘力ノ基礎トシテ　其ノ設備ノ有無　規模等　外國ニ漏洩スルコトヲ防遏スヘキモノナルカニ依リテ甄別セラルヘキモノト信ス

然ルトキハ　油槽　飛行場　其ノ附属設備　特殊通信設備ノ存在　及其ノ規模　内容等ハ　一旦緩急アル場合ノ一國戰闘能力ノ程度ヲ測定セシムル基準トシテ　外國ニ對シテ秘匿スヘキモノニシテ　軍用資源ノ範疇ニ入ルヘキコト明ナリ

而シテ　コノ秘密ノ漏洩ハ　動員ノ内容　部隊ノ編成　員数移動等ノ秘密ト異ナリ　其ノ危害直接ナルモノニ非サルカ故ニ反法ノ價値ヲ異ニスルハ論ナシ

軍用資源秘密保護法第二條ハ　陸軍大臣又ハ海軍大臣ハ一定

設備ニ付キ　命令ヲ以テ軍用資源秘密ヲ指定スルコトヲ定メ其ノ事項トシテ

四、全國又ハ一地方ニ於ケル　軍用ニ供スル重要ナル物資ノ貯藏額　及貯藏設備ノ貯藏能力（下略）

五、政府カ貯藏セシメタル　軍用ニ供スル重要ナル物資ノ貯藏額　政府カ當該物資ヲ貯藏セシメタル貯藏設備ノ貯藏能力（下略）

十、軍用ニ供スル重要ナル飛行場　又ハ其ノ附属設備ニ関スル重要ナル記録圖表　及其ノ内容

十二、（前略）軍用ニ供スル重要ナル通信設備又ハ其ノ設備ノ通信能力（中略）ニ関スル重要ナル記録圖表及其ノ内容ヲ掲ク

判示第一ノ（一）ノ（イ）（ロ）（ハ）及（三）ノ（ロ）ハ右ノ四又ハ五ニ

判示第一ノ（二）ノ（イ）及（ロ）（三）ノ（ニ）（ト）ハ右ノ十ニ

判示第一ノ（三）ノ（イ）及（二）ノ（ロ）中　電氣通信所ノ件ハ右ノ十二ニ該當スルコト特別ノ説明ヲ俟タスシテ明ナリ

本件ハ第一ノ（三）ノ（ト）ノ如ク　國ノ内外ニ公知ノモノモアリテ　悉ク軍用資源秘密ト云ヒ得ヘキヤ否ヤ疑ノ存スル所ナレトモ　假リニ秘密ナリトスルモ　ソハ軍用資源ノ秘密ニシテ　軍機ノ秘密ニ非スト信ス

尤モ　本件記録中海軍當局ノ意見トシテ　右ハ軍事上ノ秘密ナリトノ記載アレトモ　事實ノ認定及法ノ解釋ハ司法裁判所ノ専權ニ属シ　他ノ行政官廳ノ解釋ニ拘束セラルルモノニ非ス

果シテ然ラハ　最悪ノ眼ヲ以テ見ルモ　以上摘示ノ各事實ハ之ヲ他人ニ漏泄シタル場合ニ於テハ　軍用資源秘密保護法第十四條ニ依リ　六月以下ノ懲役又ハ五百円以下ノ罰金ニシテ

之ヲ外國人ニ漏泄シタル場合ニ於テハ　同法第十三條第二項ニ依リ　一年以下ノ懲役又ハ千円以下ノ罰金ニシテ

他ノ事實ト併合スルトスルモ　被告ニ對スル量刑ハ遥カニ輕カルヘキモノト信ス

況ンヤ軍用資源秘密保護法ハ　之等ノ設備ニ付テ記録圖表等ヲ示シ　其ノ内容ノ詳細ヲ漏泄スルコトヲ處罰スルモノニシテ本件ノ如ク　單ニ漠然傳説スルカ如キハ豫定セサルニ於テオヤ

即チ　原判決ハ　法ノ適用ヲ誤リタル違法アルモノニシテ破毀セラルヘキモノト信ス

ト云フニ在レトモ

所論各判示事實ハ　孰レモ軍事施設タル海軍飛行場　油槽電氣通信所　其ノ他ノ設備位置　若ハ之等設備ノ状況等ニ関スル事項ニシテ

軍機保護法第一條昭和十二年海軍省令第二十八號軍機保護法施行規則第一條第一項第七號ニヨリ　同法ニ所謂　軍事上ノ秘密ニ該ルコト寸疑ヲ容レス

所論軍用資源秘密保護法第二條各號ヲ通覽スルニ　其ノ保護

ノ目的物ハ
第四號及第五號ニ於テハ　一定物資ノ貯藏額　一定設備ノ貯藏能力　一定ノ貯藏計畫並関係圖書物件
第十號ニ於テハ一定飛行場又ハ附属設備ニ関スル記録圖表等
第十二號ニ於テハ　一定ノ通信連絡系統　及其ノ通信能力其ノ関係圖書物件　並ニ通信設備等
所定ノ事項ニ関スル記録圖表等タルニ止マリ　判示軍事施設ニ関スル事項ニ及ハサルモノナルカ故ニ　同法條ヲ以テ律スヘキニ非サルコト勿論ナリ

原判決擬律ノ措置ニハ所論ノ違法ナシ

尚判示第一（三）ノ（ト）ノ事實カ公知ナリトスル点ニ付テハ　前ニ設明シタリ　論旨理由ナシ

同第三点　原判決ハ　証據ニ據ラスシテ断罪シタルノ違法アリ

原判決ハ　被告人ハ　ハロルド・レーン及ポーリン・レーンノ両名ノ歓心ヲ買ハンカ為メ我軍事上ノ秘密ヲ探知シテ　之ヲ両名ニ漏泄センコトヲ企テ

判示第一ノ（一）ノ（イ）（ロ）（ハ）ノ事實及（二）ノ（イ）乃至（ト）ノ事實ヲ探知シ　又偶然ノ原由ニヨリ知得シタル判示第三ノ（一）（二）（三）ノ各事實ヲ　両名ニ漏泄シタリト認定シタリ

被告人ハ　警察検事廷ニ於テハ　アル程度迄コレラノ事實ヲレーン夫妻ニ語リタルコトヲ認メタルモ　公判廷ニ於テハシカク詳細ニ語リタルコトナシト否認セル所ナリ

コノ場合　被告ノ認ムルト認メサルトニ拘ハラス　傳説ノ相手方タル者ノ供述ハ被告ノ罪責ヲ決スルニ付テ最モ重要ナル証據トス　殊ニ　被告人カ警察検事廷ノ供述カ眞意ニ非サルコトヲ主張スル場合ニ於テ然リトス

然ルニ　原判決ハ　被告人ノモノトシテハ司法警察官ノ聴取書及検事聴取書ヲ援用シ　相手方ノモノトシテハ　ハロルド・レーンニ對スル豫審第三回訊問調書（謄本）中ノ記載ヲ援用スルニ止マル等シク　被傳説者タル　ポーリン・レーンノ供述ニ付テ何等顧慮スル所ナカリシモノナリ

判決ニ於テ　両名ニ傳説シタルコトヲ認ムル以上　シカモ其ノ事實ヲ被告人ハ公判ニ於テ否認スル以上　犯罪事實ヲ認定スルニハ　單ニ當事者ノ一人タル　ハロルド・レーンノ供述ノミヲ証據トシテ援用スルヲ以テハ足ラサルモノニシテ

他ノ當事者タル　ポーリン・レーンノ之ヲ認ムル趣旨ノ供述ヲモ援用スルコトヲ要スルモノト信ス

然ルニ　之ヲ援用セサル原判決ハ　最モ重要ナル証據ノ援用ヲ怠リ　従テ証據ニ據ラスシテ断罪シタル理由不備ノ違法アルモノニシテ　破毀スヘキモノト信ス

ト云フニ在レトモ

判示　軍事上ノ秘密ヲポーリン・レーンニ漏泄シタル事實ハ

原判決ノ証據説明ニ依リ優ニ認メ得ル所ナルヲ以テ　同人ノ供述ヲモ証據トシテ併セ援引セサレハトテ　証據ニヨラスシテ事實ヲ認定シタリト謂フヘキニ非サルコト言ヲ俟タス

原判決ニハ所論違法ナク　論旨理由ナシ

同第四点　原判決ニハ　重大ナル事實ノ誤認アリ

原判決ハ　判示第一ノ（一）及（二）ノ各事實ニ付テハ　被告人ハ　故意ヲ以テ探知シタルモノト認定シ　第三ノ（一）（二）（三）ノ事實ニ付テハ　偶然ノ原由ニヨリ知得シタルモノト認定シタリ

然レトモ　第一ノ事實ハ　探知シタルモノニ非スシテ　第三ノ（三）ノ各事實ト等シク　業務上又ハ偶然ノ原由ニヨリ知得シタルモノニシテ

第三ノ（一）（二）ノ事實ハ　業務上知得シタルモノナリ

被告人ハ　警察検事廷ニ於テハ　強制セラレテ　恰カモ故意ヲ以テ軍事上ノ秘密ヲ探知セント企テタルカ如ク供述シタレトモ　ソハ眞意ニアラス　又事實ニアラスト公判ニ於テ供述セルノミナラス　仔細ニ前後ノ情況ヲ考察スルニ　被告人カ特ニ故意ヲ以テ　軍事上ノ秘密ヲ探知收集セントシタルカ如キ形跡之アルコトナシ

軍機保護法上ニ所謂探知トハ　偶然又ハ業務上ノ知得ト異リ特ニ明瞭ナル動機目的ヲ以テ　且ツ積極的手段ヲ以テ　秘匿又ハ擁護セラレ居ル軍事上ノ秘密ヲ認識又ハ領有ニ移スコトヲ云フモノニシテ　主観的ニハ特定ノ動機目的ヲ要シ　客観的ニハ偶然ニテハ知得セラレサル秘匿設備タルコトヲ要ス

本件ニ於テ　被告人ノ唯一ノ探知ノ動機ト解セラルル所ノモノハ　レーン夫妻ノ歓心ヲ買ハントセルニ在リト云フニアレトモ　カクノ如キ動機ハ　到底　被告人ヲシテ　固ク擁護セラレアル軍事上ノ秘密ヲ難ヲ冒シテ敢テ探知セシムル程ノ動機トシテ首肯スルコト能ハス

又被告人ハ　事實必要以上ニ手段ヲ講シテマテ知得ニ努メタル形跡アルコトナシ

コノ点ニ於テ　原判決カ軍機保護法第二條第一項ヲ適用シ探知罪ニ問擬シタルハ該ラス

判示各事實ハ　被告人カ單ニ知見ヲ廣カラシムルカ為メニ講習勞務等ニ従事シ又ハ旅行ヲ為シタル際　偶然ニ其ノ認識ニ入リ来リタルモノニシテ　故意ニヨル探知ニアラス

例ヘハ　判示第一ノ（一）ノ（イ）（ロ）（ハ）ノ事實ハ　被告人カ昭和十四年夏ニ於テ夏季勞働ヲ志願シ　其ノ勞働カ恰モ軍事施設工事ナリシ為メ知得シタル事實ニシテ　探知シタルモノニアラス

第一ノ（二）及（三）ノ各事實ハ　何レモ被告人カ樺太千島方面ニ一般的見學旅行ヲ為シタル途上　他ノ風物知識ト共ニ偶然　被告人ノ認識ニ入リタルモノニシテ　故意ニ探知シタル形跡アルコトナシ

第三ノ（一）（二）ノ事實ハ　被告人カ夫々昭和十四年十月

及昭和十六年五月ニ於テ　海軍軍事思想普及ノ為メノ講習會千葉戰車學校ノ講習會ニ参加シタルカ為メニ知得シタル知識ニシテ　軍事思想ノ涵養ヲ目的トスル講習會ニ列席セル為メ知得スルコトハ　偶然ニアラスシテ　寧ロ業務上ノ知得ト云フヘキモノトス

故ニ　被告人ノ知得ハ半ハ業務上ノ知得ニシテ　半ハ偶然ノ事由ニ出ツルモノニシテ　其ノ軍事上ノ秘密ニ属セスト認メラルル第一ノ（三）ノ（ト）ヲ除キ　假リニ漏泄ノ事實之レアリトスルモ　軍機保護法第三條第一項　第五條第一項ニ問擬セラルヘキモノニシテ　第四條第一項ニ擬セラルヘキモノニ非ス

原判決ハ　探知ニアラサルモノヲ探知ト認定シ　從テ擬律錯誤ノ違法アルモノト信ス

尤モ業務上知得ノ秘密ノ漏泄罪ハ　其ノ長期偶然ノ場合ニ比シテ重キモ　ソノ短期ハ三年ニ下スコトヲ得ルモノニシテ　業務上知得スト雖　本件ノ場合ノ如キハ　情状偶然ノ場合ニ異ル所ナク　特ニ加重スヘキ理由アルヲ見ス

其ノ量刑ノ實際ニ於テハ　一括シテ偶然ノ原由ニヨリ知得シタル場合ヲ以テ處断スルヲ以テ足ルモノナリ

即チ　原判決カ第二條第一項並ニ第四條第一項ヲ擬律シタルハ　錯誤ニシテ　重大ナル事實ヲ誤認セルモノニシテ　破毀セラルヘキモノト信ス

ト云フニ在レトモ

原判決援用ノ証據ヲ査スルニ　所論判示事實ニ付　被告人カ故意ヲ以テ　軍事上ノ秘密ヲ探知シタル事實ノ証憑極メテ明白ニシテ

記録ヲ精査スルニ　原判決援用ニ係ル被告人ノ供述カ　係官ノ強制ニ基ク虚偽ノモノト認ムヘキ何等ノ根據アルヲ見ス

又　原審ニ重大ナル事實ノ誤認アルコトヲ　疑フニ足ルヘキ顕著ナル事由アルヲ認メ難シ　業務上又ハ偶然ノ原由ニヨリ知得シタルニ過キストスルハ　原判示ニ副ハサル獨自ノ見解ノミ之ニ立脚シテ原判決ノ認定ヲ争ヒ　其ノ擬律ヲ云為スルハ中ラス　論旨理由ナシ

同第五点　原判決ハ　罪トナラサル事實ヲ有罪ニ認定シタル違法アリ

原判決ハ　判示第三ノ（一）及（二）ヲ以テ　軍事上ノ秘密ト認定シ　ソノ漏泄罪ニ問擬シタリ

軍事並ニ戰術ニ関スル知識乃至事實ハ　悉ク軍事上ノ秘密タルモノニ非ス

軍機保護法ノ保護スル秘密ナルモノハ　公知ノモノタラサルコトハ勿論　通常ノ手段方法ニテハ窺知スヘカラサル高度ノ秘密タルコトヲ要ス

サレハ軍機保護法ノ制定セラレタルトキ　後来コノ法ノ濫用セラレンコトヲ虞レ　衆議院ノ同法案委員會ハ　同法運用ニ関シ「本法ニ於テ　保護スル軍事上ノ秘密トハ　不法ノ手段ニヨ

ルニ非サレハ之ヲ探知収集スルコトヲ得サル高度ノ秘密ナルヲ以テ　政府ハ　本法ノ運用ニ當リテハ　須ラク軍事上ノ秘密ナルコトヲ知リテ　コレヲ侵害スル者ノミニ適用スヘシ」ナル附帯決議ヲ附シ　陸海軍大臣ヨリ　其ノ趣旨ヲ尊重スヘキ旨　誓約シテ成立シタル次第ナリ

故ニ　アル事實カ軍事上ノ秘密タルニハ　不法ノ手段ヲ以テスルニ非サレハ獲得スルコトヲ得ス　又ソノ秘密タルコトヲ知リテ敢テ漏泄スルノ故意ナカルヘカラス

一般的常識トナリ居ルコト　又ハ容易ニ知リ得ヘキ事實ハ軍機保護法上ノ秘密ト云フヘカラス

判示第三ノ（一）ノ事實ハ　我カ海軍ニ使用スル爆雷ノ性能ニ関スルモノナルトコロ

カクノ如キ事實ハ　中學以上ノ科學的智識ヲ有スル者ニアリテハ　常識ニ属スルモノニシテ　一般公刊ノ科學雑誌ニモ圖面等ヲ添ヘテ掲載セラレ居ル所ナリ（現ニ掲載セラレ居ル「科學知識」等ハ別ニ提出スヘシ）

果シテ然ラハ　斯ノ如キハ到底軍事上ノ秘密ト云フヘカラス

判示第三ノ（二）ハ　先ツ飛行機ヲ以テ敵陣ニ打撃ヲ與ヘ次テ砲兵カ敵ノ火力ヲ沈黙セシメ　砲兵ノ掩護下ニ夫々ノ種類ノ戰車ト歩兵トカ肉彈戰ヲ展開スルハ　日本陸軍ノ一般的戰術ニシテ　經験上戰車ハ小型戰車ニ重キヲ置クト語リタリト云フニアルトコロ　斯ノ如キ戰術ハ　近時ノ陸軍ニアリテハ　廣ク施用セラレ居ルコト　之レ又常識ニシテ　獨リ日本陸軍ニ限ラス　獨逸陸軍モ用ヒツツアルコトハ　常ニ新聞雑誌上ニ瞥見スル所ナリ

殊ニ　久シク實戰ヲ經験セサル場合ト異リ　日支事変モ既ニ久シキニ亘リ　日蘇モ屡々戰火ノ中ニ相見エタル結果トシテ我戰術ハ　外國観戰武官　通信員等ノ知ル所ニシテ　右戰術ハ世界ニ公知ノモノトナリタリト云フモ過言ニアラスシテ

被告人カ　レーンニ傳説シタル當時ニ在リテハモトヨリ　何等軍事上ノ秘密ニアラス

斯ノ如ク公開セラレ居リ　且ツ　殆ント常識ニ属スルコトヲ傳説スルモ　何等　法上ノ秘密ヲ侵犯スルノ虞アルコトナシ

假装敵國ニ知ラルルコトアリトスルモ　毫モ新タナルモノヲ加フヘキ筈ナシ

果シテ然ラハ　本件（一）（二）共ニ軍機保護法上ノ秘密ト云フニ足ラサルモノニシテ　被告人ハ　コノ点ニ於テハ　罪ニ問ハルヘキ限リニアラス

然ルニ　之ヲ有罪ニ断シタル原判決ハ　重大ナル事實ノ誤認ニシテ　破毀セラルヘキモノト信ス

註一、海軍爆雷ノ性能カ判示ノ如キモノナルコトハ　世界ヲ通シテノ常識ト云フモ不可ナク　公刊ノ書籍ニ遍ネク散見スル所ナリ　例（歐文省畧）

註二、判示ノ如キ戰術カ近代戰術タルコトハ　コレ又世界常識ニシテ　諸種ノ文献ニ見ユル所ナリ　例（歐文省畧）

又　戰車ノ種類　性能　構造　小型戰車ヲ主トスト云フカ如

キハ　荘司武夫著「野戰兵器」ダイヤモント社發行等ニ　判示ヨリモ一層詳細ニ記述セラレ居ル所ナリ（一五八頁一六五頁一七五頁以下等参照）

ト云フニ在レトモ

判示第三ノ（一）及（二）カ孰レモ軍事上ノ秘密ニ属スル事項ナルコト　前者ニ付テハ　軍機保護法第一條昭和十二年海軍省令第二十八號軍機保護法施行規則第一條第一項第七號　後者ニ付テハ　軍機保護法第一條右同年陸軍省令第四十三號軍機保護法施行規則第一條第一項第二號ノ規定ニ照シ明白ニシテ

之等ハ決シテ一般ニ知ラレタル常識的事實ナリト認ムルコトヲ得ス　斯ノ如キ主張ハ記録ニ基カサル臆断ニシテ採ルヲ得ス

而テ　原判決ノ事實認定ハ　之ヲ記録ニ就キ精査スルニ重大ナル誤認アルコトヲ疑フニ足ルヘキ顕著ナル事由ナク　所論判示所為カ判示法令ヲ以テ問擬セラルヘキモノナルコト勿論ナリトス

所論ノ違法ハ　原判決ニ存スルコトナク　論旨理由ナシ

同第六点　原判決ハ　犯意ナキ行為ヲ有罪ニ断シタル違法アリ

判示事實中ニハ　明カニ軍事上ノ秘密ト云フニ値セサルモノアルコト　寧ロ軍用資源秘密保護法ヲ以テ處断スヘキ事實アルコト　別点論スル所ノ如クナレトモ　其ノ他ノ事實ニシテ　二、三軍事上ノ秘密ト認定セラルルモノアリトスルモ

探知罪ノ成立スル為メニハ　偶然又ハ業務上知得スルニ非スシテ　特別ノ手段ヲ講シ不法ニ知得スル意思ト行為トヲ要スルコト勿論ナリ

然レトモ　旅行シタルコト其ノコトカ探知ノ意圖ニ出ツト云ハハ格別（旅行カ決シテカカル目的ニ出テタルモノニ非サルコトハ記録上明ナリ）被告人カ本件事實ヲ知得スルニ特別ノ手段等ヲ講シタル形跡ナキコト　別ニ論スル所ノ如シ

而シテ進ンテ　軍事上ノ秘密漏泄罪ノ成立ニハ　犯人カ其ノ事實カ軍事上ノ秘密タルコトヲ認識シテ　敢テ傳説スルノ意思アルコトヲ要スルモノト信ス

然ルニ　本件ニ在リテハ　被告人ハ事實ノ輕微ナル為メ　或ハ事實カ概然的抽象的ナル為メ　軍機保護法ニ依リテ處罰セラルル軍事上ノ秘密トハ認識セスシテ傳説シタルモノニシテ　漏泄ノ故意ナカリシモノナリ

被告人ハ　警察検事廷ニ於テハ　軍事上ノ秘密タルコトヲ認識シテ探知シ傳説シタル如ク述ヘタル所アルモ　公判ニ於テ辯解スル如ク　ソハ強制ニ堪ヘカネテ　軍事上ノ秘密ニ非サルモノハ一應之ヲ認ムルモ　事實ノ性質上　當然無罪トナリ得ヘキモノト信シタルカ為メニ方便トシテ迎合シタルモノナリト云フニ在リ

ソガ眞實ナルコトハ　豫審ニ於テハ　コノ点ヲ否認シ居ルニ徴シテ明ナリ

豫審ニ於テ　軍事上ノ秘密タルコトヲ疑ヲ存シテ認メタルモノハ　上敷香飛行場ノ事實アルノミ

然ラハ被告人カ　コレラ事實ヲ　レーン夫妻ニ傳説セルトキ漏泄ストノ認識並ニ意圖アリタルモノニ非サルコト明ナリ

即チ漏泄罪ヲ構成スヘキモノニ非ス　假リニ之等ノ事實ハ客觀的ニ軍事上ノ秘密ニ相違ナシトスルモ　被告人ハ錯誤ニヨリテ之ヲ認識セサリシ次第ニシテ　過失漏泄ト云ハサルヘカラス

然ルトキハ　其ノ量刑ハ著シク輕カラサルヘカラス

サレド判示事實ハ　其ノ一、二ノモノヲ除キテハ　軍機保護法上ノ軍事上ノ秘密ト云フニ値セサルコト別点論スル通リニシテ　ソノ一、二ノ事實ニ付キテモ疑問ノ餘地アリ

被告人カ之ヲ軍事上ノ秘密ト思惟セサリシハ理由アルコトニシテ　即チ犯意ナキ行為ニシテ宥恕セラルヘキモノト信ス

然ルニ被告人ニ認識アリ且ツ犯意アリトシテ漏泄罪ニ問擬シタルハ重大ナル事實ノ誤認ニシテ　破毀セラルヘキモノト信ス

ト云フニ在レトモ

判示　軍事上ノ秘密探知並其ノ漏泄ノ事實ハ　原判決ノ証據説示ニヨリ証憑十分ニシテ　被告人ニ犯意ノ存シタルコト極メテ明白ナリ　記録ヲ精査スルニ　原審ニ重大ナル誤認アルコトヲ疑フニ足ルヘキ顕著ナル事由アルヲ認メ難シ

尚　所論中既ニ他ノ論旨ニ於テ主張シタル所ヲ更ニ繰返ヘシ同一趣旨ヲ記載シタル部分アルモ　之等ニ對シテハ別ニ説明ヲ與ヘス　夫々當該論旨ノ説明ニ譲レリ

論旨結局理由ナシ

同第七点　原判決ニハ　理由不備審理不盡ノ違法アリ

原判決ハ　其ノ事實理由第一ノ（三）（ハ）（ニ）（ホ）（ヘ）ノ事實ニ付キ　被告人ハ探知シタルモノト認定シ　第二ニ於テ右事實ノ漏泄罪ニ問擬シタリ

記録ヲ調査スルニ　右各事實ハ　被告人ハ　自ラ調査シテ知得シタリト云フニ非スシテ　羅州丸ノ客間ニ於テ松本松太郎ヨリ傳聞シタリト云フニ在リ

自ラ求メタルニ非スシテ　他人カ語ルヲ偶然聞キ居リテ知得スルカ如キハ　探知ト云フヘカラサルコト　既ニ別点指摘シタル所ナルカ

コノ点ニ付キ　証人松本松太郎ハ　全然斯ノ如キ事實ヲ語リタルコトナシ　ト証言スル所ナリ

被告人自身　現地ニ臨ミ調査シタル形跡モ亦之レアルコトナキガ故ニ　若シ被告人ニシテ　レーンニ斯ノ如キ事實ニ付キ語リタルコトアリトセハ　自己ノ逞ウセル想像ヲ語リタルモノタルヤモ未タ計ルヘカラス

國際諜報戰ニアリテハ　屡々　虚無虚構ノ事實ヲ傳説セラルルコトハ顕著ナル事實ナリ

記録上　被告ニコノ材料ヲ提供シタル者ナキ以上　被告人ノ單ナル想像ト認ムヘキ理由アリ

然ルニ　コノ点ニ付キ　証據ニ據ラスシテ輕々ニ被告ノ秘密事項ノ探知ト漏泄トヲ認定シタルハ　審理不盡ノ違法アルモノニシテ　破毀スヘキモノト信ス

ト云フニ在レトモ

原判決擧示ノ証據ニヨレハ　所論判示事實ニ付　被告人カ探知ヲ遂ケ且漏泄シタル証明十分ナルカ故ニ　証據ニヨラスシテ事實ヲ認定シタル違法ナキハ勿論　記録ヲ查スルニ原審ニ此ノ点ニ付審理ヲ盡スコトナカリシ廉アルヲ見ス

論旨理由ナシ

同第八点　原判決ハ刑ノ量定著シク重キニ過クルモノアリ

原判決ハ判示事實ヲ認定シ　判示法條ヲ適用シテ被告人ヲ懲役十五年ニ處シタリ

然レトモ　假リニ判示事實ノ認定ニ誤ナシトスルモ　被告人ノ主觀ニ稽ヘ　事案ノ内容諸般ノ狀況ニ照ストキハコノ科刑ハ餘リニモ嚴刑酷罰ニ過クルモノト思料ス

軍機保護法ハ　モトヨリ軍事上ノ秘密ヲ保護スルノ法律ニシテ　ソノ漏泄シタル事實ニシテ重大ナルモノアランカ　ソノ罰モ重カラサルヲ得スト雖　一ノ刑事犯タル以上　科刑ハ決シテ單ナル報復的處罰タルヘキニ非サルガ故ニ　機械的ニ事實ノ輕重ニ比例シテ決セラルヘキモノニ非スト信ス

學生青年タル被告人ニ十五年ノ懲役ヲ科スルハ　被告人ヲ生ケル儘葬ルモノニシテ　殆ント死ノ宣告ニ等シキモノアリ　果シテコノ重刑ニ値スルヤ否ヤハ　充分愼重ニ検討セラレサルヘカラス

記録上明ナル如ク　被告人ハ電線製造技師宮澤雄也ノ長男トシテ生レ　極メテ順調ニ成育教育セラレ来リタルモノナリ

父雄也ハ藤倉電線株式會社ニ奉職スル者ナル所　電線ノ製造技術ニ於テハ我國有數ノ技術者ニシテ　其ノ職務ニ勉勵ナルト技術ニ優秀ナルトノ故ヲ以テ　屢々表彰セラレタルモノナリ

母とく子ハ神奈川縣ノ素封家多額納税者　松浦吉松ノ女ニシテ貞淑温良模範的良妻ナリ

結婚後　暫ラク子ヲ恵マレサリシカ故ニ　夫妻共ニ敬虔ナル觀世音菩薩ノ信徒ナルカ為メ　朝夕之ニ禱リテ世嗣ヲ恵マレンコトヲ求メ　五年ニシテ與ヘラレタルモノ被告人弘幸ナリトス

両親ノ語ルトコロニ依レハ　被告人ハ幼少ヨリ頴悟ナリシモ性極メテ温順ニシテ　親戚知友ニ愛セラレ　嘗テ人ト争ヒタルヲ知ラス

小學校時代ヨリ既ニ　戸外ノ運動遊戯ヨリハ寧ロ讀書ヲ好ミ科學的技術的玩具娯樂ヲ好ミ　同情ノ心ト憐憫ノ情ニ富ミ　生物ヲ捕ヘ或ハ殺スカ如キコトハヨクスル所ニ非サリシト云フ

小學中學ヲ通シテ　學校成績ハ常ニ優秀ニシテ　級長副級長生徒代表タリ　勤勉ニシテ中學五ケ年間無欠席ニシテ　卒業ニ際シテハ勤勉學術並ニ体育優秀ノ故ヲ以テ　府知事ヨリ賞狀ヲ授與セラレタル位ナリ

父ハ職業上旅行スルコト多キヲ以テ　ナルヘク其ノ子等ヲモ伴ヒ行クヲ例トシ　為メニソノ足跡全國各地ニ遍ネク　後来被告ノ唯一ノ趣味タル旅行欲ハコノ間ニ養成セラレタルモノノ如シ

　小學時代ヨリ忠孝ノ念篤ク　義ニ勇ムコトヲ喜ヒ　乃木將軍ト楠公トハ最モ崇敬スル所ナリキト云フ　府立六中ハ有名ナル阿部宗孝氏校長ニシテ　氏ハ皇室中心主義國粹尊重主義ノ人ニシテ　忠孝仁義日本精神ヲ以テ生徒ヲ薫陶シタルカ故ニ　被告人モ其ノ感化ヲ受ケ日本精神ニ徹シ居リタルコトハ自ラ述フル所ノ如シ

　斯ノ如ク　北大豫科ニ遊フマテノ被告人ハ　良家ニ生ヲ享ケ兩親ノ鐘愛ヲ受ケ　弟妹ト共ニ撫育セラレ　ヨク學藝ニ勵ムト共ニ　日本精神ト愛國心トニ徹シ居リタル者ニシテ　如何ナル点ヨリ見ルモ一個純良ナル日本帝國ノ學生タリシコトハ疑ノ餘地ナシ

　被告人カ　ソノ素願タリシ一高ニ入ル能ハスシテ　笈ヲ北大ニ負フヤ　北大ノ學風カ自由主義的ナリシコトト　被告人カ恰カモ青年期ニ到達シ　諸種ノ思想ニ對シ懐疑批判的トナル運命ニ在リシトコロ　偶々被告人カ語學ヲ能クシタル為メ　本件レーン夫妻ヲ始メ三、四ノ外國人ト交友ヲ篤クスルニ至リ　其ノ結果ハ　青年期特有ノ思想ノ動揺ヲ經験スルニ至リタルハ又已ムヲ得サルモノアリトス

　被告人ハ　中學時代ニ於テ一應日本精神忠君愛國ノ観念ニ徹シタリト雖　ソハアラユル思想ニ遭遇シ思索ト批判トヲ重ネタル後到達シタルモノニ非スシテ　半無批判的ニ愛容シタルモノナルカ故ニ　恰カモ思索力ノ旺盛トナリタル青年期ニ際シ　海峡ヲ超ヘテ札幌ニ遊ヒ　茲ニ全ク異系ノ思想ニ接觸スルヤ　青年思想ノ動揺性ト相俟チ　従来自己ノ抱懐セル思想ニ懐疑ヲ感シ　之ヲ批判スルニ至レルハ故ナキニ非ス

　其ノ思想的影響ヲ受ケタルコト　レーン夫妻ニ於テ最モ顕著ナルコトハ被告人自身モ認ムルトコロ　而シテ　ソガ基督教的思想タルト共ニ國際主義思想タリシコトハ　被告人ニトリテ不幸ナリシモノナリ

　殊ニ　ハロルド・レーンハ　基督教中ニ在リテモ最モ良心的個人主義的ト解セラルル清教徒ニシテ　ソノ思想ハ國家主義ニ非スシテ　一種ノ國際主義タリシ点ニ　被告人ニ對シテ重大ナル影響ヲ及ボシタルモノノ如シ

　レーンノ如ク自由主義ノ國ニ生レ　シカモ其ノ全生涯ヲ異邦ニ送ル者ニアリテハ　其ノ抱懐スル思想ハ其ノ生活ト融和スルモノニシテ　レーン夫妻カ其ノ思想ヲ被告等ニ語リタリトスルモ　決シテソノ信念ニ反シテ邪説ヲ植エントスルカ如キ意識ナカリシナランコトハ　察スルコトヲ得ト雖　思慮未タ定マラサル被告ノ如キニ對シテハ　危険ナル異系ノ思想タリシコトハ想察スルニ足ル

　青年期ノ特徴ハ　如何ニ頭脳俊敏ナル者ト雖　従来抱懐シタルト異リタル系統ノ思想ニ遭遇スルヤ　其ノ舊思想ヲ批判スル

ニ役立ツコトハ當然ナリト雖　ソノ思想モ亦　批判セラレ消化セラレテ始メテ自己ノ思想中ニ採リ入レラルヘキ約束ニ在ルコトヲ忘却シ　單ニ新思想ノ故ヲ以テ之ニ眩惑セラレ又ハ魅了セラレ　ヒタムキニ之ニ走リ　思想ノ円熟發展ハ絶エサル批判ノ継續タルコトヲ失念スルニ在リ　一時天下ノ青年ヲ誤ラシメタルマルキシズムノ流行ノ如キ其ノ顕著ナル例トス

被告モ藉スニ更ニ思索ト反省ト年齢トヲ以テセハ　必スヤコノ當時受容シタル思想ヲ再批判シ　渾然タル日本精神ニ再轉シタルヘキニ　未タ其ノ境地ニ達セサル過渡期ニ於テ　本件ヲ惹起シタルハ惜シミテモ餘リアル所トス

然レトモ被告人カ　レーン夫妻ヨリ基督教的國際主義的思想ノ洗禮ヲ受ケタルコトハ　必シモ本件行為ノ直接ノ原因タルモノニ非サルコトハ明ナリ　只其ノ思想傾向カ　自由主義的トナリタル結果　内外人ノ區別並ニ自己ノ言動等ニ對スル反省ヲ怠リ　本件ノ過誤ヲ犯スニ至リタル一誘因タルノミ

被告人　如何ニ新思想ニ心醉セリトスルモ　日本國民タル意識ハ失ハサリシモノニシテ　レーンガ北米合衆國ノ諜報ニ従事スト云フカ如キコトヲ知リ　日本帝國ノ軍事上ノ秘密ヲ他國ニ賣ラントスルカ如キ　故意ヲ以テ判示ノ如キ事實ヲ告ケタルモノニ非サルコトハ明ナリ

思慮　少シク周密ナル者ヨリ之ヲ見レハ　レーンガ軍事施設等ニ付テ語ルトキ　特ニ興味ヲ懐クガ如ク感セラレタルトキ既ニ警戒スヘカリシモノナレトモ　被告人ハ單純ナル青年學生ニシテ人生ノ裏面ヲ覗クカ如キ思慮アルコトナク　其ノ清教徒トシテ良心的兵役忌避者タル事實　日本ニ對シテ有スル好意明朗ナル人格等ニ鑑ミ　諜報活動ヲ為スト云フカ如キコトハ想像ダモセサリシ次第ナリ

被告カ　四方八方ノ談話ト共ニ　旅行中見聞シタル軍事上ノ施設等ニ付テ　レーン夫妻ニ語リタル心事ハ　カノ小児カ成人ノ喜ブトコロヲ直感シ　ソノ歓心ヲ買ハンカ為メニ語ルト同シク　其ノ結果ニ付テノ豫見モ洞察モ之レナカリシモノニシテ全ク一旦ノ過誤ニ外ナラス　悪意アル行為ト見ルハ該ラス

又之ヲ常識ヨリ見ルモ　清教徒ニシテ國際人自由人ニシテ日本ノコトヲ批判スルト共ニ自己ノ母國及故國ノ大統領ソノ他ノ政策ニ付テモ無遠慮ナル批判ヲ為シテ顧ミサル　レーン夫妻ノ如キガ軍事上ノ秘密ヲ探知スルニ努メ　之ヲ諜報スト云フガ如キハ想像スルコトヲ得サルトコロナリ

戰争ハ罪悪ナリト信シ　同胞相殺スコトハ如何ナル場合ニテモ神ノ攝理ニ反ストシテ　銃ヲトリテ立ツコトヲモ忌避スト云フ　レーン夫妻ノ人生観ヲ知ル被告人トシテハ　學生主事或ハ憲兵ヨリ　諜報者タルノ疑アリト告ケラレタルコトアリト雖到底信スルコト能ハス　寧ロ之ヲ疑フ者ノ餘リニモ色眼鏡ニシテ神經過敏ナルヲ笑ヒ居リタル次第ニシテ　單純ナル青年ノ心理ヲ前提トスルトキ　ソハ當然ノコトトス

本件生起後　レーンヲ訊問セル結果　比較的良心的ニシテ何事も正直ニ陳述シタル　レーンノ供述ニヨリ　レーンハ被告人

等ヨリ知得シタル事實中ノアルモノヲ米國大使館附武官ニ傳説シタルモノノ如キモ　其ノ供述ニ照スモ　好ンテ之ヲ為シタルモノニ非スシテ　有益ナル情報ノ提供ヲ依頼セラレタルトキ甚タ不快ニ感シタリト云フニ徴シテモ　其ノ素志ニ反スルコトハ明ナリ

已ムヲ得ス傳説セルモノナルカ故ニ　吾人ヨリ之ヲ見レハ相當重要ナル事實ト信セラルル事項モ　忘却シテ傳説ヨリ洩ラシタルモノノ如ク　毫モ眞摯ナル熱意アルヲ見ス

之レ其ノ為　人ト思想傾向ヨリ来レルモノニ外ナラス　ポーリン・レーンニ至リテハ更ニ一層冷談ナルヲ見ル

或ハ當時　國際情勢ノ緊迫セルニ鑑ミ　被告人トシテハ外國人ト談話スルニ付キ　一層警戒的ナラサルヘカラサリシニ非スヤトノ説アランモ　記録ノ示ス如ク　被告人ハ學生トシテハ活動部面多岐廣汎ニ過キ　學校ノ學科ノ外　文化活動社交趣味文學地理歴史ヨリ考古學的探究ニマテ及ヒ　シカモ休暇ニハ勤勞奉仕講習訓練講演文筆活動ニ従事シ　更ニ多方面ニ旅行見學スル等　六面八臂殆ント寧日ナカリシ有様ニシテ　静カニ天下ノ形勢ヲ観測シ　日英日米関係等ノ将来ニ付キ洞察スルノ遑ナカリシコトハ　察スルニ足ル

被告人ハ　青年學生トシテハ稀ニ見ル多方面ノ活動家ニシテ問ハレテ知ラサルナキノ博識ヲ誇ルノ傾向アリ

其ノ結果ハ　知識ノ多量ヲ具有スト雖　樹ヲ見テ森ヲ見サルノ弊ニ陥リ　遂ニ大局ヲ逸シ　國際関係ノ緊迫化モ念頭ニ留マラサリシモノト察セラル　モトヨリ其ノ輕率ハ之ヲ責メサルヘカラスト雖　才氣煥發ノ青年ニハ往々見ル所ノ事實トス

日米関係ノ次第ニ悪化シツツアルコトハ　概念トシテハ知リ居リタルモノナランモ　昭和十六年十二月八日ニ宣戰ノ布告アラントハ夢想セサリシ所ナリ

相手方タル　レーンニ於テモ　悪化ノ事實ハ認識シ居リタルモ斯ク早ク破局ニ到達スヘシトハ思ハサリシ　ト供述シ居ルニ徴シテモ明ナリ

或ハ　危局ニ瀕スルモ又打開セラルヘシト信シタルコトモ想定シ得ル所ニシテ　既ニ敵國トナリタルモノニ漏泄スルト異リ平和関係ニ在リテ　少数者ヲ除キテハ　未タ假装敵國トスラモ認識セサル場合　シカモ國際人トシテ熱烈ナル愛國心ヲ其ノ祖國ニ對シテ有スルモノト信セサル

シカモ久シク日本ニ在リ　日本ニ好意ヲ有スルコト祖國ニ異ナラスト信セラルル　私交上師弟ノ関係アリ親交アリ私淑セル人ニ　談話ノ中ニ軍事施設ニ付キ觸ルルトスルモ　其ノ情狀ニ於テハ　天地霄壤ノ差アリト云ハサルヘカラス

之ヲ以テ　恰カモ故意ニ國ヲ賣リタル者ノ如ク観察シ　極刑ニ近キ制裁ヲ以テ臨ムハ酷ニ過クルモノト云ハサルヘカラス

被告人ノ主観ニ付テ之ヲ見レハ　過失ニ因ル漏泄ニ等シキモノト云ハサルヘカラス

被告人ノ本件秘密ノ知得カ　半ハ業務上ニシテ　半ハ偶然ニ属シ　探知ト云フヘカラサルコト　別項論スル所ノ如クナレト

モ　之ヲ傳説シタル相手方ハ　外國人ト云フヘク　餘リニ日本ニ親シミ日本ニソノ全生涯ヲ送リ　日本ト日本人トヲ愛スルコト同胞ト異ラス　シカモ誼ニ於テハ師弟タリシモノニシテ　之ヲ警戒スヘキ外國人トシテ見ヨト為スコトハ　不可能ヲ期待スルモノナリ

殊ニ被告人ハ　未タ一個ノ學生青年ニシテ　人生ノ表裏世態人情ニ通セス　夢ニモソノ談話カ更ニ諜報機関ノ手ニ轉移セラルヘキカ如キヲ豫想セス　親戚知友ニ語ルノ心易サヲ以テ傳説シタルモノニシテ　豫期セサル結果ヲ生シタリトセハ　ソハ一種過失ニ外ナラス

原判決カ　被告人ニ擬スルニ　軍機保護法第四條第一項　第五條第一項等ヲ以テシ　傳説シタル相手方カ外國人タルニモ拘ハラス　敢テ第四條第二項　第五條第二項等ヲ以テセサリシハ遮般ノ消息ヲ認定セラレタル為メニ外ナラスト信ス

果シテ然ラハ　本件量刑ニ當リテハ寧ロ第七條ノ精神ヲ汲ミ過失ニ因ル漏泄ノ罪刑ヲ以テセラルヘキモノナリシト思料ス

軍機保護法第七條ハ

「業務ニ因リ軍事上ノ秘密ヲ知得シ又ハ領有シタル者　過失ニ因リ之ヲ他人ニ漏泄シ又ハ公ニシタルトキハ三年以下ノ禁錮又ハ三千円以下ノ罰金ニ處ス」

ト規定セリ

過失ノ種類ヲ限定セサルカ故ニ　遺失スルコトアルヘク　盗難ニ罹ルコトアルヘク　欺カレテ交付スルコトアルヘシ

本件ハ　相手方ヲ信スルノ餘リ　戒心ヲ用ヰサリシ場合ニシテ　欺カレタル場合ニ酷似ス　而シテ知得ノ原因ハ　一半ハ業務ニ因ルト云フヘク　一半ハ偶然ニ因ルコト　縷説スル所ノ如クナルヲ以テ　過失ニヨリ傳説シタル以上　少クトモソノ量刑ニ付テハ右第七條ノ科刑ヲ参照セサルヘカラス

然ルニ直チニ故意ニ因ル漏泄ノ科刑ヲトリ　シカモソノ重キニ従ツテ處断セラレタルハ冷静公正ト云フヘカラス

適用法條ハ第五條第一項タルヲ妨ケスト雖　量刑ハ第七條ノ科刑ノ範圍内ニ於テセラルルヲ以テ妥當ト信ス

次ニ　本件ヲ客観的ニ考察スルニ　實害シカク大ナルモノト云フヘカラス

判示第一ノ（一）ノ（イ）（ロ）（ハ）ハ　何レモ樺太大泊附近ニ於ケル油槽ノ存在及其ノ規模ニカカルトコロ　我國ハ石油ノ生産國ニアラサルカ故ニ　一旦有事ノ際ノ為メニ相當量貯藏シ居ルコトハ國内ニ於テハモトヨリ　外國ニ於テモ寧ロ常識ニ屬スト云フヘシ　只其ノ所在ヲ語リタル点ニ遺憾存スルノミ

第一ノ（二）ノ（イ）（ロ）ハ　樺太上敷香ノ海軍飛行場及ソノ付属施設ノ所在及規模ニ関スル所　之レ亦國境ニ近ク飛行場ノ存在スヘキコト　存在ストセハ　ソノ規模ノ如キモ畧想定シ得ラルル所ニシテ　被告人ニヨリテ稀有ノ知識ヲ提供セラレタルモノニ非ス

第一ノ（三）（イ）乃至（ヘ）（ト）カ既ニ公知ノ事實ナルコトハ既ニ述ヘタリ）ハ　何レモ被告人カ千島地方ヲ旅行シタ

ル際ノ見聞ナルトコロ　コノ方面ニ燈台　砲台　飛行場等ノ存在スヘキコト　其ノ他ノ軍事施設アルヘク　部隊ノ駐屯アルヘキコト等ハ　之レ亦　被告人ヲ待タスシテ容易ニ想察シ得ヘキ所ニ属ス

只之ヲ具体化シタルコトハ遺憾ナリト雖　多クハ被告人自身ノ親シク見タル所ニ非スシテ　傳聞ニカカルヲ以テ（証人中ニハ被告人ニ　其ノ事實ヲ語リタルコトナシトスル者多キカ故ニ相當被告人ノ想像モ存スルコトハ之ヲ想像スルニ難カラス）其ノ傳説モ正確詳細ナルヲ得サリシコトハ不幸中ノ幸ナリ

判示第三ノ（一）ハ　爆雷ノ性能ニ関スルモノナルトコロコノ種性能ハ物理化學上相當ノ知識アルモノノ認識シ居ルトコロニシテ　如何ナル犠牲ニ於テモ守ラサルヘカラサル種類ノ兵器ノ秘密ト解スル能ハス

同（二）ハ　日本陸軍ノ一般的戰術ニ関スルモノナル所　コノ種戰術ハ久シク實戰ヲ經験セサル場合ニ於テハ　新タナル又ハ獨特ノ戰術トシテ　假裝敵國ニ對シテ其ノ漏洩ヲ防クコト頗ル緊要ナランモ　我國ハ既ニ　数年ニ亘リ中華民國並ニ蘇聯邦ト戰ヒ　コノ種戰術ヲ施用シタルモノノ如ク　各國ノ観戰武官ノ存スルアリ　被告ヲ待ツテ始メテ暴露セラレタル戰術ノ秘密ニ非サルモノノ如シ

同（三）ノ（イ）ハ　被告人ノ満支旅行當時　ソ満國境ニ兵力軍需品等輸送セラレ居リタリト云フ事實ニシテ　其ノ頃日蘇関係緊迫シ軍隊並ニ軍需品カ其ノ方面ニ輸送セラレ居リタルコトハ我國ニ在リテハ半公知ノコトニ属シ　我國ニ滞在スル外國人ニ於テモ　被告人ヲ待タスシテ感得シ得タル所　其ノ兵数軍需品ノ種類数量等ヲ明ニスルニ非サレハ　高度ノ秘密ノ漏泄ヲ以テ目スヘカラサルモノト信ス

（三）ノ（ロ）ハ中支派遣軍司令部及日本憲兵隊本部ノ所在ヲ傳説シタルモノナル所　南京上海等ニ之等ノ存在スルコトハ近時ニ在リテハ略内外ニ顕著ナルトコロニシテ　只其ノ具体的所在個所ヲ明ニシタル点ニ遺憾存スルモ　恐ラクハ一擧手一投足ノ勞ヲ以テ外國ト雖探知シ得ヘク　ソノ秘密ハ之レ亦シカク高度ノモノト云フヘカラス

原審カ驚クヘキ重刑ヲ以テ被告人ニ臨ミタルハ　恐ラクハ其ノ漏泄シタル事實ヲ以テ至重至高ノ秘密ナリト評價シタル結果ト信スルモ　其ノ秘密價値ハ更ニ鑑定其ノ他ニ待タサルヘカラスト雖　之ヲ常識ニ照スモ一層緻密正確ナラサル限リ被告人ノ傳説シタル程度ニテハ　シカク實害大ナルモノト信スル能ハス

軍機保護法ハ　ソノ保護スヘキ軍事上ノ秘密トシテ作戰用兵動員出師ヲ擧ケ　其ノ他ノモノハ第二戰的ノ秘密トシテ「其他秘密ヲ要スル事項」（第一條第一項参照）トシテ一括セリ

本件ニ於ケル秘密ハ　コノ列擧以外ノ附随的秘密ナルコト留意セラレサルヘカラス

現實ノ作戰用兵ニ付テ　之ヲ敵國ニ漏泄スルハ現實ノ危害ヲ招ク所以ニシテ　ソノ危険ノ大ナルコト　並ニ動員出師ニ付キ其ノ規模狀況ヲ漏泄スルハ開戰ノ決意ト其ノ規模ソノ時期等ヲ

測定セシムル所以ニシテ　其ノ實害ノ大ナルコトハ何人モ疑ハスト雖　軍事施設ノ存在並ニ規模　一般的戰術抽象的ニ風雲急ナルコトヲ告クル如キハ其ノ實害到底前者ノ比ニ非スト信ス

殊ニ其ノ大部分カ　外國ニ於テモ略推定認識ノ埒内ニ在ル場合ニ於テ然リトス

本件被告人ニ依リテ漏泄セラレタル秘密ハ　我陸軍ノ一般的戰術　海軍爆雷ノ性能ヲ外ニシテハ　樺太ニ貯油場構築セラレ居ルコト　飛行場存スルコト　千島ノ島々ニ海軍砲台　飛行場陸軍ノ駐屯等アルノ事實ニシテ　被告人語ラストスルモ　假裝敵國又ハ敵國ノ容易ニ推認スル所ニシテ　被告人ノ與ヘタル實害ハ　シカク重大ナルモノト推定スルコト能ハス

況ンヤ被傳説者タル　レーン夫妻ハ記録上明ナル如ク一種ノ戰争嫌忌者ニシテ　世界人（コスモポリタン）的性格ヲ有シ祖國ニ對スル熱烈ナル愛國心ノ所有者ニモアラス

一種ノ義理合ヨリ　大使館方面ニ傳説シタルモノノ如ク　其ノ傳説カ極メテ粗雜概要ニ止マリシコトハ　容易ニ推認シ得ル所ナリ　豫審ニ於ケル同人等ノ供述ニ徴シテ其ノ記憶ノ甚タ曖昧ナルニヨリテ明ナリ

殊ニ　ポーリン・レーンニ至リテハ婦人タル性質上　地理ト軍事上ノ施設等ニ特殊ノ興味ヲ有セス　從ツテ被告人ノ語リタル所ヲ充分追想スルコト能ハサル事實ニ徴スルモ　其ノ傳説ハ到底緻密正確ニアラサリシコトハ想像ニ難カラス　コノ点ヨリスルモ被告人傳説ノ實害ハ　シカク大ナラサリシモノト云フヘク　略常識的會話ノ與ヘタル影響ノ範圍ニ止マルモノト信ス

結果ノ輕重ハ　刑ノ量定上　充分斟酌ヲ要スヘキモノナル所實害ト影響ノ比較的輕カリシコトハ　本件断罪上充分考慮セラレサルヘカラス

然ルニ　之レ等ノ諸点ヲ無視シ　至重至高ノ秘密ヲ敵國ニ漏泄シタル場合ニ該ル極刑ニ近キ量刑ヲ以テシタルハ　到底刑ノ量定公正ヲ得タルモノト云フヘカラス

以上　主観客観両方面ヨリ考察シタル如ク　本件被告人ノ知得シタル秘密ハ　故意ニ探知シタルモノニ非スシテ　偶然知得シタルモノニ係リ　原審モ認定シタルカ如ク外國ノ為メニスル者ニ傳説スルノ意識アリシニ非ス

シカモ其ノ漏泄シタル秘密ナルモノモ　シカク高度絶對ノモノニ非ストセハ　過失漏泄罪ノ適用ヲ為シ得ストスルモ　其ノ罪責ハ第五條第一項（六月以上十年以下ノ懲役）以上ニ出ツヘキモノニ非スト信ス

而シテ被告ハ　本件検擧後　深クソノ輕率ヲ悔イ　本然ノ日本人タル意識ヲ回復シ　過去ノ一切ノ過誤ヲ清算シ　不知不識陥リタル輕兆ナル人生観ヲモ抛棄シ　一個忠良ナル皇國民トシテ戰線ニ死センコトヲ希フニ至リタル次第ニシテ　犯罪後ノ情状掬スヘキモノアリ

本件ノ過誤ヲ除キテハ　被告人ハ稀ニ見ル俊秀ノ青年學徒ニシテ其ノ業ヲ完成セシメンカ　将来大ニ為スアルニ足ル者ナリ生キ乍ラ牢獄ニ埋ムルコトヲ為サスシテ　贖罪ノ誠ヲ盡サシ

メタル後　再ヒ之ヲ國家有用ノ途ニ用ウルコトハ　刑政ノ目的ニモ合スルモノト云フヘシ

若シ夫レ　被告人ノ父母ト弟妹トハ皇國民中ニ在リテモ醇乎トシテ醇タル人々ニシテ　善良無比　被告人カカ本件ニ坐シタルヲ見テハ　驚愕悲嘆形容ヲ絶シ　ソノ生理的生命モ危カラントスル有様ナリ

本件科刑ハ　事實ニ於テ九族ニ及フノ観アリ　被告ノ罪責天人共ニ宥ササルモノアラハ已ムナシト雖　ソガ情狀憫察スヘキモノタルコト　前上縷説ノ如シ　果シテ然ラハ何レノ観点ヨリ見ルモ　原判決ノ科刑ハ重キニ過クルモノニシテ　破毀セラルヘキモノト信ス　重ネテ御審理ヲ賜ハリ　公正妥當ナル御量刑アランコトヲ希フ

註　本件量刑ノ甚タ重キコトハ　探知乃至漏泄シタルモノト認メラレタル事實ヲ以テ　國防軍事上無比ノ重要性アルモノト認定セラレタル結果ノ如キモ　コノ中ニハ三、四公知ノ事實アリ　又到底軍事上ノ秘密ヲ以テ目スヘカラサルモノアリ

四、五ノ單ニ軍用資源秘密ニ過キサルモノアルコトハ　本論ニ述ブル如クナルカ　假リニ樺太國境ノ防備　千島ノ防備等カ軍事上ノ秘密ニ相違ナシトスルモ　之レ等ノ事實モ一般的ニハ諸外國ニ於テモ知ラルル所ニシテ　相當公刊ノ書籍等ニモ指摘セラレ居ル事實ハ　コノ秘密價値ノ價値判断上極メテ重要ナルモノト信ス

以下ニ指摘スル外國書ノ如キハ　何レモ樺太ノ防備　飛行場ノ存在　重油ノ貯藏ノ示唆　千島諸島ノ防備即チ砲台　飛行場軍事施設ノ存在ヲ語ルモノニシテ　諸外國ニ於テモ相當研究シ居ルコトヲ示スモノナリ　例（歐文省畧）

ト云フニ在レトモ

記録ヲ精査スルニ　原判決ノ認定ニ重大ナル誤認アルモノト疑フニ足ルヘキ事由アルヲ見サルノミナラス　犯情等諸般ノ事情ヲ調査考按スルニ　原審ノ科刑ハ甚シク不當ナリト思料スヘキ顕著ナル事由アルヲ認メス　論旨理由ナシ

以上ノ理由ナルヲ以テ　戰時刑事特別法第二十九條ニ則リ主文ノ如ク判決ス

昭和十八年五月二十七日

大審院第一刑事部

裁判長判事　久保田美英

判事　日下部義夫

判事　宮城　實

判事　十川寛之助

判事　伏見正保

軍機保護法（全文）

軍機保護法改正法律（昭和十二年八月十四日法律第七十二號）

明治三十二年七月十五日　法律第百四號

朕帝國議會ノ協贊ヲ經タル軍機保護法ヲ裁可シ茲ニ之ヲ公布セシム

改正　昭和十二　法律七二

（昭和十六　法律五八）

朕帝國議會ノ協贊ヲ經タル軍機保護法改正法律ヲ裁可シ茲ニ之ヲ公布セシム

第一條　本法ニ於テ

軍事上ノ祕密ト稱スルハ

作戰、用兵、動員、出師其ノ他

軍事上祕密ヲ要スル事項又ハ圖書物件

ヲ謂フ

前項ノ事項又ハ圖書物件ノ種類範圍ハ

陸軍大臣又ハ海軍大臣命令ヲ以テ

之ヲ定ム

第二條　軍事上ノ祕密ヲ探知シ又ハ收集シタル者ハ六月以上十年以下ノ懲役ニ處ス

軍事上ノ祕密ヲ公ニスル目的ヲ以テ又ハ之ヲ外國若ハ外國ノ爲ニ行動スル者ニ漏泄スル目的ヲ以テ前項ニ規定スル行爲ヲ爲シタル者ハ二年以上ノ有期懲役ニ處ス

第三條　業務ニ因リ

軍事上ノ祕密ヲ知得シ又ハ領有シタル者　之ヲ他人ニ漏泄シタルトキハ無期又ハ三年以上ノ懲役ニ處ス

業務ニ因リ

軍事上ノ祕密ヲ知得シ又ハ領有シタル者　之ヲ公ニシ又ハ外國若ハ外國ノ爲ニ行動スル者ニ漏泄シタルトキハ死刑又ハ無期若ハ四年以上ノ懲役ニ處ス

第四條　軍事上ノ祕密ヲ探知シ又ハ收集シタル者　之ヲ他人ニ漏泄シタルトキハ無期又ハ二年以上ノ懲役ニ處ス

軍事上ノ祕密ヲ探知シ又ハ收集シタル者　之ヲ公ニシ又ハ外國若ハ外國ノ爲ニ行動スル者ニ漏泄シタルトキハ死刑又ハ無期若ハ三年以上ノ懲役ニ處ス

第五條　偶然ノ原由ニ因リ

軍事上ノ祕密ヲ知得シ又ハ領有シタル者　之ヲ他人ニ漏泄シタルトキハ六月以上十年以下ノ懲役ニ處ス

偶然ノ原由ニ因リ

軍事上ノ祕密ヲ知得シ又ハ領有シタル者　之ヲ公ニシ又ハ外國若ハ外國ノ爲ニ行動スル者ニ漏泄シタルトキハ無期又ハ二年以上ノ懲役ニ處ス

第六條　軍事上ノ祕密ヲ探知シ、收集シ又ハ漏泄スルコトヲ目的トシテ團體ヲ組織シタル者　又ハ其ノ團體ノ指導者

タル任務ニ従事シタル者ハ無期又ハ三年以上ノ懲役ニ處ス

情ヲ知リテ前項ノ團體ニ加入シタル者ハ六月以上七年以下ノ懲役ニ處ス

第七條 業務ニ因リ軍事上ノ祕密ヲ知得シ又ハ領有シタル者過失ニ因リ之ヲ他人ニ漏泄シ又ハ公ニシタルトキハ三年以下ノ禁錮又ハ三千圓以下ノ罰金ニ處ス（昭16改正以前は「千圓以下ノ罰金」＝本稿注）

第八條 陸軍大臣又ハ海軍大臣ハ軍事上ノ祕密保護ノ爲必要アルトキハ命令ヲ以テ左ニ掲グルモノニ付 測量、撮影、模寫、模造若ハ錄取又ハ其ノ複寫若ハ複製ヲ禁止シ又ハ制限スルコトヲ得

一 軍港、要港又ハ防禦港

二 堡壘、砲臺、防備衛所其ノ他ノ國防ノ爲建設シタル防禦營造物

三 軍用艦船、軍用航空機若ハ兵器又ハ陸軍大臣若ハ海軍大臣所管ノ飛行場、電氣通信所、軍需品工場、軍需品貯藏所其ノ他ノ軍事施設

前項ノ規定ニ依ル禁止又ハ制限に違反シタル者ハ七年以下ノ懲役又ハ三千圓以下ノ罰金ニ處ス

第九條 陸軍大臣又ハ海軍大臣ハ軍事上ノ祕密保護ノ爲必要アルトキハ命令ヲ以テ前條第一項ノ防禦營造物又ハ軍事施設ノ周圍ノ地域ニシテ陸軍大臣又ハ海軍大臣所管ノモノニ付 區域ヲ定メ其ノ區域ニ付 測量、撮影、模寫、模造若ハ錄取又ハ其ノ複寫若ハ複製ヲ禁止シ又ハ制限スルコトヲ得

前項ノ規定ニ依ル禁止又ハ制限ニ違反シタル者亦前條第二項ニ同ジ

第十條 許可ヲ得ズ 若ハ許可ニ附シタル條件ニ違反シ 又ハ詐僞ノ方法ヲ以テ許可ヲ得テ 第八條第一項第二號若ハ第三號ニ掲グルモノニシテ同條ノ禁止若ハ制限ニ係ルモノ又ハ前條第一項ノ區域ニ侵入シタル者ハ 五年以下ノ懲役又ハ二千圓以下ノ罰金ニ處ス

第十一條 第八條第一項又ハ第九條第一項ノ規定ニ依ル禁止又ハ制限ニ違反スル行爲ヨリ生ジタル圖書物件ヲ 他人ニ交付シタル者ハ七年以下ノ懲役又ハ三千圓以下ノ罰金ニ處ス

前項ノ圖書物件ヲ公ニシ又ハ外國若ハ外國ノ爲ニ行動スル者ニ交付シタル者ハ十年以下ノ懲役又ハ三千圓以下ノ罰金ニ處ス

第十二條 陸軍大臣又ハ海軍大臣ハ防空其ノ他國土防衛ノ爲軍事上ノ祕密保護ノ必要アルトキハ命令ヲ以テ空域、土地又ハ水面ニ付 區域ヲ定メ 左ニ掲グル行爲ヲ禁止シ又ハ制限スルコトヲ得

一 其ノ區域ニ於ケル航空

二　其ノ區域内ノ氣象ノ觀測
又ハ其ノ區域内ノ水陸ノ形狀
若ハ施設物ノ狀況ノ測量
若ハ空中、高所ヨリノ撮影
若ハ模寫（この項目は昭16の改正で挿入＝本稿注）
又ハ其ノ複寫若ハ複製

前項第一號ノ規定ニ依ル禁止又ハ制限ニ違反シタル者ハ五年以下ノ懲役ニ處シ

同項第二號ノ規定ニ依ル禁止又ハ制限ニ違反シタル者ハ三年以下ノ懲役又ハ千圓以下ノ罰金ニ處ス

第一項第二號ノ規定ニ依ル禁止又ハ制限ニ違反スル行爲ヨリ生ジタル圖書ヲ他人ニ交付シタル者ハ五年以下ノ懲役又ハ二千圓以下ノ罰金ニ處ス

前項ノ圖書ヲ公ニシ又ハ外國若ハ外國ノ爲ニ行動スル者ニ交付シタル者ハ七年以下ノ懲役又ハ三千圓以下ノ罰金ニ處ス

第十三條　陸軍大臣又ハ海軍大臣ハ
演習又ハ兵器實驗等ニ際シ軍事上ノ祕密保護ノ爲必要アルトキハ命令ヲ以テ
演習又ハ實驗等ヲ行フ空域、土地又ハ水面及其ノ周圍ノ地域ニ付區域及期間ヲ定メ
之ニ出入スルコトヲ一時禁止シ又ハ制限スルコトヲ得

前項ノ規定ニ依ル禁止又ハ制限ニ違反シタル者ハ二年以下ノ懲役又ハ千圓以下ノ罰金ニ處ス

第十四條　陸軍大臣又ハ海軍大臣ハ
軍事上ノ祕密保護ノ爲必要アルトキハ命令ヲ以テ開港場以外ノ水面ニ付區域ヲ定メ
外國船舶ノ之ニ出入スルコトヲ禁止シ又ハ制限スルコトヲ得

前項ノ規定ニ依ル禁止又ハ制限ニ違反シタル船舶ノ長又ハ其ノ職務ヲ執ル者ハ五年以下ノ懲役又ハ三百圓以上二千圓以下ノ罰金ニ處ス

前項ノ場合ニ於テ情狀重キトキハ其ノ船舶ヲ沒收ス

第十五條　第二條乃至第六條、第八條第二項、第九條第二項、第十條、第十一條、第十二條第二項乃至第四項及第十三條第二項ノ未遂罪ハ之ヲ罰ス

第十六條　第二條乃至第五條ノ罪ヲ犯ス目的ヲ以テ其ノ豫備又ハ陰謀ヲ爲シタル者ハ三月以上七年以下ノ懲役ニ處ス

第二條乃至第五條ノ罪ヲ犯サシムル爲
他人ヲ誘惑シ又ハ煽動シタル者亦前項ニ同ジ

第十七條　第六條、第八條第二項、第九條第二項、第十條、第十一條、第十二條第二項乃至第四項又ハ第十三條第二項ノ罪ヲ犯サシムル爲
他人ヲ誘惑シ又ハ煽動シタル者ハ一年以下ノ懲役又ハ五百圓以下ノ罰金ニ處ス

第十八條　本法ノ罪ヲ犯シ因テ得タル財物ハ　犯人以外ノ者ニ

屬セザルトキニ限リ　之ヲ没收ス
其ノ財物ガ犯人以外ノ者ニ屬シ又ハ消費其ノ他ノ事由ニ因リ其ノ全部又ハ一部ヲ没收スルコト能ハザルトキハ　其ノ價額ヲ追徵ス

第十九條　第二條乃至第五條、第七條、第八條第二項、第九條第二項、第十一條又ハ第十二條第二項乃至第四項ニ規定スル犯罪行爲（未遂罪ノ場合ヲ含ム）ヲ組成シタル物又ハ其ノ犯罪行爲ヨリ生ジタル物ハ裁判ニ依リ没收スル場合ヲ除クノ外　何人ノ所有ヲ問ハズ　行政ノ處分ヲ以テ之ヲ没取スルコトヲ得
前項ノ没取ニ關スル手續ハ命令ヲ以テ之ヲ定ム

第二十條　第二條、第六條、第八條第二項、第九條第二項、第十二條第二項、第十五條又ハ第十六條第一項ノ罪ヲ犯シタル者　未ダ官ニ發覺セザル前自首シタルトキハ其ノ刑ヲ減輕シ又ハ免除ス

第二十一條　第二條乃至第七條、第八條第二項、第九條第二項、第十一條、第十二條第二項乃至第四項及第十五條乃至前條ノ規定ハ何人ヲ問ハズ　本法施行地外ニ於テ其ノ罪ヲ犯シタル者ニ亦之ヲ適用ス

附則
本法施行ノ期日ハ勅令ヲ以テ之ヲ定ム（↓昭和十二年勅令第五百七十八號ヲ以テ同年十月十日ヨリ施行ス）

スパイ冤罪事件・秘密法制　関係年表

1919（大正8）年
8月8日　宮澤弘幸、生。東京府豊多摩郡代々幡町175にて。父・雄也（ゆうや）、母・とくの二男。長男（長兄）俊光は0歳で夭逝。

雄也＝1890（明23）年1月25日～1956（昭31）年4月14日。宮城県黒川郡大谷村（現・大郷町）出身。工学院から早稲田大学を出て横浜電線。ほどなく藤倉電線（1885年創業の大手）に転じ、社長に見込まれてドイツへ留学。技術畑で実績を挙げ、敗戦前後には同社の主力工場・富士根工場の工場長。戦後定年退職、子会社・弘電社社長。腎臓を病み、享年66。

とく＝1895（明28）年7月21日～1982（昭57）年。父親は近江商人の出で、横浜で生糸を扱って成功した松浦吉松。戦後のとくは貸本屋をはじめ、現金収入の得られるものなら手当り次第の才気煥発。老後、長女・美江子夫婦の住むアメリカ中西部コロラド州ボルダーに近い州都デンバーに越し、同地で死去。享年86。

雄也・とくの結婚は、1915（大4）年2月17日。届出は1916（大6）年8月10日。

1924（大13）年
3月31日　弟・晃（あきら）生。慶応義塾大学から学徒動員で海軍航空隊パイロット。戦後復学し、藤倉電線から三井物産。長崎原爆の直後、被害状況調査のための上空飛行でパイロットを務め、旋回繰り返して被爆。白血病が原因で、40歳のとき発病、1964（昭39）年死去。

1927（昭和2）年
1月27日　妹（長女）美江子（みえこ）生。大妻女子専門学校から津田塾で学ぶ。戦後、兄弘幸を慰霊する旅の途中、阿寒湖で秋間浩と出会い、のち結婚。浩の転職でアメリカ中西部コロラド州ボルダー市へ移住し、永住。

1932（昭7）年
4月　弘幸、山谷小学校（小田急線・参宮橋駅そば）を卒業し、東京府立第六中学校（現・新宿高校）に入学。

1937（昭12）年
3月　弘幸、北大予科工類合格。北4条東2丁目に下宿
7月7日　蘆溝橋事件。関東軍、日中戦争引き起こす。
7月21日　文部省に教学局新設、思想取締強化。
8月13日　改定・軍機保護法公布。10月10日施行。
11月　北大学部学生の軍事教練必須化。

12月　北大総長、高岡熊雄から今裕へ。今は医学部教授。以降1945（昭20）年11月まで在任。

１９３８（昭13）年

4月1日　国家総動員法公布。
5月　左翼的文化運動を理由として北大の学生および予科生徒計10人（内予科生徒4人）が治安維持法違反で検挙され、北大当局は、無期停学1人、停学7人、けん責2人の処分。
12月15日　フォスコ・マライーニ（26歳）が北大医学部助手で着任。

１９３９（昭14）年

3月25日　軍用資源秘密保護法公布　6月26日施行。
6月8日　「ソシエテ・ドュ・クール」（心の会）発会。
7月21日～8月9日～9月下旬　弘幸、夏期労働実習のため樺太へ。大湊要港部建築部大泊工事場に於いて、海軍の工事に勤労奉仕。このあとオタスの杜、上敷香海軍飛行場へ。
9月1日　ナチス・ドイツ軍がポーランド侵攻（→3日　イギリス・フランス、対ドイツ宣戦布告）
秋～10月上旬　弘幸、海軍の軍事思想普及講習会参加。

１９４０（昭15）年

2月4日～5日付『北海タイムス』に「伊日交換学生フォスコ・マライーニ」と「北大予科生徒宮澤弘幸」の連名による「雪小屋（イグルー）実験手記」連載される。
4月　弘幸、北大工学部電気工学科へ進学。同級生26人。
5月　南満州鉄道ＫＫが全国の大学・高専の学生・生徒を対象に論文募集。弘幸「大陸一貫鉄道論」で入選。
6月　弘幸の下宿、円山の電車終点南側の小川孝彦方に転。工学部2年先輩の大條正義との共同下宿。
6月4日～10月31日　大條の発案で北1条西6丁目の「日本植民学校」でフランス語教室を開き、弘幸も助教となる。
7月14日　弘幸、レーン一家と自転車で札幌郊外・宇都宮牧場へハイキング。牧場主の宇都宮仙太郎は北海道酪農の草分けで、札幌組合教会の会員。
7月21日～29日　弘幸、マライーニと自転車で北海道の中央部から南部を旅行（日高・二風谷＝にぶたに＝のアイヌ集落など訪問）。
8月3日～31日　弘幸、第1回満州旅行。「満鉄招聘満洲調査団」の一員（論文入選者11人で構成）。
9月3日～11日　弘幸、マライーニと日本北アルプス穂高・槍に登る。
9月21日　弘幸、北11条西3丁目のマライーニの移転先（借家）に同居→１９４１年4月まで。
10月　アメリカ大使館が在留アメリカ人に「本国引揚げ」を勧告。

10月31日　軍機保護法施行規則（海軍）改定。
11月12、26日、12月17日　弘幸、各日付の『北大新聞』に「満洲を巡って」を連載。

1941（昭16）年

2月　アメリカ大使館が「アメリカ市民に告ぐ」、再度の引揚げ勧告。
4月　マライーニ、京都大学イタリア語科講師へ転。弘幸は下宿を円山公園近くの北2条西24丁目、茅野アパートに転。このころ、高橋あや子と急速に親しくなる。
5月2日　弘幸、千葉県習志野の陸軍戦車学校に於いて機械化訓練講習会に参加→6月10日付『北大新聞』に「戦車を習う」
5月10日　国防保安法施行。改定治安維持法施行。
5月　満鉄月刊誌『満鉄グラフ』5月号に弘幸の「大陸一貫鉄道論」載る。8月号まで連載→応募論文に見聞を加え書き直したもの。
6月頃　弘幸、日高の平取（びらとり）村二風谷に黒田しづ（伊達藩士・黒田彦三の二女）を訪ねる。
6月　弘幸、海軍の委託学生の試験に合格し、海軍から月45円の手当をもらう。
6月22日　ナチス・ドイツ軍、ソ連に侵攻。
7月2〜16日　弘幸、灯台船「羅州丸」に便乗して、千島列島・樺太を旅行。7月17日付から8回、『朝日新聞』が「北千島新風土記」を連載。
弘幸、京都に行ってマライーニに会う。帰途、横須賀から、委託学生としての見学を兼ね、上海ドックに入る軍艦に便乗。ドック入り中は自由な行動を許された。←翻訳料で旅費をつくったようだ。
8月　ポール・ローランド（1914〜1917北大予科英語教師＝ポーリンの兄）から「すぐ（アメリカへ）帰るように」とレーン夫妻へ電報。夫妻は「1942年7月に北大との契約が切れるまでは帰らない」と返電。
8月初旬〜9月24日　弘幸、2度目の満州旅行→中国中央部へも足のばす。
9月頃　山浦隆次郎・札幌警察署長（小樽水上署で高橋署長の部下）から高橋マサに「宮澤弘幸が特高に目をつけられている」と忠告。10月頃、あや子も尾行を実感。
10月18日　近衛内閣潰れ、東条内閣に。
11月5日　御前会議。「帝国国策遂行要領」決定。対アメリカ・イギリス戦争へ。
11月　アメリカ大使館、書状「日本在留のアメリカ国民へ」を出し、事実上の本国引揚げを指令。
＊『外事警察概況』（昭16）に、米東京総領事館作成の「1941年7月1日現在に於ける在日米国人調査報告書」の記載があり、1941年1月1日現在、白人系米国人1302人とある。↓その後7月1日現在651人（内

訳＝宣教師・伝道師３２９人、官吏と家族86人、商社員67人、非伝道教師51人）↓１９４１年12月８日時点約５３０人、１９４２年末４２６人。

11月中旬　山浦署長からあらためて強く高橋マサに忠告。

11月26日　海軍機動部隊、エトロフ島から出航。

12月１日　御前会議。12月８日開戦を決定。

12月２日　ニイタカヤマノボレ

12月初め　弘幸、高橋宅を訪ね、あや子に「僕はどこにいてもあやちゃんの幸福を願っている」と言い残す。

12月４日　高橋あや子、腎盂炎で北大病院に入院。

12月７日　午後１時ころ、弘幸、あや子を見舞う。白封筒に入れた70円を氷枕の下に差し込み、「翻訳で得たきれいな金だから」。

12月８日　太平洋戦争開戦。軍機保護法違反一斉検挙で宮澤弘幸、レーン夫妻ら検挙される。

・弘幸の母・とく、その夜東京を発って札幌へ。数日後、雄也も札幌へ。両親、今北大総長をその自宅に訪ね「大学から当局に事情を聞いてくれ」と頼むも、断られる。

・弘幸、札幌・夕張・江別などの警察に回され、拷問受ける。弁護士の助言に基づき特高に自白を強要された外形的事実を認めるも、予審・公判では否定。

・数日後、東京の宮澤家も捜索を受け、荒らされる。

＊12月27日の検挙者　黒岩喜久雄、丸山護。

＊１９４２年３月７日の検挙者　大槻ユキ。

12月９日　『北海タイムス』３面「スパイ網一挙に覆滅　きのう払暁一斉検挙」。

１９４２（昭17）年

２月24日　戦時刑事特別法公布　３月21日施行。

３月25日　宮澤弘幸、札幌地裁検事局に送局される。身柄は大通拘置所に留置される。

３月31日　北大、レーン夫妻との雇用契約を解約。

４月１日　北大工学部、宮澤弘幸の「退学願」によって退学処置をとる。

＊実際に「退学願」を書いたのは起訴後で、処置したのは30日〜５月７日の間と推定される。

４月９日　宮澤弘幸ら、軍機保護法違反等で起訴される。

６月５日　日本海軍、ミッドウェー海戦で惨敗。

12月14日　ハロルドに地裁判決懲役15年。

12月16日　宮澤弘幸に同判決同15年、丸山護に同２年。

12月18日　渡邊勝平に同２年。

12月21日　ポーリンに同12年。

12月24日　黒岩喜久雄に同２年執行猶予５年。

＊上告審判決　１９４３（昭18）年５月５日ポーリン、５月27日宮澤、６月10日ハロルド＝いずれも上告棄却。

１９４３（昭18）年
4月　藤倉電線は富士郡富士根村へ主力工場を移転。宮澤雄也が工場長で、単身赴任。留守宅（京橋区小田原町３―２）は築地の海軍経理学校と道を挟んだ向かい同士となり、とくは空腹の生徒の面倒を見た。
6月　宮澤弘幸は網走刑務所に収監される。
9月8日　ムッソリーニ政権のイタリア降伏。
9月　レーン夫妻、横浜から第二次日米交換船でインド・ゴア経由でアメリカへ送還。
11月21日　出陣学徒壮行大会。

１９４５（昭20）年
3月9日　宮澤留守宅は東京空襲で被災→富士根の社宅へ転居。
3月　美江子、富士見高女の教師となり社宅から通勤。
5月7日　ヒトラー・ドイツ降伏。
6月23日　沖縄惨禍。
6月　弘幸、網走刑務所から仙台の宮城刑務所へ移送→6月25着。
8月6日　広島に原爆惨禍。
8月9日　長崎に原爆惨禍。
8月30日　マッカーサー厚木着。日本海軍が用意した通訳要員の一人に宮澤晃が選ばれる。
10月4日　ＧＨＱ「政治的、市民的及び宗教的自由制限の除去に関する覚書」を日本政府へ。内閣総辞職。
10月5日　司法省刑事局長から刑務所長宛電信「思想犯受刑者の釈放に関する通達」発信。
10月10日　宮澤弘幸ら一斉出獄。富士根へ。晃も復員。
10月13日　軍機保護法廃止。
10月15日　治安維持法廃止。
＊宮澤家、東京千代田区富士見町２―９へ引越す。警察病院の裏手。
12月8日　宮澤弘幸、北大工学部へ「復学願」送る。→12月21日付で許可。

１９４６（昭21）年
1月　弘幸、マライーニを米軍関係の仕事先に訪ね再会。
2月16日　マライーニ帰国。宮澤父子らと記念写真撮る。
9月　弘幸から高橋マサ宛てに手紙「療養中で社会復帰に努力している」。
12月17日　高橋マサ、脊髄がんで死去。
12月末　弘幸、喀血。結核性腹膜炎。府立六中当時の友人が警察病院医師で診てくれる。

１９４７（昭22）年
2月22日　午後2時、弘幸死去、27歳。

１９５１（昭26）年
ハロルド・レーン、北大へ再招聘される。杉野目晴貞（昭29〜41学長）、堀内寿郎（昭42〜46学長）らが強力に推進したらしい。中谷宇吉郎が在アメリカのおり、意向確認している。
3月26日　レーン夫妻、横浜着。東京で知人・牧師宅に滞在し、宮澤家訪ねる。弔問拒否。
4月17日　レーン夫妻北大着任。北11条西5丁目の官舎に入る
↓ポーリンも北海道学芸大学の教師に。

１９５６（昭31）年
4月14日　宮澤雄也病死。
9月　北大創基80年記念式典。クラークの孫・W・Sクラーク博士（英文学者）来る。

１９６０（昭35）年
ハロルド・レーンに永年の英語教育の発展と国際平和・日米友好関係の促進への貢献に対し勲五等瑞宝章。
＊「レーン先生ご夫妻謝恩記念事業会」発足↓代表・杉野目晴貞元学長。１５００人から３００万円集まる。

１９６３（昭38）年
8月7日　ハロルド・レーン死去。腸ポリープ手術中に脂肪が血管に入り事故起す。70歳。

１９６５（昭40）年
3月　「記念事業会」１００万円を北大に寄付。北大は「レーン記念奨学金」を創設。
7月12日　「レーン記念奨学金」5人に初授与。「英語の成績優秀にして且つレーン先生ご夫妻の理想にふさわしい学生」が対象。

１９６６（昭41）年
7月16日　ポーリン死去、73歳。夫妻の蔵書（４５０冊）は北大に寄贈され「レーン文庫」となる。

１９７４（昭49）年
宮澤とく、秋間夫妻のもとへ↓デンバー転居。１９８２（昭57）死去、86歳。

１９７８（昭53）年
内閣総理大臣福田赳夫が「秘密保護法」の必要性をとなえ、法制化の動きが表面化する。

１９７９（昭54）年
3月1日　推進派が「スパイ防止法制定国民会議」を結成。

１９８０（昭55）年
4月　自民党が「防衛秘密に係るスパイ行為等の防止に関する法律案」を発表。
7月『外事警察概況』合本刊行。

１９８１（昭56）年
秋　「日本を守る国民会議」結成。

１９８２（昭57）年
7月　自民党が「防衛秘密に係るスパイ行為等の防止に関する法律案」の第2次案を発表。

１９８３（昭58）年
5月および11月　参議院選、続く総選挙で自民党が「スパイ活動の防止」を公約。
7月　自由法曹団及び憲法改悪阻止各界連絡会議（憲法会議）が「スパイ防止法阻止の懇談会」をもつ。

１９８４（昭59）年
8月　自民党が「防衛秘密に係るスパイ行為等の防止に関する法律案」の第3次案を発表。対象に外交秘密が加えられ、刑罰に死刑を追加。

１９８５（昭60）年
春　各地各界で「スパイ防止法阻止」の声高まる。
6月6日　通常国会に「国家秘密法に係るスパイ行為等の防止に関する法律案」上程。衆議院議院運営委員会で継続審議に。
10月11日　日弁連、新聞協会、日本民間放送連盟が「国家秘密法案」反対を表明。
12月　通常国会衆議院内閣委員会理事会で「国家秘密法に係るスパイ行為等の防止に関する法律案」を審議未了廃案とすることに決定。

１９８６（昭61）年
2月5日『戦争と国家秘密法』（上田誠吉）刊行。
4月　自民党スパイ防止法特別委員会が廃案を修正した「森私案」を委員会素案とし、再度の立法化に向け動く。
11月9日　秋間浩、上田誠吉・弁護士に冤罪解明を訴える書簡送る。
11月14日「スパイ防止法を支持する法律家の会」発足→１９８７（昭62）年12月11日、日弁連へ公開質問状。

１９８７（昭62）年
2月　自民党、法案の名称を「防衛秘密を外国に通報する行為等の防止に関する法律案」に変更。
3月13日　秋間美江子、東京で開かれた「国家秘密法に反対する女性達の集い」で訴える。

7月9日　秋間夫妻、札幌弁護士会主催「国家秘密法に反対する市民集会・宮澤事件の真実」に招かれ、訴える。札幌市共済ホールに750人参加。

7月10日　秋間美江子、札幌・円山墓地のレーン夫妻の墓に参る。

9月28日　『ある北大生の受難』発刊。

1988（昭63）年

4月23日　宮澤雄也三十三回忌。秋間美江子来日し、来日中のマライーニと再会。

7月　『人間の絆を求めて』刊行。

1994（平成6）年

6月25日　『外事月報』合本刊行。

2004年（平14）

6月8日　マライーニ死去。91歳。

2012（平24）年

10月24日　秋間美江子、山野井孝有、山本玉樹が北大を訪ね、
　アルバム寄贈と同時に、退学処置の撤回と謝罪を申し入れ。

2013（平25）年

1月29日　「北大生・宮澤弘幸『スパイ冤罪事件』の真相を広める会」結成（札幌）。

2月23日　「宮澤弘幸追悼・秘密保全法を考える集い」（東京新宿・常圓寺）＝泉澤弁護士（自由法曹団事務局長）が「秘密保全法」の危険性について問題提起。

2月26日　「真相を広める会」が北大生としての名誉回復と謝罪・顕彰を求める「申入書」を北大へ手渡す。

＊2月　高橋あや子、死去。89歳。

6月25日　北大、宮澤弘幸の「退学願」ほか関係資料を「真相を広める会」に提示、「事件を風化させないよう努める」と表明。

6月26日　「真相を広める会」拡大幹事会（札幌）＝秘密保護法阻止のための活動を強く展開することを確認。

10月10日　「秘密保護法阻止10・10シンポジウム―この道はいつか来た道―宮澤・レーン『スパイ冤罪』事件の再来を許すな」（東京）。110人結集。

10月13日　「この道は、戦争への道！　宮澤・レーン『スパイ冤罪事件』の再来を許すな！　『秘密保護法阻止』10・13札幌集会」（札幌）。

11月　安倍政権、「特定秘密保護法案」を臨時国会に提出。

12月6日　自民・公明が参議院で「特定秘密保護法案」を強行可決、成立。

＊国民の怒り、「特定秘密保護法」の廃棄運動となって全国へ。各地で、毎月6日に意志表示する「6の日行動」が湧き起こる。

12月8日　「もう一つの12月8日―札幌集会」（札幌）120人結集＝「憲法破壊・日本を戦争する国に変える秘密保護法案の強行採決に厳重に抗議する」声明を採択。

2014（平26）年

2月22日　「宮澤弘幸追悼・顕彰のつどい―悪夢再来の秘密保護法を許さない」（東京・常圓寺）140人結集＝「悪夢再来の秘密保護法を許さない」アピール採択。前日一時帰国した秋間美江子が訴え、岸井成格・毎日新聞特別編集委員が講演「秘密保護法の危険性と安倍政権の暴走」。

＊同日、北大、秋間美江子と「真相を広める会」へ宮澤賞の創設と「風化させない」措置を文書で提案。

3月　北大が『北海道大学大学文書館年報』（第9号）で、一学究の「研究ノート」という形ながら、北大の取った一連の処置についての検証を発表。

4月6日　「秘密法に反対する全国ネットワーク」第一回全国交流集会（名古屋）。26団体が結集。「真相を広める会」も加盟・参加。

5月6日　「秘密保護法廃棄と宮澤弘幸の名誉回復を求める市民のつどい」（札幌）240人参加。

5月7日　北大が「真相を広める会」との話し合いの席で、「宮澤・レーン事件」が冤罪であると初めて明言、その認識での宮澤賞であると表明。秋間美江子と「真相を広める会」が同賞創設に同意。北大は、さらに年報「研究ノート」の検証が大学の見解に準じ、同趣旨で次期編纂の「大学正史」に記載すると表明。半面、事件以来の北大当局がとった学問・教育の府にもとる処置の撤回・謝罪には応ぜず物別れ。

6月17日　東京・日比谷野外音楽堂で6・17大集会「戦争する国にするな！」5000人。国会と銀座へデモ。

6月30日　首相官邸前集会。集団的自衛権行使容認・閣議決定反対で1万人。

7月1日　「集団的自衛権の行使」閣議決定を強行。

7月5〜6日　「秘密法に反対する全国ネットワーク」第二回全国交流集会（大阪）。

7月6日　大阪・扇町公園で大阪弁護士会主催「野外集会　平和主義が危ない！　秘密保護法廃止‼」5000人。デモ。

【北大生・宮澤弘幸「スパイ冤罪事件」の真相を広める会】

二〇一三年一月二十九日、札幌で結成集会を開き発足。発足時会員三十三人。以来、宮澤弘幸の命日である二月二十二日には菩提寺である東京・西新宿の常圓寺のホールで、一斉検挙で捕らわれた十二月八日には札幌で、節目、節目の集会を開き、冤罪の真相を広め、冤罪を闘い抜いた人たちを顕彰し、二度と国家権力による冤罪を起こさせないための取組みに努めている。

発足の経緯から会名は「北大生・宮澤弘幸」となっているが、「真相」の対象は「宮澤・レーン・スパイ冤罪事件」であり、顕彰の対象は宮澤・レーン夫妻らの基盤となった「心の会」の人たち、そして運動の対象を宮澤弘幸らの名誉回復と共に戦争への道を阻止する「秘密法制廃棄」に置いている。広く思い同じくする人たちとの連帯を求め、名古屋にセンターを置く「秘密法に反対する全国ネットワーク」に加盟、独自の取組みと共に全国への広がりに努めている。

会員は、代表の一人、山野井孝有（在東京）が元・毎日新聞労働組合の書記長だったことから「新聞労連（日本新聞労働組合連合）」ゆかりの中高年が目立ち、もう一人の代表、山本玉樹（在札幌）が北大ＯＢでクラーク講座の主宰であることから北大ＯＢが多く見られたが、次第に職域、生活域、世代を超えた共感を得て多様な結集に広がっている。二〇一四年七月現在三〇四人。入会・問い合わせは事務局へ。

事務局　１０１・００５１　東京千代田区神田神保町3の2サンライトビル7階　千代田区労働組合協議会（区労協）気付　ＴＥＬ０３・３２６４・２９０５　ＦＡＸ０３・３２６４・２９０６　chyda-kr@f8.dion.ne.jp

両代表のほか幹事に、奥井登代（札幌）大住広人（京都）刈谷純一（札幌）北明邦雄（同）坂本和昭（帯広）寺沢玲子（東京）橋本修二（札幌）事務局長に福島清（東京）同次長に水久保文明（同）根岸正和（札幌）

引き裂かれた青春——戦争と国家秘密

2014年9月5日　初版第1刷発行

編著 ——— 北大生・宮澤弘幸「スパイ冤罪事件」の真相を広める会
発行者 ——— 平田　勝
発行 ——— 花伝社
発売 ——— 共栄書房
〒101-0065　東京都千代田区西神田 2-5-11 出版輸送ビル 2F
電話　03-3263-3813
FAX　03-3239-8272
E-mail　kadensha@muf.biglobe.ne.jp
URL　http://kadensha.net
振替　00140-6-59661
装幀 ——— 三田村邦亮
印刷・製本 ——— 中央精版印刷株式会社

ISBN 978-4-7634-0710-8 C0036